科学技术学术著作丛书

认知空天地网络博弈论

RENZHI KONGTIANDI WANGLUO BOYILUN

杨春刚　冯涛　弥欣汝　李彤　王瑶　著

西安电子科技大学出版社

内容简介

移动互联网流量的爆炸式增长、物联网海量终端的接入需求、千行百业新兴业务，以及异构应用场景等端到端传输时延和可靠性等要求，都需要新技术的支持。在这种情况下，认知空天地网络应运而生。认知空天地网络是未来移动通信系统的必然发展趋势，移动通信必将突破传统蜂窝网络组网方式，通过复用通信资源提高"频谱-能量-成本"效率。本书采用近年来引起学术界和工业界广泛关注的博弈论作为建模和分析的数学工具，主要建立了动态分布式和鲁棒低开销的智能资源管控方法，提升了功率和频谱等资源的利用率，实现了多维资源按需管控的普适性和智能控制的可靠性。本书共6章，分别是认知空天地网络博弈、博弈基础与博弈模型、认知网络博弈、地面网络平均场博弈、空中无人机通信博弈和卫星网络匹配博弈。本书力求体现内容安排的科学性和章节安排的连贯性，同时兼顾书籍的系统性、逻辑性和前瞻性。

本书适合作为高等院校和科研院所的科研人员的参考书或教学材料，也可作为从事通信网络与博弈论等交叉学科研究的硕博研究生的参考书。

图书在版编目 (CIP) 数据

认知空天地网络博弈论 / 杨春刚等著 . -- 西安：西安电子科技大学出版社，2025. 6. -- ISBN 978-7-5606-7581-7

Ⅰ. TN929.5

中国国家版本馆 CIP 数据核字第 2025FX0765 号

策　　划　吴祯娥
责任编辑　吴祯娥
出版发行　西安电子科技大学出版社 (西安市太白南路 2 号)
电　　话　(029) 88202421　88201467　　邮　　编　710071
网　　址　www.xduph.com　　　　　　　电子邮箱　xdupfxb001@163.com
经　　销　新华书店
印刷单位　河北虎彩印刷有限公司
版　　次　2025 年 6 月第 1 版　　　　2025 年 6 月第 1 次印刷
开　　本　787 毫米 × 960 毫米　1/16　　印　张　16
字　　数　270 千字
定　　价　69.00 元
ISBN 978-7-5606-7581-7
XDUP 7882001-1
*** 如有印装问题可调换 ***

前　言

自 20 世纪 50 年代以来，大量文献基于经济学原理和模型研究来分析通信网络的设计，博弈论与通信工程、计算机科学、控制理论和复杂网络等学科一直存在着密切关系，因此博弈论可作为重要的研究工具。博弈论还可作为一种有效的数学工具，研究多个参与者在利益存在竞争和相互影响的局势中，理性的参与者如何选择自身策略实现效用最大化以及策略之间的均衡问题。博弈论不但可以帮助预测理性参与者之间的交互结果，还可以为建立独立决策者之间的交互模型和预测用户的行为等提供帮助。

认知空天地网络是未来 6G 移动通信系统的必然发展趋势，其将突破传统蜂窝网络组网方式，通过复用通信资源来提高"频谱 - 能量 - 成本"的使用效率。然而要实现这一愿景，仍有许多技术挑战有待解决。认知空天地网络只有在高效无线资源管理体系的指导下，才能对功率和频谱等资源实现利用率的提升。针对认知空天地网络异构通信用户大规模部署的资源管控数学建模难、分析求解难、信息获取难、决策及时难等技术难题，为实现多维资源按需管控普适性和智能控制可靠性等，迫切需要掌握动态分布式和鲁棒低开销的智能资源管控方法。因此，为了支持未来的无线通信业务，必须设计有效的资源管控方案和动态自适应算法，进而实现频谱资源和网络性能间的平衡。

本书共 6 章。第 1 章以认知空天地网络为切入点，重点阐述了其未来网络架构、业务形态和技术能力。第 2 章介绍了非合作博弈和合作博弈等传统博弈模型，以及平均场博弈和匹配博弈等高级博弈模型。第 3 章基于博弈论研究认知网络中的功率控制技术，介绍了非合作资源控制博弈模型、动态频谱租赁分层博弈模型和认知合作议价博弈模型。第 4 章基于平均场博弈研究地面网络中的功率控制技术，介绍了超密集 D2D 通信平均场博弈模型和面向主干扰源功率平均场博弈模型。第 5 章基于平均场博弈研究空中无人机通信网络中的资源管理技术，介绍了多维跨层资源管理博弈模型和鲁棒动态资源分配博弈模型。第 6 章从卫星网络层面出发，设计了基于匹配博弈研究的卫星网络中的资源管理机制，介绍了资源管理框架匹配博弈模型、资源管理技术匹配博弈模型和不完全信息卫星网络多维资源管理。

本书内容紧密结合认知空天地网络的发展需求，融汇了笔者在认知空天地网络的核心学术观点、部分科研成果和研究生课程材料等。

本书注重理论与实践的结合，每章均列举了认知空天地网络应用实例，力求对博弈论及其应用进行精炼，并将其编辑成有逻辑、有体系的书籍，使其通俗易懂，以飨读者。

笔者是国内较早开展基于博弈论模型探讨多种通信网络信息系统的学者，尤其是基于经典纳什非合作和合作议价博弈、联盟博弈和匹配博弈等来探讨认知无线网络、超密集蜂窝网络、无人机多跳网络和天地融合网络等经典分布式决策难题，相关研究工作在本书中有所体现。

本书由杨春刚、冯涛、弥欣汝、李彤、王瑶著。杨春刚负责全书的统稿和策划工作；冯涛编写了本书的第 1 章和第 2 章；弥欣汝、李彤、王瑶对全书涉及的资料进行了调研和梳理。这里特别感谢弥欣汝、李彤和王瑶等给予的支持和帮助，感谢他们贡献的智慧。本书受到国家自然科学基金面上项目（项目编号 61871454)、国家重点研发计划"宽带通信和新型网络"的重点专项"6G 全场景按需服务关键技术"（项目编号 2020YFB1807700) 的资助。

由于笔者水平有限，本书难免有纰漏，敬请读者批评指正。

笔 者

2024 年 12 月

目　　录

第 1 章　认知空天地网络博弈

1.1　认知空天地网络

为满足移动互联网流量增长、海量终端接入需求以及工业控制对延时性和可靠性的高要求，第六代 (6th Generation，6G) 移动通信网络系统已经在研究发展中。6G 移动通信网络系统的特点是万物智联。6G 网络可以突破地形地貌的限制，扩展到天空、陆地、海洋等自然空间，真正实现全域无线覆盖。此外，通过多种接入方式的协同传输，6G 网络能够实现多种网络资源的统一管控，提高整体资源的利用效率。6G 网络的服务对象从物理设备进一步扩展至虚拟资源，可以实现物理世界与虚拟世界的深度链接与协同。6G 网络利用人工智能 (Artificial Intelligence，AI) 技术感知用户需求，并提升用户体验，从而形成认知增强与决策演进的智能网络，满足人类对于物质与精神的全方位需求。

1.1.1　认知空天地网络架构

从应用产业扩展的角度来看，第五代 (5th Generation，5G) 移动通信网络系统基本实现了万物互联，并产生了增强型移动宽带、超可靠低延迟通信和大规模机器类型通信等新型业务。在此基础上，6G 网络额外开发了三个非常关键的场景，即沉浸式全息通信、通感一体化和智慧交互。与 5G 网络相比，6G 网络能够提供更高性能的无线连接和极致的用户体验。未来网络可构想成一个多层的集成网络，被视为认知空天地网络，其架构如图 1-1 所示。认知空天地网络由天基网络层、空基网络层和地基网络层组成，各网络层均具有独立计算和处理数据的能力。融合三个网络层的认知空天地网络可以实现全域无线覆盖、高可靠和低延迟的通信。

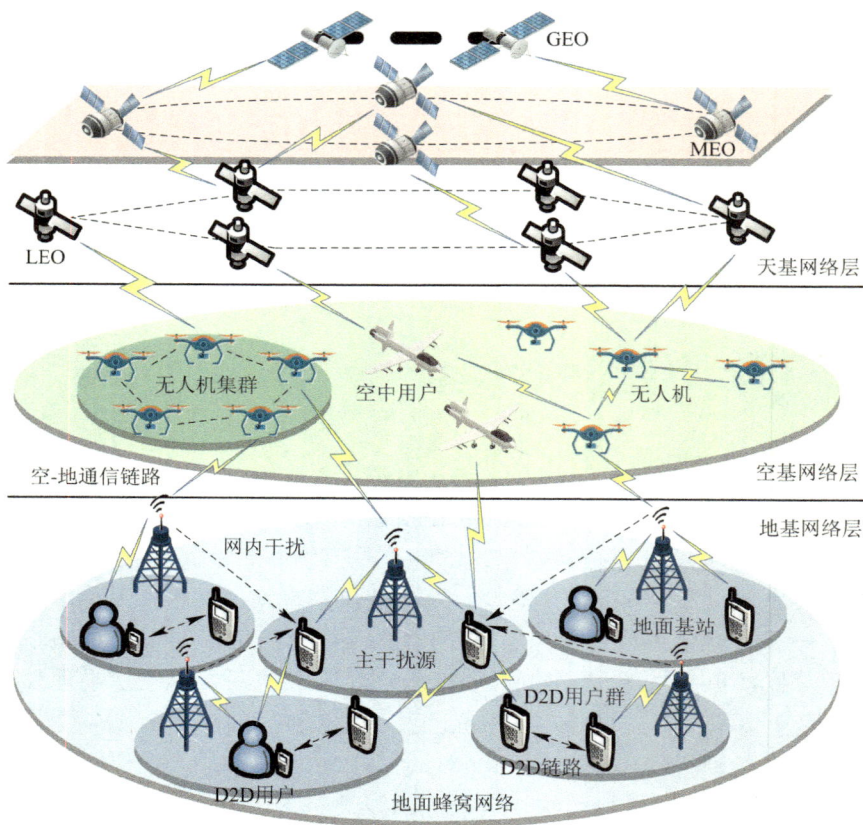

图 1-1　认知空天地网络架构图

1. 天基网络层

　　天基网络层是基于卫星通信的互联网，由多个卫星层组成，具有通信带宽高、频谱资源多、覆盖范围广等特点。根据轨道高度的不同，天基网络层包括地球静止轨道 (Geostationary Orbit，GEO) 层、中地球轨道 (Middle Earth Orbit，MEO) 层和低地球轨道 (Low Earth Orbit，LEO) 层。

　　在天基网络层中，单颗 GEO 卫星可提供广泛的覆盖范围，实现高吞吐量。GEO 卫星利用频谱资源丰富的 Ka 波段和多波束、分频复用技术，提高了 GEO 资源利用率和数据吞吐量。此外，GEO 卫星还可从传统广播业务中受益，实现广域通信，其通信容量可达 50 Gb/s。

　　然而，由于 GEO 卫星距离地球表面过远，传输时延、设计成本等问题一直制约着卫星通信系统的发展。与单颗 GEO 卫星相比，单颗 MEO 卫星的覆盖范围相对较小，其主要应用于导航系统。为提升数据传输速率，MEO 卫星利用 L/S/Ka 波段向用户提供服务。因此，MEO 卫星系统的定位可提供高质量的卫星互联网接入服务，其特点是高系统容量、低传输时延和低设计成本。

　　相比于其他类型的卫星，LEO 卫星距离地球表面最近。MEO 卫星位于 LEO 卫星和 GEO 卫星之间，而 GEO 卫星距离地球表面最远。LEO 卫星由于其较近的距离，具备低延迟的优势，但单颗卫星的覆盖范围有限，因此需要通过多 LEO 卫星组网的方式来提高网络吞吐量和系统性能。为实现这一目标，LEO 卫星逐步向体积更小、成本更低、组网更密集的方向发展，LEO 卫星超密集部署成为当前卫星通信系统的重要发展趋势。超密集卫星布局可以进一步提升网络覆盖率和数据传输效率。

　　天基网络层的核心在于其多层卫星系统和地面基础设施的紧密配合，提供无缝的全球互联网覆盖。这种网络结构不仅涵盖了传统的卫星通信系统的所有关键部分，还通过多个卫星层之间的相互连接，实现了更高的冗余性和稳定性。典型卫星通信系统由地面段、空间段和卫星 - 地面间链路三个主要部分构成。

　　(1) 地面段一般包括各类信关站、卫星测控中心以及相应的卫星测控网络和网络控制中心。

　　(2) 空间段由一颗或多颗卫星及其星间链路组成，负责信息的接收和转发。部分卫星还具备信号再处理能力。

　　(3) 卫星 - 地面间链路由各种用户终端构成，包括手持终端、物联网 (Internet of Things，IoT) 终端以及固定车载船载设备。

　　典型卫星通信系统的网络能力特征如表 1-1 所示，具体如下。

　　(1) GEO 卫星：距离地球表面最远，轨道高度约为 35 860 km，系统通信容量为 50 Gb/s。GEO 卫星的端到端时延较高，约为 500 ms，但其系统容量密度为 23 (b/s)/km² ～ 24 (b/s)/km²，覆盖范围极其广泛，适用于大范围、静态的通信需求。

　　(2) MEO 卫星：位于 LEO 卫星和 GEO 卫星之间，轨道高度约为 8062 km，系统通信容量为 16 Gb/s。MEO 卫星在端到端时延方面表现出色，约为 150 ms，提供了相对较高的系统容量密度，即 26.14 (b/s)/km²。

　　(3) LEO 卫星：距离地球表面最近，轨道高度为 320 km ～ 580 km 或 1110 km ～ 1325 km，具有较低的总容量和较低的容量密度。其总容量低于地面蜂窝网络，可提供的容量密度低于区域宏基站，但覆盖范围与广覆盖宏基站相当。按照峰值容量计算，LEO 卫星的总容量低于地面蜂窝网络。

表 1-1   典型卫星通信系统的网络能力特征

能力特征	GEO 卫星	MEO 卫星	LEO 卫星
轨道高度	35860 km	8062 km	320 km ～ 580 km 或 1110 km ～ 1325 km
卫星数量	4 个	12 个	4409 个
系统通信容量	50 Gb/s	16 Gb/s	350 Tb/s
端到端时延	500 ms	约 150 ms	约 30 ms
系统容量密度	23 (b/s)/km^2 ～ 24 (b/s)/km^2	26.14 (b/s)/km^2	17 (Mb/s)/km^2

2. 空基网络层

空基网络层由长时间停留在高空的无人机组成，通过将无线基站安放在这些无人机上来提供电信业务。空基网络使用现有的蜂窝通信技术 (如 LTE 和 5G) 与地面终端直接通信。空基网络专注于利用无人机提供临时和灵活的网络覆盖，特别适用于应急通信、偏远地区的网络覆盖以及大型活动的临时通信需求。目前，以无人机为主的空基网络已经成为最方便、最灵活的无线通信系统。这是由于空基网络的特性所致，如更短的视距链路、更好的信噪比和更可控的操作。

此外，基于无人机的通信系统主要由两类信道组成：无人机对地信道和无人机 - 无人机信道。无人机对地信道采用随机瑞尔特衰落模型，适应于不稳定的地面环境。无人机 - 无人机信道以视距无线传输为主，提供更稳定的高质量通信连接。这两种信道结构使得无人机通信系统在不同的环境中都能保持良好的通信性能，并可以分别针对地面和空中的通信需求进行优化。

从应用角度来看，太赫兹无人机通信技术具有更广阔的前景。其主要优点包括大带宽、高数据速率和低延迟，这使得其特别适用于需要高速数据传输的应用场景，如实时视频传输、紧急数据处理和高频率的传感器数据通信。然而，太赫兹无人机通信在穿透障碍物和信号衰减方面需要进一步的技术改进和优化。总体而言，基于无人机的通信系统和太赫兹技术的结合，不仅提升了通信系统的性能和效率，还推动了新的变革性通信场景的涌现，为地基网络层提供了有效的辅助和扩展，特别是在应急通信、远程监控和临时网络覆盖等领域。

3. 地基网络层

地基网络层由终端直通 (Device-to-Device，D2D) 用户、自动驾驶车辆、基站 (Base Station，BS) 等组成。地面终端可随机与天基网络直接接入，或通过地面基站的复杂接入方式与天基网络通信。此外，地面终端还可以通过空基网络的无人机中继进行通信，实现与天基网络的高效连接，增强信号覆盖和通信质量。

但是，地基网络在偏远地区的地面网络铺设困难，成本高昂，地面网络会受到地形和地理灾害的限制。其中，作为控制器的地面基站可以提供数据传输功能，并与其他智能移动设备进行通信。地基网络的优势在于其强大的计算能力、大数据存储能力、高数据传输速率、低时延以及支持海量连接。在人口相对聚集的地区，地基网络可以有效提升社会与经济的数字化程度。

1.1.2　认知空天地网络面临的挑战

6G 网络是打通虚实空间和泛在智联的统一网络。6G 网络在信息交互的空间深度和广度上的极大扩展是为了构建以用户为中心的全方位信息生态系统，实现网络服务随心所想、网络随需而变、资源随愿共享的愿景。6G 网络催生了众多全新的应用场景 (如全息交互、通感互联和孪生农业等)，这对移动通信提出了新的指标需求 (如 Tb/s 量级的峰值速率、Gb/s 量级的用户体验速率、近有线连接的时延需求等)，这些需求仅依靠现有的网络和技术难以实现。为此，在架构方面，6G 网络将覆盖范围拓展到地面网络难以覆盖的深山、深海和高空等自然空间的立体覆盖网络，催生了认知空天地网络，实现了地面网络、无人机网络和卫星网络的深度融合。

然而，极致复杂的认知空天地网络环境，需求极度多样化的新场景和新业务，以及网络的全开放性、虚拟化特性等导致了大量潜在的未知业务和性能需求之间的冲突。传统的资源管理算法在面对 Gb 量级甚至 Tb 量级以上的数据，资源与网络的动态变化，以及多维资源离散地分布在大规模网络等复杂情况时，很难满足优化算法的复杂度和时延性需求。虽然我国当前基站总数极大，但依然存在网络资源受限的情况 (如空口资源)。当前，网络频谱资源紧缺，认知空天地网络资源管理问题已经成为亟需解决的问题之一。

1.1.3　认知空天地网络能力

认知空天地网络的高速发展促使通信网络及其接入技术不断演进，使得网络终端、无线接入方式及组网方式等方面呈现异构化的特点，并且物联网、人工智能等技术的发展对移动通信网络也提出了更深层次的要求。

　　未来移动通信系统应具备认知能力和智能能力，可以自发感知网络环境，并能执行学习、推理、预测等智能活动，为用户提供更优质、更高效的通信服务。认知能力和智能能力对于未来移动通信系统至关重要。认知能力侧重于网络环境的感知，通过实时监测网络状态和用户需求，获取关键信息。智能能力侧重于决策，利用感知到的信息进行学习、推理和预测，实现网络资源的优化分配与服务质量提升。二者关系密切，认知能力为智能能力提供基础数据和环境信息，智能能力则利用这些数据作出智能决策，共同提升网络的自适应性和效率。认知能力和智能能力的结合能够推动认知空天地网络向更智能、更高效的方向发展。

1. 认知能力

　　认知空天地网络不仅能够提供更高速、更稳定的连接，更重要的是它具备认知能力。认知空天地网络可以主动感知网络环境的变化和用户需求，从而弥补了传统通信网络被动响应用户需求的局限。具体来说，认知空天地网络中的认知能力是指网络中的设备具备感知和理解周围环境、资源和用户需求的能力。它主要涉及对网络状态、用户需求和资源利用情况的实时感知和理解，能够实时监测并分析网络拓扑结构、链路状况和设备状态等信息。通过实时感知和理解，设备能够自适应复杂多变的通信场景，实现更智能的网络资源调度和优化，提高通信资源的利用效率。具备认知能力的认知空天地网络能够多维度地去认知用户和网络的状态，包括时空、频谱和用户习惯等，进而通过学习和推理，为用户提供更加个性化和定制化的服务。同时，具备认知能力的认知空天地网络还能够主动感知网络环境中的干扰和障碍，采取相应的策略进行干扰管理，提高通信系统的鲁棒性和抗干扰能力。

　　图 1-2 所示的认知阶段循环过程展示了如何通过新的感知状态和先验信息来解释网络与它所处环境之间的相互作用，并获得响应结果的过程。该过程由环境、学习、决策和执行等关键阶段组成。其中，环境为整个网络提供激励，系统通过分析这些激励的语法确定网络的通信目标和任务。环境涉及可执行选项的生成和评价。学习阶段的主要工作是减轻用户侧的负载，并为网络划分将要执行任务的优先级。决策阶段主要负责资源分配，将可用的无线电和计算资源分配给下一级软件。最后，一定时间内占用特定资源的任务将在执行阶段中被执行。总而言之，图 1-2 描述的认知阶段循环过程是一种目标驱动的框架结构，它可以自发地感知当前网络环境，对上下文语境进行

推理、评估选择、生成计划，并基于过去的经验进行学习。

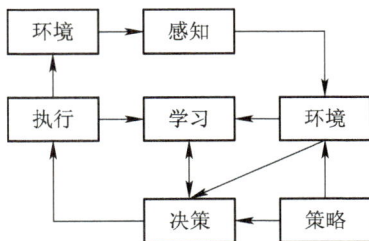

图 1-2　认知阶段循环过程

2. 智能能力

智能能力是指网络具备自主感知、学习和推理的能力，通过分析大量的数据信息和环境变化，获取有价值的信息并作出智能决策，以优化网络的运行和提供更优质的通信服务。认知空天地网络通过具备智能能力的智能算法和机器学习等人工智能技术对网络环境和用户需求进行理解，从而实现高度自主化和智能化的网络管理和资源调度。

从智能能力的总体发展阶段来看，认知智能发展历程可以划分为计算智能、感知智能、认知智能和行动智能阶段，如表 1-2 所示。

表 1-2　认知智能发展历程

人工智能发展历程	计算智能	感知智能	认知智能	行动智能
特点	机器翻译失效、感知器过于简单、计算能力不足	AI 产业化高速发展，产业化 AI 爆发增长，逐步达到人类水平	行业整体从感知智能向认知智能过渡，认知智能成为人工智能热门方向	全面智能时代，全面超越人类

认知空天地网络的智能能力具备许多独特的特点，具体如下。

(1) 认知空天地网络拥有自主感知和学习的能力，可以主动收集和分析来自认知空天地网络的数据信息，不断优化自身的智能算法和决策模型。这使得认知空天地网络能够在不断变化的通信环境中适应性更强，具备高灵活性和智能适应能力。

(2) 认知空天地网络具备实时响应和适应性，它可以迅速感知网络环境的变化，对通信需求的实时变化作出快速的响应，从而实现更精确的资源分配和调度。这使得认知空天地网络能够更好地应对高密度用户连接、大规模物联网设备接入等挑战。

(3) 认知空天地网络的智能能力具备高度自主化。在网络管理和运维方面，认知空天地网络可以独立完成大部分任务，减轻了人工干预的负担，提高了网络的自动化水平，使得认知空天地网络的运行更加智能化和高效化。

此外，认知空天地网络的智能能力具体反映在其可以自感知、自学习和自适应上，具体包括以下能力。

(1) 自主学习和适应能力。认知空天地网络能够自适应各种环境和场景，包括网络拓扑、用户数量和设备类型等。通过机器学习、深度学习等技术，认知空天地网络不断地从大数据中学习和发现用户行为和需求，根据实时数据对自身进行优化，从而自动优化网络服务和性能。

(2) 情境感知能力。通过感知和理解周围的环境、设备、应用和网络结构等多种因素，认知空天地网络可以感知并分析用户的行为和需求，动态调整网络配置和性能，为用户提供个性化的服务和体验，使网络更加智能化和自适应。

(3) 智能决策能力。认知空天地网络通过分析用户数据和信息 (如网络流量、带宽利用率、设备性能等)，预测未来的需求和趋势，能够自动地作出最优的决策，自适应地学习和调整，从而提高网络性能和用户满意度。

(4) 自动化管理能力。随着人工智能、机器学习等技术的发展，网络设备和应用程序通过自我学习和适应，自动化地完成配置、管理和优化。自动化管理能力提高了网络的性能和可用性，减少了人工干预和错误，降低了管理成本和风险。

(5) 安全防御能力。面临更加复杂的攻击技术和更高的攻击频率，认知空天地网络具备识别、检测与阻断多种网络攻击的能力，可以学习和预测恶意行为，拥有更强的安全防御能力，保护用户隐私和网络安全。

总体来说，认知能力和智能能力是实现认知空天地网络高效、智能、自主化管理和利用的重要能力。认知空天地网络通过将认知能力和智能能力有效融合，感知用户行为和需求，自动地作出最优的决策和服务，从而提供更加智能化、自动化和个性化的网络服务和体验，提高网络的可靠性、灵活性和智能化水平，为用户提供更加高效、优质和个性化的网络服务。

1.2 博弈论概述与研究现状

博弈论是研究两个或多个参与者交互和策略问题的理论。博弈论能为认知空天地网络的频谱和资源管控研究提供思路。

1.2.1　博弈论概述

在日常生产和生活中，人们时常会针对遇到的不同问题，研究其相应的应对策略。然而，生产和生活中的问题往往错综复杂、相互交织，某些问题的决策不仅决定于可选策略给决策者带来的收益，还决定于具体策略对竞争对手产生的影响，此时的决策者往往处于左右为难的境地。在此背景下，博弈论应运而生。博弈论能帮助人们分析并解决决策问题，同时也能对策略的选择起到科学的指导作用。但认知空天地网络的资源有限，由于通信需占用资源，因此必须对频谱、功率等资源进行争夺，这是一种典型的博弈场景。博弈论是解决此类问题的有力工具，在认知空天地网络的研究中得到了广泛的应用。

1. 博弈论概念

博弈论又被称为对策论，是现代数学的一个新分支，也是运筹学的重要组成部分。博弈论的内涵是研究互动决策的理论。所谓互动决策，即各行动方（参与者）的决策是相互影响的，参与者在进行决策的时候必须将其他参与者决策纳入自己的决策考虑之中，当然也需要把其他参与者对于自己的考虑纳入考虑之中。参与者在如此迭代情形中进行决策，选择最有利于自己的策略。博弈论已成为经济学、政治科学（国内以及国际）、军事战略问题、行为生物学以及当代计算机科学等领域重要的研究和分析工具。此外，博弈论还与统计学、数学基础、社会心理学、认识论与伦理学等有着紧密联系。

博弈论中，参与者通过利用对方的策略来变换自己的对抗策略，从而达到取胜的目的。博弈论考虑的是个体的预测行为和实际行为，并研究它们的优化策略。博弈论的研究开始于 1928 年，John Von Neumann 证明了博弈论的基本原理，从而宣告了博弈论的正式诞生。1944 年，John Von Neumann 和 Morgenstern 共著的划时代巨著《博弈论与经济行为》将二人博弈推广到 n 人博弈结构，并将博弈论系统地应用于经济学领域，从而奠定了这一学科的基础理论体系。1950 ～ 1951 年，John Forbes Nash Jr. 利用不动点定理证明了均衡点的存在，为博弈论的广泛应用奠定了坚实的基础。纳什的开创性论文《n 人博弈的均衡点》《非合作博弈》等给出了纳什均衡的概念和均衡存在定理。此外，Reinhard Selten、John Hersányi 的研究也对博弈论的发展起到了推动作用。从此，博弈论发展成了一门较为完善的学科。

2. 博弈论要素

博弈的形式多种多样，关键在于它能从各种具体的物理形式中抽象出一般的数学形式。博弈包含以下三个基本要素。

(1) Player：参与者，即参与博弈的直接当事人，他们是博弈的决策主体和具体策略制定者。不同博弈中的参与者含义不尽相同，可能是个人、团体或集体，他们始终以自身目标和利益为出发点参与博弈。参与者在博弈模型中必须是"理性"的。这里的"理性"，不是指一般意义中的道德标准，而是从参与者的角度来分析——他们总是试图去做自己认为最好的行为，尽管这种行为有可能损害其他参与者，即利己而不管是否损人。从参与者"旁观"的角度来看，一般不会擅自判断参与者的动机。由于各参与者之间存在相互交织、相互依存的关系，博弈中理性的决策必定建立在预测其他参与者的反应上。一个参与者转换位置改变思维方式，将自己置身于其他参与者的位置并为其自身着想从而预测其他参与者将选择的行动，在这个基础上就会选择自己最想得到的策略，这就是博弈论的本质。所以各参与者应该清楚地知道自己的目标和利益，并在具体博弈中总是采取最佳策略以实现其效用和利益的最大化。

(2) Strategy Set：策略集合，规定每个参与者同时或先后进行，一次或多次决策时可选择的方法和行为。在不同的博弈中，可供参与者选择的方法和行为的数目不同，即使在同一博弈中，不同参与者可以选择的行为或方法也经常不同，有时只有局限的几种；有时有多种，甚至无限种。若可供参与者选择的策略是有限的，则称为有限策略集合；若可供参与者选择的策略是无限的，则称为无限策略集合。

(3) Payoff：参与者的收益，对应于各参与者的每一组可能的决策选择，博弈都有一个结果来表示各参与者在该策略组合下的利益得失。由于对博弈结果的评判分析只能通过对数量大小的比较来进行，因此所研究的博弈结果必须本身是数量级或至少可以量化为数量级的。需要注意的是，结果无法量化为数量级的决策问题不能放在博弈论中进行研究。博弈中各种可能结果的量化数值称为博弈中各参与者在相应情况下的收益，其通常用效用函数来表示。

定义 1-1：在一个有 n 个参与者的博弈中，参与者的策略集合为 S_1, S_2, $\cdots$, S_n，收益函数为 u_1, u_2, $\cdots$, u_n，则此博弈表述如下：

$$G = \{S_1, S_2, \cdots, S_n; u_1, u_2, \cdots, u_n\} \tag{1-1}$$

3. 博弈论分类

根据参与者之间是否合作、交互的复杂性、参与者数量以及交互的性质，博弈论可以划分为合作博弈和非合作博弈。合作博弈强调的是团体理性、效率与公正。非合作博弈强调的是个人理性、个人最优决策，其结果可能是有效率的，也可能是无效率的。一般而言，博弈论可以分为考虑团体理性的合作博弈和考虑个人理性的非合作博弈，博弈论分类如图 1-3 所示。

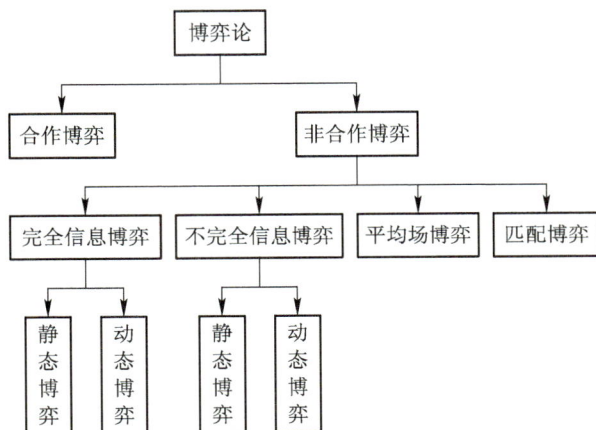

图 1-3　博弈论分类

1) 合作博弈

合作博弈是博弈论中的一种类型，又称正和博弈。合作博弈是指一些参与者以形成联盟、互相合作的方式所进行的博弈。在合作博弈中，参与者如果没有作出合作行为，则可能由外部机构通过不同方式（如合约）对其进行约束或惩罚。

参与者之间如何达成合作以及如何分配由相互合作而带来的额外收益是合作博弈的主要研究内容。若额外收益可以在参与者中分配，则称为支付可转移的合作博弈；反之，则称为支付不可转移的合作博弈。

2) 非合作博弈

非合作博弈可以从两个角度进行划分。第一个角度是参与者行动的先后顺序，从这个角度，博弈可以划分为静态博弈和动态博弈。第二个角度是参与者对其他参与者的特征、策略集合及效用函数的认知程度。从第二个角度来看，博弈可以划分为完全信息博弈和不完全信息博弈。

通过上述描述，四种博弈相对应的均衡概念为：纳什均衡

(NashEquilibrium，NE)、子博弈精炼纳什均衡、贝叶斯纳什均衡和精炼贝叶斯均衡。表 1-3 概括了上述四种博弈及对应的均衡概念。

表 1-3   非合作博弈分类及对应的均衡概念

分类	静态博弈	动态博弈
完全信息	完全信息静态博弈， 纳什均衡， 纳什	完全信息动态博弈， 子博弈精炼纳什均衡， 泽尔腾
不完全信息	不完全信息静态博弈， 贝叶斯纳什均衡， 海萨尼	不完全信息动态博弈， 精炼贝叶斯纳什均衡， 泽尔腾

(1) 完全信息博弈。完全信息博弈是博弈论中的一种情境。在这种情境下，所有参与者都拥有关于博弈的完整信息。这意味着每个参与者都清楚游戏的规则、所有可能的策略选择，以及每种策略带来的潜在收益。由于信息透明，参与者可以充分预见对手的行动，并基于此制定自己的最佳策略。纳什均衡是这种博弈中的一个关键概念，指的是在考虑了对手策略后，没有人愿意单方面改变自己的策略，从而形成稳定的策略组合。完全信息博弈在经济学、政治学和其他领域有广泛应用。

(2) 不完全信息博弈。不完全信息博弈指参与者之间存在信息不对称性，也就是说，某些参与者不完全了解其他参与者的策略、收益函数形式或参与者的类型。这种信息的不对称性增加了决策的难度，因为参与者无法精确预见对手的行动，而只能在不确定的情况下进行选择。为了应对这种不确定性，参与者通常会使用信念更新和贝叶斯定理来推断其他参与者可能的策略和类型。贝叶斯纳什均衡是这种博弈中的关键概念，意味着在基于自身信念和所拥有信息的前提下，参与者没有动机单方面改变策略。不完全信息博弈广泛应用于拍卖、谈判和市场竞争等典型博弈场景。

(3) 平均场博弈。平均场博弈是指在某类博弈场景中，某个参与者进行决策所依赖的信息来自于场景中所有参与者的决策的概率分布，而不是其他参与者的策略信息。平均场博弈研究的是大规模参与者之间的策略互动，其探索的是在一个竞争的环境中，参与者如何选择最优的决策。

平均场博弈利用统计力学和量子力学上的平均场手段来处理大规模博弈问题，它常运用在金融学和管理学中。平均场博弈模型可看作为一个控制问题，虽然它考虑的是大规模的博弈问题，但其关心的始终是单个参与者在环境中的行为。由于博弈参与者数量庞大 (趋于无穷)，环境的影响可以作为一个平均场项，此时问题就转化为控制问题。平均场项可以理解为：每个参与者的状态是由随机变量刻画的。当参与者数量足够大时，总体的分布可视为每个参与者的概率分布。

(4) 匹配博弈。匹配博弈是研究如何将两组参与者根据各自的偏好进行配对的博弈。它涉及每个参与者的偏好列表，并致力于找到稳定匹配，即没有任何一对个体愿意离开当前的匹配伙伴去组成新的匹配。在异构无线网络资源分配问题中，无线接入点和终端用户可视为资源博弈的双方，为解决用户和基站间不同需求的稳定匹配问题提供一种高效便捷的方法。

匹配博弈模型中存在几个较为重要的概念，分别为：序值和、完全匹配、稳定匹配和最优稳定匹配。假设匹配双方为甲方和乙方，甲方中每个参与对象会对乙方中每个参与对象进行排序，排序越靠前意味着满意度越高，乙方同理。甲方的序值和表示完成匹配后甲方中每个参与对象所匹配对象的排序值之和越小代表匹配越优，乙方的序值和同理。完全匹配为甲方和乙方中任意一方的参与对象找到匹配的对象。稳定匹配为甲方和乙方中任意一方达到完全匹配。甲方的最优稳定匹配为甲方序值和最低的稳定匹配；乙方的最优稳定匹配为乙方序值和最低的稳定匹配。

4. 博弈论模型

在博弈论中，一个博弈可以用以下三种不同的方式进行表述。

1) 策略式表述

策略式表述包括三个要素，即参与者的集合、每个参与者的策略集合、由策略组合决定的每个参与者的支付。在策略式表述中，所有参与者同时选择各自的策略，所有参与者选择的策略一起决定每个参与者的支付。一般情况下，策略式表述用博弈矩阵来表示。策略式表述适合用来研究静态博弈。

2) 扩展式表述

扩展式表述包括参与者的行动次序、参与者的行动空间、参与者的信息集、参与者的支付函数，以及外生事件 (即自然的选择) 的概率分布。在扩展式表述中，策略对应参与者的行动规则，即什么情况下选择什么行动，而不是简单的、与环境无关的行动选择。扩展式表述一般用博弈树表示，适合用来研究动态博弈。

3) 函数式表述

函数式表述一般用于策略无限或者子博弈无限进行下去的情况。函数式表述只能分阶段描述参与者的行动次序及最终支付。函数式表述适合用来研究无限战略博弈。

在解决博弈问题时，根据问题本身的特点可用多种方式对博弈问题进行描述或建模。但无论用哪种方式对博弈问题进行描述或建模，在分析博弈问题时，传统博弈的分析框架都是基于以下假定的。

(1) 参与者完全理性。参与者完全理性是指参与者在追逐其效用最大化时，能前后一致地作决策。具体来说，对自己的行为或对其他参与者的行为，每位参与者能够有正确的预期。完全理性意味着每位参与者不仅知道选择什么样的行为能使自己的利益最大化，而且还能预测到其他参与者的最优选择。

(2) 博弈问题的结构或描述和完全理性对参与者而言是共同知识。共同知识是指每个参与者都知道的"信息"。相互知识是所有参与者都知道某一特定信息的状态。具体来说，某一信息是相互知识时，意味着每个参与者都知道这个信息，但并不要求每个参与者知道其他参与者也知道这个信息。共同知识比"相互知识"要求人们需要知道更多的信息，因为"相互知识"只要求每个人都知道这一事件，而共同知识则要求具备无限层级的共同认知。

1.2.2　基于博弈论的认知空天地网络研究现状

传统的数学分析在无基础设施网络和认知无线网络等方面遇到了前所未有的困难。一方面，由于用户的移动性、业务动态模型和动态拓扑等；另一方面，由于链路可用性和状态的不可预测性等。在认知无线网络中，由于主要用户的业务和多认知用户之间的竞争等导致的频谱可用性和质量等可能随着时间的变化而不断变化，这无疑使建模这样的场景更加困难。博弈论作为一种有效的数学方法逐渐被研究和采纳，一方面可以帮助预测理性的参与者之间的交互结果；另一方面可以建模独立决策者交互模型，建模和预测用户的行为。

面向认知空天地网络的多动态环境、多参量影响和多指标体系，传统信息论面临着严峻的网络容量理论和逼近算法设计的挑战。博弈论可以建模、分析和设计算法来解决认知空天地网络中的若干问题。下面从地基网络博弈论、空基网络博弈论和天基网络博弈论三个方面，全面总结基于博弈论的认知空天地网络研究现状。

1. 地基网络博弈论

博弈论主要研究多个参与者之间的竞争与合作。博弈参与者可以根据当前形势以及其他参与者的决策来优化自己的决策，使自己的利益最大化。基于这样的优势，为了避免集中式框架的高复杂度，博弈论被广泛应用于地面网络中建立分布式机制。

近年来，学术界、工业界逐渐认识到传统信息论存在的问题。从信息论的角度来说，干扰信道的容量问题即使是在两用户的情况下仍然存在问题。只有在特殊的情况下，才可知高斯干扰信道确切的容量域。例如，Han 和 Kobayashi 在文献 [8] 中对于所有信道参量情况获得可达速率域。实际上，用户在选择合适的传输策略时，都是具有一定的自私性的，即每个用户都是通过自私的选择策略来实现自身效用的最大化。因此，一般情况下的容量域不可达。例如，文献 [10] 探讨了移动 Ad Hoc 网络中的容量问题，指出了需要克服三个方面的问题：

(1) 当前大多数的容量的结果都是无约束的延迟和可靠性的假设；

(2) 无线网络中的空间和时间分层；

(3) 网络系统运行信息论需要兼顾开销和反馈信息等。

因此，文献 [10] 提出的非均衡信息论从吞吐量、延迟和可靠性等方面来表征网络容量。文献 [11] 面向不同特征的网络，衡量不同业务、不同网络或者用户等涉及的性能指标，拓展传统的香农容量 (如延迟和中断)。传统信息论构筑了频谱资源和功率资源相对于高斯白噪声功率的容量理论。

地基网络中，大量 D2D 通信设备之间的通信信道分配问题一直制约着 D2D 运行效率的发展。文献 [12] 提出了一种基于频谱分簇和非合作博弈的通信信道分配方案与资源优化方案，促使实际通信效率达到原有通信效率的 1.5 倍左右，并将提出的优化方法与传统通信方法进行了对比。尽管文献 [12] 提升了 D2D 通信效率，但是 D2D 通信设备之间的干扰管理也不容小觑。因此针对毫米波 5G 网络中的 D2D 通信覆盖模式，文献 [13] 提出了一种新的干扰管理模式。本文针对建立的非对称纳什议价问题，提出了替代报价博弈，使得博弈参与者得到的回报更高。此时，相邻的 D2D 用户通过相互竞争来获得更高的信干噪比。

当 D2D 对连接到不同基站时，D2D 链路资源分配是一个复杂的问题。文献 [14] 提出了一种多小区蜂窝网络中 D2D 用户与蜂窝用户之间的动态资源块共享方案。D2D 用户将与附近的基站进行重复博弈，参与者通过共享最初分配的资源子集来最大化他们的效用。博弈由每个小区间 D2D 用户与基站同时进行。D2D 内容共享将流行的内容数据转移到直接的点对点链接上，有望缓解蜂窝网络日益增长的压力。

然而，内容共享如何从利用多跳 D2D 通信而不是传统的单跳 D2D 通信中获益仍未涉猎。为此，文献 [15] 提出了一种基于博弈论的多跳 D2D 内容共享方法。在给定参与者子集的情况下，文献 [15] 建立了纳什议价博弈模型，给出了博弈的路由图和定价图，并采用一种新的激励机制来激励参与者合作。通过对纳什议价子博弈解的迭代评估，确定包含内容源和传输中继的参与者，确保所有参与者对内容共享过程作出贡献。D2D 设备之间可以直接交换信息，而不需要访问基站。当 D2D 设备需要向另一个网络发送数据时，会使用 femtocell 基站传输数据。基于 D2D 设备与家庭基站之间的最小距离，文献 [16] 提出了一种基于 Stackelberg 博弈的提升功率频谱的 D2D 通信方案，该方案用于从每个簇中选择 leaderD2D 设备。

例如，在 D2D 网络的主要场景中，车联网需要实时与边缘云进行协调。文献 [17] 提出了一种基于软件定义网络的车联网解决方案。控制器处理车辆的 D2D 配对，并与边缘云进行协调，在车辆和移动用户之间灵活分配计算资源。本文考虑在通信和计算受限的情况下，优化车载网络可以支持的设备数量，并将任务卸载及其资源分配问题建模为一个混合策略的博弈问题。参与博弈的参与者是在网络边缘处理计算资源分配的控制器和决定任务卸载的车辆。从理论上讲，该方案证明了纳什均衡的存在性和唯一性。由此得出，每个 D2D 设备的功率、频谱等资源的统一管控问题，均可应用不同的博弈论手段进行解决。文献 [18] 提出了可解决认知无线电网络功率控制问题的算法，将无线系统建模为一个非合作博弈，每个参与者在竞争环境中最大化自己的效用。仿真结果表明，该算法在高信干噪比和低功耗方面提高了网络性能。文献 [19] 研究了 Stackelberg 博弈在认知无线电网络中的资源分配问题，并对近年来认知无线电系统中传输功率和频谱分配方面的一些研究工作进行了全面的综述。

综上所述，地基网络的无线通信技术的研究目前大多着眼于 D2D 用户与蜂窝用户实行一对一复用，并且蜂窝用户被复用时大多实行资源块复用原则，其复用方式不够灵活，难以较好地发挥 D2D 通信资源利用率高的优点。

面向高动态复杂的认知空天地网络环境，满负载网络下 D2D 用户无法获取专用频谱进行数据传输，且未来通信网络的拓扑十分复杂，D2D 通信链路数量是十分巨大的。功率控制方面的研究大多实行蜂窝用户奉献全部资源块原则，不能有效体现蜂窝用户之间的实时交互关系；也不能有效提高通信资源的利用率。基于博弈论的 D2D 用户资源分配方面的研究，大多考虑了有限数量的 D2D 用户，针对传统博弈论的维度诅咒问题，其 D2D 用户的迭代过程亦不能保证较优性。因此，设计一种灵活、高效、可面向大规模 D2D 用户的博弈论模型，保障用户的 QoS，优化 D2D 复用通信系统的性能，仍需要进一步的研究。

2. 空基网络博弈论

无人机是空基网络层的重要组成部分，也是认知空天地网络和未来无线 IoT 的关键推动因素。然而，由于无人机的动态特性引入了一系列网络中的控制问题，如速度、方向、路径和功率控制等。无人机在无线通信网络的设计和部署中仍然面临许多挑战，如能量、资源和干扰管理。空基网络博弈论是解决网络中无人机动力和运动控制等问题的合适工具。博弈论利用了无线网络中节点的理性行为、动态环境以及节点的偏好，尤其是利用了微分动态博弈、平均场博弈等博弈方法，使得无人机可自主控制最佳速度、位置和功耗，从而达到网络的最佳性能。

空基网络博弈论主要应用于无人机通信网络中的功率控制、分布式资源分配、寻优无人机高度和位置控制、拥塞控制、优化无人机覆盖、频谱共享等方面，如表 1-4 所示。

表 1-4　空基网络的应用

博弈模型	关键概念	示例场景
联盟博弈	通过有约束力的协议形成联盟	数据采集、视频监控、网络监控、移动中继等
零和追避微分博弈	躲避来自想要干扰无人机通信信道的干扰机的攻击	无人机存在干扰时基于无人机的中继通信网络
N-player 正则形式的博弈	参与者在不知道其他参与者的情况下同时采取行动	在无人机辅助的 LTE-U/WiFi 异构网络中，无人机基站和 WiFi 接入点之间实现负载均衡，确保所有用户的最大吞吐量
超模博弈	如果参与者根据定义的规则采取较低的行动，其他参与者也会采取较低的行动	空中基站竞相通过战略性地选择信标周期来最大化其遭遇率

续表

博弈模型	关键概念	示例场景
群体博弈	随着时间推移，参与者通过反复试验来掌握策略	一组通信无人机进行协调和控制，以执行特定任务，如数据收集
贝叶斯博弈	参与者在掌握有关相关数据效用的部分信息时采取策略	无人机辅助 VANET，无人机在安全导向的车辆网络中转发信息
纳什议价博弈	每个参与者都需要可用资源的一部分，如果提议的总和不超过可用资源，那么两个参与者都得到自己的需求，否则都得不到	无人机基站进行战略性合作，选择探测时间，以最大限度地提高遭遇率
非协同博弈	只有选择不同策略的双方才会收益，否则代价非常高昂	无人机辅助 D2D 网络，信道分配需要优化以最大限度地减少干扰
势博弈	根据所选择的策略，每个参与者都有自己的收益函数	移动边缘计算中的无人机有助于将密集计算任务卸载到云/边缘服务器

受资源有限和干扰等因素影响，资源管理成为无人机网络中的关键问题。为了解决任务驱动型无人机通信网络频谱分配问题，文献 [21] 提出了一种分布式频谱分配算法，通过迭代博弈过程来实现最优的频谱分配策略。针对异构无人机网络场景，文献 [22] 建立了联盟形成博弈模型，包括参与者的联盟选择和资源分配决策。通过分析每个玩家的效用函数和联盟的稳定性概念，设计算法确定最优的联盟结构和资源分配策略。然而，这些方法主要适用于小型网络。大型网络需要考虑一种具有可扩展性的机制，还需要考虑由于无人机运动而导致的大量功耗问题。

由于无人机网络规模庞大，无人机之间可以是竞争对手，也可以是合作伙伴。针对无人机网络中的合作与竞争问题，文献 [23] 应用博弈论实现了有效的计算卸载，分析了无人机之间的竞争关系和资源利用情况，并利用博弈论中的均衡理论确定了最优的计算卸载策略，以获取稳定和公平的安全性能。文献 [24] 研究了无人机任务决策、集群分簇、路由选择、资源分配与轨迹优化等问题，提出了基于联盟博弈的非对抗任务决策方法、基于随机博弈的对抗任务决策方法、基于联盟博弈的无人机集群分簇方法、基于网络形成博弈的多无人机路由选择方法和基于凸优化设计迭代方法的通信资源管理方法，以实现多无人机高效完成任务的目的。因此，建立有效的合作机制和合理的资源分配方法在竞争环境下显得尤为重要。

虽然在无人机空基网络中关于博弈论的研究取得了一些重要进展，但仍面临着一些挑战。无人机网络的复杂拓扑结构和动态环境使得模型的建立和求解变得复杂。不同无人机之间可能存在多样化的交互关系，包括竞争、合作，以及共同资源利用等。这使得网络中的行为策略和决策选择更加多样化，并难以预测。在这样的复杂网络环境下，如何设计适用于不同情况的有效博弈模型成为一个重要的研究方向。同时，随着无人机技术的不断创新，新的问题和挑战不断涌现，网络中可能涉及更多的多样化场景和业务需求，这为博弈论的应用提出更高的要求。

3. 天基网络博弈论

在天基网络中，无线资源管理一直是一个热门研究方向。天基网络具有多层、立体、异构、动态等特征。而且天基网络资源受限，任务需求复杂，导致天基网络资源管理面临着巨大挑战。随着卫星通信技术的发展，地面节点承载的业务呈现多样化，不同的业务在地面节点汇聚后，经过卫星转发给其他目的节点。由于多样化业务需求不一，迫切需要综合考虑多因素、差异化、定制化的资源管理方法。

稀缺的网络资源致使大量接入节点均想得到足够的资源，保障业务质量，进而造成了个体利益与整体利益之间的矛盾。采用博弈论的基本思想及其数学模型，分析卫星网络中的竞争与协议的问题引起了广泛关注。文献 [25] 在准确预测视频会议流量的基础上，提出了一种卫星带宽分配方法，改善了视频会议业务的吞吐量和时延问题。文献 [26] 以最小化部署成本为目标，研究了卫星边缘计算中基于势博弈的 VNF 放置方法。用户被视为一个参与者，通过寻找 VNF 放置策略使自身回报最大化，而参与者之间在最大化自身收益方面存在潜在冲突。每个参与者的收益都可以通过与其他参与者竞争可用资源来提高收益。因此通过迭代可为每个用户请求遍历所有可用路径，从而找到最大用户回报的可行策略。

考虑到不同运营商提供的 QoS 不同，文献 [27] 提出了基于双层博弈的资源分配问题，以使运营商的效用最大化。该问题由运营商和用户之间的 Stackelberg 博弈、所有用户之间的演化博弈组成，通过解决带有复制因子的演化博弈得到任何定价策略下的用户选择。随后，基于用户的服务选择，在满足 QoS 约束的前提下，在用户之间分配网络资源。通过分析效用和定价策略之间的演化关系，最终找到系统的 Stackelberg 均衡点，得到最优资源分配策略。文献 [28] 针对信道条件时变的环境，卫星终端吞吐量下降的问题，提出了协作中继辅助的负载均衡方案。卫星终端（目的节点）选择 GEO 卫星终端（中继节点）作为与 GEO 卫星通信的协作中继，并要求支付目的节点相应的成本以进行合作传输。文献 [28] 采用 Stackelberg 博弈优化目的节点和中继节点的策略选择，从而实现效用最大化。

充分考虑增益、符号错误概率、存储空间消耗、CPU 消耗和能量消耗等因素，文献 [29] 提出了基于 QoS 的差分博弈模型，分析了 LEO 卫星网络的性能，应用了贝尔曼定理求解所建立的模型，得到了最佳传输速率的公式。其仿真结果表明，符号误差概率因子和折扣因子的值将影响最优传输速率的上升趋势。

本章参考文献

[1] LIU J，SHI Y，FADLULLAH Z M，et al. Space-Air-Ground Integrated Network: A Survey[J]. IEEE Communications Surveys & Tutorials，2018，20(4): 2714-2741.

[2] 中国联通，空天地一体化通信网络白皮书 [R/OL]，2020.

[3] 钟耀慧. 认知网络中智能路由模型与算法研究 [D]. 南京：南京邮电大学，2021.

[4] 中国信息通信研究院华东分院，2021 认知智能发展研究报告 [R/OL]，2021.

[5] FUDENBERG D，TIROLE J. Game Theory[M]. Emerald Group Publishing，1991.

[6] WEIBULL J W. Evolutionary Game Theory[M]. MIT press，1997.

[7] NASH JR J F. Equilibrium Points in N-Person Games[J]. Proceedings of The National Academy of Sciences，1950，36(1): 48-49.

[8] HAN T，KOBAYASHI K. A New Achievable Rate Region for The Interference Channel[J]. IEEE Transactions on Information Theory，1981，27(1): 49-60.

[9] SENDONARIS A，ERKIP E，AAZHANG B. User Cooperation Diversity. Part I. System description[J]. IEEE Transactions on Communications，2003，51(11): 1927-1938.

[10]　ANDREWS J，SHAKKOTTAI S，HEATH R，et al. Rethinking Information Theory for Mobile Ad Hoc Networks[J]. IEEE Communications Magazine，2008，46(12): 94-101.

[11]　GOLDSMITH A，EFFROS M，KOETTER R，et al. Beyond Shannon: The Quest for Fundamental Performance Limits of Wireless Ad Hoc Networks[J]. IEEE Communications Magazine，2011，49(5): 195-205.

[12]　ZHAO S，FENG Y，YU G. D2D Communication Channel Allocation and Resource Optimization in 5G Network Based on Game Theory[J]. Computer Communications，2021，169(1): 26-32.

[13]　SARMA S S，HAZRA R. Interference Management for D2D Communication in mmWave 5G Network: An Alternate Offer Bargaining Game Theory Approach[C]//2020 7th International Conference on Signal Processing and Integrated Networks (SPIN)，Noida，India，2020: 202-207.

[14]　BARIK P K，SHUKLA A，DATTA R，et al. A Resource Sharing Scheme for Intercell D2D Communication in Cellular Networks: A Repeated Game Theoretic Approach[J]. IEEE Transactions on Vehicular Technology，2020，69(7): 7806-7820.

[15]　ZHANG D，FANG Y，ZHOU Y，et al. Game Theoretic Multihop D2DContent Sharing: Joint Participants Selection，Routing，and Pricing[J]. IEEE Transactions on Mobile Computing，2020，21(6): 2013-2028.

[16]　GHOSH S，DE D. Power and Spectrum Efficient D2D Communication for 5G IoT Using Stackelberg Game Theory[C]//2020 IEEE 17th India Council International Conference (INDICON)，New Delhi，India，2020: 1-7.

[17]　MENSAH R N K，ZHIYUAN L，OKINE A A，et al. A Game-Theoretic Approach to Computation Offloading in Software-Defined D2D-Enabled Vehicular Networks[C]//2021 2nd Information Communication Technologies Conference (ICTC)，Nanjing，China，2021: 34-38.

[18]　GULZAR W，WAQAS A，DILPAZIR H，et al. Power Control for Cognitive Radio Networks: AGame Theoretic Approach[J]. Wireless Personal Communications，2022，123: 1-15.

[19]　CHOWDHURY S. Resource Allocation in Cognitive Radio Networks Using Stackelberg Game: A Survey[J]. Wireless Personal Communications，2022，122(1): 807-824.

[20] MKIRAMWENI M E，YANG C，LI J，et al. A Survey of Game Theory in Unmanned Aerial Vehicles Communications[J]. IEEE Communications Surveys & Tutorials，2019，21(4): 3386-3416.

[21] CHEN J，WU Q，XU Y，et al. Spectrum Allocation for Task-Driven UAV Communication Networks Exploiting Game Theory[J]. IEEE Wireless Communications，2021，28(4): 174-181.

[22] CHEN J，WU Q，XU Y，et al. Joint Task Assignment and Spectrum Allocation in Heterogeneous UAV Communication Networks: A Coalition Formation Game-Theoretic Approach[J]. IEEE Transactions on Wireless Communications，2020，20(1): 440-452.

[23] MESSOUS M A，SENOUCI S M，SEDJELMACI H，et al. A Game Theory Based Efficient Computation Offloading in An UAV Network[J]. IEEE Transactions on Vehicular Technology，2019，68(5): 4964-4974.

[24] 邢娜. 多无人机博弈决策与协同通信方法研究 [D]. 天津大学，2020.

[25] GUPTA S，BELMEGA E V，VÁZQUEZ-CASTRO，et al. Game Theoretical Analysis of The Tradeoff Between QoE and QoS Over Satellite Channels[C]//2014 7th Advanced Satellite Multimedia Systems Conference and the 13th Signal Processing for Space Communications Workshop (ASMS/SPSC). Livorno，Italy，2014.

[26] GAO X，LIU R，KAUSHIK A.Virtual Network Function Placement in Satellite Edge Computing with A Potential Game Approach[J]. IEEE Transactions on Network and Service Management，2022，19(2): 1243-1259.

[27] ZHU X，JIANG C，KUANG L，et al. Two-Layer Game Based Resource Allocation in Cloud Based Integrated Terrestrial-Satellite Networks[J]. IEEE Transactions on Cognitive Communications and Networking，2020，6(2): 509-522.

[28] JIANG L，CUI G，LIU S，et al. Cooperative Relay Assisted Load Balancing Scheme Based on Stackelberg Game for Hybrid GEO-LEO Satellite Network[C]//2015 International Conference on Wireless Communications & Signal Processing (WCSP)，Nanjing，China，2015.

[29] LIU Q，ZHAO M，LIU F. A QoS Guarantee Service Serving Model in LEO Satellite Networks Based on Differential Game[J]. China Communications，2014，11(14): 128-134.

第 2 章 博弈基础与博弈模型

2.1 传统博弈

2.1.1 传统博弈概述

近年来，随着认知无线电网络、网络信息、绿色通信、异构网络架构等的发展，博弈论逐渐成为一种解耦网络资源状态的有效数学工具。传统博弈模型可分为合作博弈和非合作博弈两类。最初的研究认为，只有非合作博弈适用于移动通信网络。然而，非合作博弈在大规模网络中存在应用局限。因此，合作博弈得到了更广泛关注。合作博弈与非合作博弈主要根据参与者的行为逻辑差别进行区分，如表 2-1 所示。

表 2-1 合作博弈和非合作博弈的区别

决策要素	合作博弈	非合作博弈
约束力的协议	有	无
核心	收益分配	策略选择
协议强制性	强制	非强制

2.1.2 传统博弈模型

1. 合作博弈

合作博弈在参与者之间能够达成有约束力的协议，一般采用讨价还价的方式，令参与者能够对合作后所得到的集体利益的分配方式达成共识，从而进行合作。合作博弈能保证在其他参与者的利益不受损害的前提下，至少有一个参与者的利益是增加的，从而增加集体利益。因此，合作博弈强调的是整体最优策略。在合作博弈中，参与博弈过程的决策者通过强制协议组成系统，博弈的目的是使此系统的收益最大化。具体而言，合作博弈主要包含夏普利值、联盟博弈和纳什议价解。

1) 夏普利值

夏普利值在 1953 年由夏普利 (Shapley L. S.) 等人提出。夏普利值法是一种基于个体对联盟整体作出的贡献来分配收益的方法。夏普利值法是解决资源共享问题，并避免冲突的方法。夏普利值并不是一个确定的值，而是博弈参与者在博弈前对自己能够获得收益的数学期望值。夏普利值法在合作博弈模型中是一个基本的方法，因为夏普利值法的值是唯一的，所以被很多研究者采用。

采用夏普利值法分配收益，需要满足以下条件。

(1) 设合作博弈为 $[N, U]$，N 为一个有限的集合 $N = \{1, 2, \cdots, n\}$。

(2) N 的任意非空子集 S(一个联盟) 都与一个函数 $U(S)$ 相对应，要求：$U(\phi) = 0$，$U(\phi) = 0$。如果合作博弈中没有参与者则不能获益，其表达式为

$$U(S_1 \cup S_2) \geqslant U(S_1) + U(S_2), S_1 \cap S_2 = \phi, S_1 \in N, S_2 \in N \tag{2-1}$$

式 (2-1) 证明形成联盟后的收益要大于参与者不形成联盟的收益之和。

(3) 设 φ_i 表示 N 中参与者 i 从合作的最大效益 $U(N)$ 中获得的收入。它需要满足以下条件：

$$\sum_{i=1}^{n} \varphi_i = U(N), \varphi_i \geqslant U(i), i = 1, 2, \cdots, n \tag{2-2}$$

在夏普利值法中，这一联盟中的所有成员获得的收益分配值称为夏普利值。通常用 $\Phi(U) = \{\varphi_1(U), \varphi_2(U), \cdots, \varphi_n(U)\}$ 表示合作对策的分配策略。$\varphi_i(U)$ 表示联盟成员 i 的所得利益，其可表示为

$$\varphi_i(U) = \sum_{i \in S} \left[(n - |S|)! \frac{(|S| - 1)!}{n!} (U(S) - U(S_{-i})) \right] \tag{2-3}$$

式中，S_{-i} 表示包含 I 中参与者 i 的所有子集；$|S|$ 表示联盟 S 中参与者的个数；$n!$ 表示 n 个博弈参与者形成排列次序的种类数；$U(S)$ 表示形成联盟 S 获得的收益；$U(S_{-i})$ 表示联盟 S 中除去参与者后的联盟收益。

夏普利值法可以从概率的角度来分析参与者间的关系。按照随机顺序形

成联盟，每种顺序发生的概率都相等（均为 $1/n!$）。参与者 i 与其前面的 $(|S|-1)!$ 个参与者形成联盟 S，$U(S) - U(S_{-i})$ 表示参与者 i 的加入给联盟 S 带来收益的增加值。由于 S_{-i} 与 $n-|S|$ 个参与者的排序共有 $(n-|S|)!(|S|-1)!$ 种，因此，每种排序出现的概率就是 $\big((n-|S|)!(|S|-1)!\big)/n!$。由此可见，参与者 i 在联盟 S 中的边际贡献的期望所得收益恰好是夏普利值。用夏普利值法进行分摊计算，不仅具有唯一性和稳定性，还能大幅度简化计算过程，满足个体合理性和整体合理性。

2）联盟博弈

联盟博弈的核心是假设博弈过程中所有的决策者之间存在着一种"货币"。该"货币"可以在所有决策者之间自由流动。联盟博弈又被称为"单边支付"博弈或可转移效用博弈。联盟博弈研究的是合作前提下的收益分配问题，即参与者在合作后如何分配通过合作得到的利益。

根据参与者的数量，联盟博弈可分为两人合作博弈和 $n(n > 2)$ 人合作博弈。按照效用在联盟中是否转移，联盟博弈可分为可转移效用博弈和不可转移效用博弈。按照参与者的联盟形成情况，联盟博弈可分为规范合作博弈、形成合作博弈与图表博弈三种。

联盟博弈的存在，需要满足以下两个条件：

(1) 从联盟外部来看，联盟博弈的整体收益要大于各个联盟所有参与者收益的总和。

(2) 从联盟内部来看，联盟博弈应具有包含帕累托改进特性的分配规则，即每个合作参与者都能够获得一部分多于其未加入联盟时的收益。

定义 2-1（联盟博弈）：令 $N = \{1, 2, \cdots, n\}$ 表示合作博弈的参与者集合，对于任意 $i \in N$ 有：S_i 是参与者 i 的策略集合，$s_i (s_i \in S_i)$ 为参与者 i 采取的策略；$S = (s_1, s_2, \cdots, s_n)$ 为 n 个参与者的策略组合，S 为所有策略组合的集合；令 $r_i(s)$ 表示参与者 i 在策略组合 s 下所能获得的效用；U 表示所有效用组合的集合，且 U 是 $\mathcal{R}^K$ 上的一个闭合的、凸子集。令 $r_{\min}^i$ 表示参与者 i 所期望获得的最小效用值，且 $r_{\min}^N = \left(r_{\min}^1, \cdots, r_{\min}^n\right)$。当满足：

$$r_N = \left(r_1, \cdots, r_n\right) \in U \,\big|\, r_i \geqslant r_{\min}^i, \forall i \in N \tag{2-4}$$

r_N 为一个非空的有界集，则称 $\left(U, r_{\min}^N\right)$ 为一个 n 人联盟博弈。

合作博弈的参与者集合 $N = \{1, 2, \cdots, n\}$ 的非空子集 S 被称作联盟。如果

集合 S 中的博弈参与者在博弈过程中达成相互合作的协议，从而获得相应收益 U，则称此博弈为由 $[N, U]$ 决定的联盟博弈。联盟博弈获得的收益是联盟整体的收益 $U(S)$。根据固定规则 $U(S)$ 可以公平分配给联盟 S 中的所有次级用户，或者将收益向量 $U(S)$ 分配给每个独立的参与者 i，每个参与者的收益值为 $U_i(S)$。在联盟博弈中，联盟的收益只由参与者决定，而不受联盟外参与者的影响，则称这种博弈为特征函数形式的联盟博弈。

3) 纳什议价解

纳什议价解是用于解决两个参与者之间议价问题的经典博弈论概念。在议价问题中，纳什议价解假设有一个可行集（即所有可能的收益构成的集合）和一个威胁点（即若议价失败每个参与者的最小收益）。纳什议价解的性质包括个体理性、对称性、不变性以及独立于无关备选方案。

定义 2-2（纳什议价解）：设存在合作博弈 $\left(U, r_{\min}^N\right)$，其中，$r_{\min}^N = \left(r_{\min}^1, \cdots, r_{\min}^n\right)$，若 $\bar{r}$ 为此合作博弈的纳什议价解，即 $\bar{r} = \left(U, r_{\min}^N\right)$，$\bar{r} \in U$，则必须满足如下条件。

(1) 个体理性。其可表示为

$$\bar{r_i} = \sum_{j=1}^{N} \bar{r_{ij}} \geqslant r_{\min}^i, \ \forall i \in N \tag{2-5}$$

(2) 可行性。其可表示为

$$\bar{r} \in U \tag{2-6}$$

(3) 帕累托最优性。对于每一个 $\hat{r} \in U' \subset U$，如果

$$\sum_{j=1}^{N} \widehat{r_{ij}} \geqslant \sum_{j=1}^{N} \bar{r_{ij}}, \ \forall i \in N \tag{2-7}$$

则有：

$$\sum_{j=1}^{N} \widehat{r_{ij}} = \sum_{j=1}^{N} \bar{r_{ij}}, \ \forall i \in N \tag{2-8}$$

(4) 不相关选择独立性。如果 $\hat{r} \in U' \subset U$，$\bar{r} = \phi\left(U, r_{\min}\right)$，那么

$$\bar{r} = \phi\left(U', r_{\min}\right) \tag{2-9}$$

(5) 线性变换独立性。对于任意的线性尺度变换 ψ，则有

$$\psi\left(\phi(U, r_{\min})\right) = \phi\left(\psi(U), \ \psi(r_{\min})\right) \tag{2-10}$$

(6) 对称性。博弈者交换后解不变，即

$$\phi_j(U, r_{\min}) = \phi_{j'}(U, r_{\min}), \ \forall j, j' \in N \tag{2-11}$$

帕累托最优 (Pareto Optimality) 也称为帕累托效率 (Pareto Efficiency)，是指资源分配的一种理想状态。假定固有的一群人和可分配的资源，在没有任何人变坏的前提下，从一种分配状态到另一种状态的过程中，使得至少一个人变得更好的过程称为帕累托改进。当不存在帕累托改进时，就认为是达到了帕累托最优状态。也就是说，帕累托改进是达到帕累托最优的路径和方法。

定义 2-3（帕累托最优性）：如果对于某个参与者 i 当且仅当效用值 $r_i(s) \geq r_i(s')$，则存在其他策略组合 s' 能够满足如下表达式。

$$r_j(s') > r_j(s), \ \forall j \in N, j \neq i \tag{2-12}$$

2. 非合作博弈

1) 完全信息静态博弈和纳什均衡

(1) 完全信息静态博弈。完全信息意味着收益函数是确定的。静态博弈意味着所有博弈参与者同时行动。如果一个博弈同时具备完全信息和静态博弈的特征，即为完全信息静态博弈。一般来说，每个参与者的收益是博弈中所有参与者所选策略的函数，则每个参与者的最优策略必须考虑其他参与者的策略选择。但在一些特殊的博弈中，参与者的最优策略不需要考虑其他参与者的策略选择，这种策略称为严格占优策略，即不管其他参与者选择什么策略，该参与者都有一个唯一的最优策略。

定义 2-4：如果任意 $s_i' \in s_i, s_i' \neq s_i^*$，则有

$$u_i\left(s_1, s_2, \cdots, s_{i-1}, s_i^*, s_{i+1}, \cdots, s_n\right) > u_i\left(s_1, s_2, \cdots, s_{i-1}, s_i', s_{i+1}, \cdots, s_n\right) \tag{2-13}$$

式中，对其他参与者策略集合（$s_1, s_2, \cdots, s_{i-1}, s_{i+1}, \cdots, s_n$）形成的每一种策略对 $(s_1, s_2, \cdots s_{i-1}, s_i^*, s_{i+1}, \cdots s_n)$ 都成立，那么策略 s_i^* 称为参与者 i 的严格占优策略。

在一个博弈中，如果所有参与者都有一个严格占优策略，那么每一个理性的参与者不会放弃其严格占优策略。由全部严格占优策略构成的解，称为严格占优策略均衡，其定义如下。

定义 2-5：在博弈的标准表达式中，如果对于所有参与者 $i \in \Gamma$，s_i^* 是参与

者 i 的严格占优策略，那么策略组合 $s^* = (s_1^*, s_2^*, \cdots, s_n^*)$ 称为严格占优策略均衡。

(2) 纳什均衡 (Nash Equilibrium，NE)。为了更好地理解 NE 的含义，设 n 个博弈参与者中的每一个参与者选定一个策略，预测的博弈结果为 $s^* = (s_1^*, s_2^*, \cdots, s_n^*)$，其中，$s_i^*$ 是理论上导出的参与者 i 的策略。首先，参与者要选择的策略必须是针对其他参与者选择策略的最优反应。其次，遵循理论结果产生的效果不会小于偏离理论结果时的效用，即没有参与者愿意单独偏离理论选定的策略，这种理论导出的结果是一种"策略相对稳定"的状态，这种状态称为 NE。

定义 2-6： 在 n 个参与者的有限博弈 $G = \{S_1, S_2, \cdots, S_n; u_1, u_2, \cdots, u_n\}$ 中，对于每一个参与者 $i(i = 1, 2, \cdots, n)$ 来讲，s_i^* 是针对其他 $n-1$ 个参与者所选策略 $(s_1^*, s_2^*, \cdots, s_{i-1}^*, s_{i+1}^*, \cdots, s_n^*)$ 的最优反应策略，即

$$u_i\left(s_1, s_2, \cdots, s_{i-1}, s_i^*, s_{i+1}, \cdots, s_n\right) \geqslant u_i\left(s_1, s_2, \cdots, s_{i-1}, s_i', s_{i+1}, \cdots, s_n\right) \tag{2-14}$$

对于 S_i 中所有的 s_i^* 都成立，即 s_i^* 是最优化问题的解，其表达式如下。

$$\max u_i\left(s_1, s_2, \cdots, s_{i-1}, s_i^*, s_{i+1}, \cdots, s_n\right) \tag{2-15}$$

若参与者 i 选择策略 s^* 可以最大化收益 u_i，则策略组合 $s^* = (s_1^*, \cdots, s_i^*, \cdots, s_n^*)$ 称为该博弈的一个 NE。

1950 年，纳什证明了任何有限博弈至少存在一个 NE。相关定理表述如下。

定理 2-1： 在 n 个参与者的有限博弈 $G = \{S_1, S_2, \cdots, S_n; u_1, u_2, \cdots, u_n\}$ 中，如果 n 是有限的，且每个参与者 i 的策略集合 S_i 中集合策略 s_i 是有限的，则博弈至少存在一个 NE。

定理 2-2： 在 n 个参与者的标准式博弈 $G = \{S_1, S_2, \cdots, S_n; u_1, u_2, \cdots, u_n\}$ 中，如果每个参与者 i 的纯策略集合 S_i 是欧式空间上一个非空的、封闭的、有界的凸集，收益函数 $u_i(s)$ 是连续的且对 s_i 是拟凹的，那么博弈至少存在一个纯策略 NE。

博弈论认为理性的参与者应选择 NE 中的策略 s_i^*。若参与者 i 能够预期到对手选择 s_{-i}^*，但对手不选 s_{-i}^*，自己选 s_i^*，则对手的收益可能下降；若自己不选 s_i^*，对手选择 s_{-i}^*，可能使自己的收益下降。每个参与者 i 都没有偏离策略 s_i^* 的积极性，因此博弈论用 NE 来预测博弈的结局。

根据静态博弈的求解思路，图 2-1 给出了 NE 求解流程图。

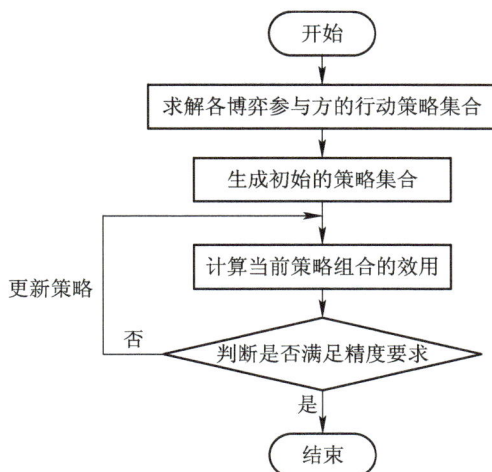

图 2-1　NE 求解流程图

2) 完全信息动态博弈和子博弈精炼纳什均衡

(1) 完全信息动态博弈。博弈中参与者选择的行动是按顺序发生的，在每一步行动之前，所有之前发生的行动都可被观察到，且每个可能的行动组合下的参与者的支付函数是每个参与者知晓的。常用扩展型博弈模型刻画完全信息动态博弈模型。在有限策略博弈的扩展式表述中，除了与策略式表述相同的博弈参与者、参与者策略集合与收益函数三个要素外，还包括参与者的行动顺序、每次行动前可供其选择的行动方案以及其可能了解到的信息、外生事件（如虚拟参与者"自然"的可能选择）的概率分布等要素。

定义 2-7：设 $G = \langle N, Y, U, I, P \rangle$ 为有限策略博弈的扩展式表述，从节点 $h(Y 中)$ 出发的子博弈 $G_h = \langle N_h, Y_h, U_h, I_h, P_h \rangle$ 满足如下条件：

① h 是 G 的单点信息；

② $N_h \subseteq N$；

③ Y_h 是 Y 的子树，它由 h 及其后的所有节点与终点构成；

④ G_h 不能分割 G 的信息集；

⑤ 若"自然"属于 N_h，则 G_h 中"自然"的概率分布 $P_h = P$；

⑥ 设 $t \in T_h$ 为子博弈 G_h 的终点，支付向量 $U_h(t) = U(t)$。

其中，$N = \{1, 2, \cdots, n\}$ 为参与者集合；$Y = (D, T, E)$ 为博弈树；U 为支付向量；I 为参与者的信息集分割；P 是概率分布。

多个参与者的有限策略博弈的扩展式表述可用博弈树表示。图 2-2 所示为简单的博弈树示例，其中，N 代表"自然"；1，2，…表示博弈参与者。博弈树由结和枝构成。动态博弈中，依顺序进行博弈中的点称为博弈树的结，如图中的 $X_0 \sim X_6$。博弈树的结通常可分为初始结、终点结和决策结。图 2-2 中，顶部的结 X_0 称为初始结，底部的结 X_5、结 X_6 称为终点结。初始结表示博弈的开始，终点结表示博弈的结束和最终结果。博弈树中，结与结之间的连线称为枝。按博弈依次前进的方向，枝的前端为隶属于先决策者的结，枝的末端为隶属于后决策者的结，如结 X_1 称为结 X_3、结 X_4 的直接前列结；结 X_3、结 X_4 称为结 X_1 的直接后续结。

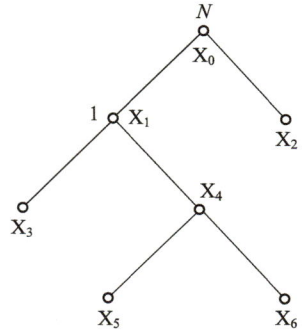

图 2-2　博弈树示例图

(2) 子博弈精炼纳什均衡。子博弈精炼纳什均衡是对纳什均衡的一种细化，旨在排除那些不合理或不稳定的均衡，以提高均衡的预测精度。子博弈精炼纳什均衡通过引入更严格的标准，如子博弈完美均衡、贝叶斯均衡等，过滤掉不合理的均衡，从而提供更具预测力和合理性的均衡解。NE 是非合作博弈的核心，其形成于静态博弈。一个 n 人策略式博弈可表示为

$$G = \{S_1, S_2, \cdots, S_n; u_1, u_2, \cdots, u_n\} \tag{2-16}$$

式中，S_i 为参与者 i 的策略集合；u_i 为参与者 i 的支付函数。

对于任意参与者 $i(i=1,2,\cdots,n)$，则有

$$u_i\left(s_1^*, s_2^*, \cdots, s_{i-1}^*, s_i^*, s_{i+1}^*, \cdots, s_n^*\right) \geq u_i\left(s_1^*, s_2^*, \cdots, s_{i-1}^*, s_i', s_{i+1}^*, \cdots, s_n^*\right) \tag{2-17}$$

式中，若 $\forall s_i' \in S_i$，且 $s_i' \neq s_i^*$，则称策略组合 $s^* = \left(s_1^*, s_2^*, \cdots, s_{i-1}^*, s_i^*, s_{i+1}^*, \cdots, s_n^*\right)$ 为博弈 G 的 NE。同时，s_i^* 为参与者 i 的最佳策略。

① 子博弈。完全信息动态博弈的子博弈是原博弈树的一部分，实现了对完全信息动态博弈的"解剖"，从而变成一系列更小的博弈问题，它应该满足以下条件：

a. 子博弈必须始于博弈树中的决策结；

b. 子博弈包含博弈树中决策结的所有后续结 (包含终点结)。

② 精炼纳什均衡。对于含 n 个参与者的扩展式博弈来讲，策略组合 $s^* = \left(s_1^*, s_2^*, \cdots, s_{i-1}^*, s_i^*, s_{i+1}^*, \cdots, s_n^*\right)$ 应满足下述两个条件：

a. s^* 是原博弈的 NE；

b. s^* 在每个子博弈上给出 NE。

3) 不完全信息静态博弈和贝叶斯纳什均衡

(1) 不完全信息静态博弈。从技术角度来看，不完全信息静态博弈中的不完全信息是指对博弈中的参与者、策略和效用不充分了解。从理论角度来看，这些不完全信息可以转化为与效用函数相关的未知信息。因此，不完全信息静态博弈中至少有一个参与者不知道其他参与者的效用函数。需要强调的是，海萨尼转换可转化不完全信息静态博弈，使得不完全信息静态博弈的分析可以在完全信息动态博弈的分析框架下进行。

(2) 贝叶斯纳什均衡。在现实中，许多的博弈场景并不满足所有信息都是博弈参与者间共有的信息这一条件，例如，生产者和消费者间的需求支付博弈，双方不可能知道对方的所有信息。再如，无线通信中，用户和干扰机间的对抗博弈，双方并不清楚对方发送信号的方式、成本系数的大小或效益函数等信息。此类博弈不可避免地要涉及不完全信息，也就是不完全信息博弈，即贝叶斯博弈。通过求解不完全信息静态博弈的问题得到的均衡解，称作贝叶斯纳什均衡，即贝叶斯 NE。

在不完全信息静态博弈中，假定其他参与者知道某一参与者的所属类型的概率分布，可以计算该博弈的解。静态贝叶斯博弈可以表示为

$$\boldsymbol{G} = (S_i; \theta_i; p; u_i) \tag{2-18}$$

式中，$\boldsymbol{S}_i$ 是与类型有关的策略集合，$\boldsymbol{S}_i = \boldsymbol{S}_i(\theta_i)$；$p$ 是类型上的联合概率分布，

$p = p(\theta_1, \theta_2, \cdots, \theta_n)$；$u_i$ 是与类型组合有关的效用函数，$u_i(s_1, \cdots, s_n; \theta_1, \cdots, \theta_n)$。

此时，静态贝叶斯博弈的纯策略 (贝叶斯 NE) 是一个与类型有关的策略组合，即

$$\left\{ s_i^*\left(\theta_i\right) \right\}_{i=1}^n \tag{2-19}$$

式中，每个参与者 i 在给定自身类型和其他参与者与该类型有关的策略 $s_{-i}^*\left(\theta_{-i}\right)$ 的情况下，最大化自己的期望效用函数。也就是说，策略组合是一个贝叶斯 NE，应该满足：

$$s_i^*\left(\theta_i\right) \in \arg_{s_i} \max \sum_{\theta_{-i}} p_i\left(\theta_{-i} \big| \theta_i\right) u_i\left(s_i, s_{-i}^*\left(\theta_{-i}\right); \theta_i, \theta_{-i}\right) \tag{2-20}$$

式中，$p_i\left(\theta_{-i} \big| \theta_i\right)$ 为参与者 i 在了解到自身类型 t_i 的后验概率，对于 i 取值的推断，可由贝叶斯法则给出：

$$p_i\left(\theta_{-i}\middle|\theta_i\right)=\frac{p\left(\theta_{-i},\theta_i\right)}{p\left(\theta_i\right)}=\frac{p\left(\theta_{-i}\right)p\left(\theta_i\middle|\theta_{-i}\right)}{\sum_{t_{-i}}p\left(\theta_{-i}\right)p\left(\theta_i\middle|\theta_{-i}\right)} \tag{2-21}$$

4) 不完全信息动态博弈和精炼贝叶斯纳什均衡

(1) 不完全信息动态博弈。不完全信息动态博弈是指在博弈中,至少有一个参与者不知道其他参与者的支付函数,参与者的行动有先后之分,后行动者能观察到先行动者的行动。具体来说,"自然"首先选择参与者的类型,参与者知道自身类型,其他参与者不知道被选择的参与者的真实类型,仅知道可能类型的概率分布。参与者的行动有先后顺序,后行动者能观察到先行动者的行动,但不能观察到先行动者的类型。由于参与者的行动依赖于其类型,每个参与者的行动都传递着有关自身类型的某种信息,所以,后行动者便可以通过观察先行动者的行动来推断其类型或修正对其类型的信念,然后选择自己的最优行动。先行动者预测到自己的行动可能被后行动者所利用,就会设法选择传递有利信息,避免传递不利信息。因此,博弈过程不仅是参与者选择行动的过程,也是参与者不断修正信念的过程。

(2) 精炼贝叶斯纳什均衡。精炼贝叶斯纳什均衡可理解为完全信息动态博弈的子博弈精炼 NE 和不完全信息静态博弈的贝叶斯 NE 的结合。精炼贝叶斯 NE 要求,给定有关其他参与者类型的信念,参与者的策略在每一个信息集起始的"后续博弈"上构成贝叶斯纳什均衡,并且在所有可能的情况下,参与者要根据所观察到的其他参与者的行为,按照贝叶斯法则来修正自己类型的信念,进而据此选择并最优化自己的行动。精炼贝叶斯纳什均衡是所有参与者策略选择与类型信念更新机制相结合的均衡概念,它应满足如下条件:

① 在给定每个参与者有关其他参与者类型的信念的情况下,参与者的策略是最优的。

② 每个人有关他人类型的信念都是使用贝叶斯法则从所观察到的行动中获得的。

定义 2-8: 精炼贝叶斯纳什均衡可表示成一个策略组合,即:

$$s^*\left(\theta\right)=\left(s_1^*\left(\theta_1\right),\cdots,s_n^*\left(\theta_n\right)\right) \tag{2-22}$$

式中,后验概率组合 $p=\left(p_1,p_2,\cdots,p_n\right)$ 满足:

① 对于所有的参与者 i,在每一个信息集 h 上获得的最优支付为

$$s_i^*\left(s_{-i},\theta_i\right)\in\arg\max_{s_i}\sum_{\theta_{-i}}p_i\left(\theta_i\middle|a_{-i}^h\right)u_i\left(s_i,s_{-i},\theta_i\right) \tag{2-23}$$

② $p_i\left(\theta_{-i}\middle|a_{-i}^h\right)$ 是使用贝叶斯法则从先验概率 $p_i\left(\theta_{-i}\middle|\theta_i\right)$ 和最优策略得到的 $s_{-i}^*\left(\cdot\right)$。

因为条件概率来自博弈开始之前参与者 i 关于其他参与者类型的相关信息，所以条件概率 $p_i\left(\theta_i\middle|a_{-i}^h\right)$ 是先验的。假设"自然"为参与者，其并不包括在由参与者 i 标记的 n 个参与者之中，但由海萨尼转换所假定的参与者"自然"首先行动，"自然"决定每一个参与者的类型，但除每个参与者自己能观察到自身类型外，对于其他参与者的类型，只具有不完全信息。

2.2　平均场博弈

2.2.1　平均场博弈概述

在传统博弈理论框架下，博弈论需要每个参与者收集其他参与者的信息。根据贝尔曼提出的动态规划理论可知，当决策者的数量超过 10 时，就会产生维度灾难，导致博弈分析冗长，无法通过数学计算得到博弈均衡解。

基于平均场理论 (Mean Field Theory，MFT) 与博弈论，研究者们提出了平均场博弈 (Mean Field Game，MFG) 模型。该模型通过引入 MFT 来表示其他博弈参与者对所研究参与者的平均场影响，以平均作用效果代替单个作用效果之和，从而能够仅利用本地信息和平均场信息进行决策，这样简化了干扰交互过程，降低了分析难度和求解计算量，实现了一种低复杂度的均衡求解算法。需要强调的是，随着参与者数量的增加，平均场的效果就会越准确。因此，参与者数量的增加被看作是传统博弈模型的挑战，被 MFG 模型看作是简化均衡分析的解决方案。

定义 2-9：在优化问题中，决策者的目标是找到优化变量的最优值，使目标函数 (即最大化收益函数或最小化成本函数) 受到优化变量值的约束。设 u 为一个优化变量，其值包含在集合 u 中。假设 J 是用于评估 u 性能的代价函数 (或目标函数)，决策者寻求使目标函数 J 最小化的 u 值的优化问题可以表示为

$$J(u^*) = \min_{u \in U} J(u) \tag{2-24}$$

式中，$\boldsymbol{u}^*$ 表示 $\boldsymbol{u}$ 的最优值；$J(\boldsymbol{u}^*)$ 表示基于 $\boldsymbol{u}^*$ 的最小代价。

定义 2-10：最优控制理论是研究具有微分方程约束的最优控制问题或连续时间动态优化问题。在最优控制理论中，决策者在微分方程约束 $\mathrm{d}x(t)$ 下寻求使目标函数 J 最优的 $\boldsymbol{u} \in \boldsymbol{u}$ 的值。最优控制理论可以表示为

$$\begin{cases} J(\boldsymbol{u}^*) = \min_{u \in \mathcal{U}} J(\boldsymbol{u}) \\ \text{s.t. } \mathrm{d}x(t) = f(x, \boldsymbol{u}, t)\mathrm{d}t \end{cases} \tag{2-25}$$

定义 2-11：博弈论可以处理涉及几个理性决策者的战略互动问题。设 $\mathcal{N}$ 是 N 个决策者的集合。每个决策者 $i \in \mathcal{N}$ 想要找到 $\boldsymbol{u}_i \in \mathcal{U}_i$ 的最优值，根据其他决策者的行动来优化其目标函数 $\boldsymbol{u}_{-i} = (\boldsymbol{u}_1, \cdots, \boldsymbol{u}_{i-1}, \boldsymbol{u}_{i+1}, \cdots, \boldsymbol{u}_N)$。因此博弈论问题可以表示为

$$J_i\left(\boldsymbol{u}_i^*, \boldsymbol{u}_{-i}\right) = \min_{u_i \in \mathcal{U}_i} J_i\left(\boldsymbol{u}_i, \boldsymbol{u}_{-i}\right) \tag{2-26}$$

式中，$\boldsymbol{u}_i^*$ 表示 $\boldsymbol{u}_i \in \mathcal{U}_i$ 的最优值；$J_i\left(\boldsymbol{u}_i^*, \boldsymbol{u}_{-i}\right)$ 表示基于 $\boldsymbol{u}_i^*$ 和 $\boldsymbol{u}_{-i}$ 的最小代价。

定义 2-12：微分博弈将最优控制理论的应用扩展到多个决策者。设 $\mathcal{N}$ 是 N 个决策者的集合。若每个决策者 $i \in \mathcal{N}$ 想要找到 $\boldsymbol{u}_i \in \mathcal{U}_i$ 的最优值，则其目标函数 J_i（考虑到其他决策者的行为，$\boldsymbol{u}_{-i} = (\boldsymbol{u}_1, \cdots, \boldsymbol{u}_{i-1}, \boldsymbol{u}_{i+1}, \cdots, \boldsymbol{u}_N)$ 受微分方程 $\mathrm{d}x(t)$ 约束）可以表示为

$$\begin{cases} J_i\left(\boldsymbol{u}_i^*, \boldsymbol{u}_{-i}\right) = \min_{u_i \in \mathcal{U}_i} J_i\left(\boldsymbol{u}_i, \boldsymbol{u}_{-i}\right) \\ \text{s.t. } \mathrm{d}x(t) = f_i\left(x, \boldsymbol{u}_i, \boldsymbol{u}_{-i}, t\right)\mathrm{d}t \end{cases} \tag{2-27}$$

式中，$\boldsymbol{u}_i^*$ 表示 $\boldsymbol{u}_i \in \mathcal{U}_i$ 的最优值，$J_i\left(\boldsymbol{u}_i^*, \boldsymbol{u}_{-i}\right)$ 表示基于 $\boldsymbol{u}_i^*$ 和 $\boldsymbol{u}_{-i}$ 的最小代价。

MFG 是上述所有定义的集成。设 $\mathcal{N}$ 是 N 个决策者的集合。假设 N 很大，决策者是对称且不可区分的。任何决策者都希望找到 $\boldsymbol{u} \in \mathcal{U}$ 的最优值，使其目标函数 J 优化。目标函数考虑了平均场 m，该平均场 m 捕获了其他决策者受微分方程约束 $\mathrm{d}x(t)$ 的集体行为。MFG 可以表示为

$$\begin{cases} J\left(\boldsymbol{u}^*, m\right) = \min_{u \in \mathcal{U}} J(\boldsymbol{u}, m) \\ \text{s.t. } \mathrm{d}x(t) = f(x, \boldsymbol{u}, m, t)\mathrm{d}t \end{cases} \tag{2-28}$$

式中，$\boldsymbol{u}_i^*$ 表示 u 的最优值，$J\left(\boldsymbol{u}^*, m\right)$ 表示基于 $\boldsymbol{u}^*$ 和 m 的最小代价。

在平均场博弈中，其他决策者 $\boldsymbol{u}_{-i}$ 的决策已被平均场 m 取代。由于决策者

是对称且不可区分的，因此平均场博弈问题可以从任何具有代表性的决策者的观点出发。平均场博弈问题可以看作是一个最优控制问题，即在给定平均场 m 的情况下，决策者通过求解 u 的最优值，使其目标函数 J 服从状态动力学方程 $dx(t)$ 来进行优化。图 2-3 说明了平均场博弈与其他相关研究领域的关系。

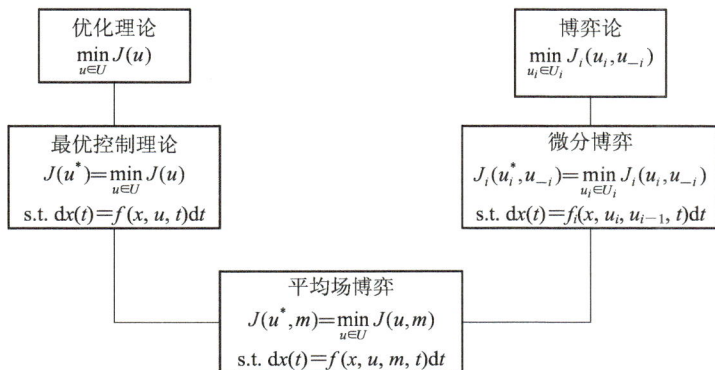

优化理论
$$\min_{u \in U} J(u)$$

博弈论
$$\min_{u_i \in U_i} J_i(u_i, u_{-i})$$

最优控制理论
$$J(u^*) = \min_{u \in U} J(u)$$
$$\text{s.t. } dx(t) = f(x, u, t)dt$$

微分博弈
$$J_i(u_i^*, u_{-i}) = \min_{u_i \in U_i} J_i(u_i, u_{-i})$$
$$\text{s.t. } dx(t) = f_i(x, u_i, u_{i-1}, t)dt$$

平均场博弈
$$J(u^*, m) = \min_{u \in U} J(u, m)$$
$$\text{s.t. } dx(t) = f(x, u, m, t)dt$$

图 2-3　平均场博弈与其他相关研究领域的关系示意图

平均场博弈系统方程由值函数 $u(x, t)$ 的哈密顿 - 雅可比 - 贝尔曼方程 (Hamilton-Jacobi-Bellman Equation，HJB) 和平均场密度函数 $m(x, t)$ 的福克 - 普朗克 - 柯尔莫戈洛夫方程 (Fokker-Planck-Kolmogorov Equation，FPK) 组成。HJB 方程描述的是每个玩家正在解决的最优控制问题的解决方案的演变。FPK 方程描述的是假设在每个参与者行为最优的情况下参与者分布的演变。

$$\begin{cases} -\dfrac{\partial u}{\partial t}(x,t) - H\left(x, m, \nabla_x u, t\right) = v\Delta_x u(x,t) \\ \dfrac{\partial m}{\partial t}(x,t) + \text{div}[f(x,u,m,t)m(x,t)] = v\Delta_x m(x,t) \end{cases} \tag{2-29}$$

式中，边界条件为 $m(x,0) = m_0(x)$ 和 $u(x,T) = g(x)$，并且有一个非负参数 v；函数 H 称为哈密顿量，通过改变控制变量 u 进行优化；div 表示散度运算；∇_x 表示梯度运算；Δ_x 表示拉普拉斯运算。

2.2.2　平均场博弈模型

平均场博弈是一种特殊形式的随机微分博弈 (Stochastic Differential Game，SDG)，主要应用于大规模动态随机系统的建模分析。SDG 考虑的是一个连续时间，在时间 $t \in [0, +\infty)$ 上进行演化，系统中 N 个相互作用的个体构成集合 $\mathcal{N} = \{1, 2, \cdots, N\}$。对于任意个体 $n \in \mathcal{N}$，K 个状态变量 $s_{nk}(t)$，$k \in \{1, 2, \cdots, K\}$ 构成状态向量 $\boldsymbol{S}_n(t) = [s_{nk}(t)]_{1 \times K}$，状态随时间的变化遵循随机微分方程，即

$$\mathrm{d}s_{nk}(t) = G_k(t, s_{nk}(t), \vec{\boldsymbol{Y}}_n(t))\mathrm{d}t + \sigma_k \mathrm{d}z_{nk}(t) \tag{2-30}$$

式中，$G_k(\bullet)$，$k \in \{1, 2, \cdots, K\}$ 为 K 个确定函数；σ_k，$k \in \{1, 2, \cdots, K\}$ 为 K 个确定函数；$z_{nk}(t)$ 为随机过程，其中 $k \in \{1, 2, \cdots, K\}$；$z_{nk}(t)$，$n \in \mathcal{N}$ 独立同分布。

任意个体 $n \in \mathcal{N}$ 有 M 个控制变量 $y_{nm}(t)$，$m \in \{1, 2, \cdots, M\}$ 构成向量 $\boldsymbol{Y}_n(t) = [y_{nm}(t)]_{1 \times M}$，其中，对于同一个 $m \in \{1, 2, \cdots, M\}$，$y_{nm}(t)$，$n \in \mathcal{N}$ 有着相同取值范围 A_m。任意个体 $n \in \mathcal{N}$ 有 J 个耦合函数为

$$i_{nj}(\boldsymbol{S}_n(t), \boldsymbol{Y}_n(t)) = \sum_{n' \in \mathcal{N}\{n\}} c_j(\boldsymbol{S}_{n'}(t), \boldsymbol{Y}_{n'}(t)), j \in \{1, 2, \cdots, J\} \tag{2-31}$$

构成的 J 个耦合向量为

$$\boldsymbol{I}_{nj}(\boldsymbol{S}_n(t), \boldsymbol{Y}_n(t)) = [i_{nj}(\boldsymbol{S}_{-n}(t), \boldsymbol{Y}_{-n}(t))]_{1 \times J} \tag{2-32}$$

式中，$\boldsymbol{S}_{-n}(t), \boldsymbol{Y}_{-n}(t)$ 表示除 n 之外的全部个体的状态和控制；$c_j(\bullet)$，$j \in \{1, 2, \cdots, J\}$ 为 J 个确定函数，耦合向量代表了系统中全部个体之间的相互作用。

任意个体 $n \in \mathcal{N}$ 的瞬时开销函数为 $\boldsymbol{u}[\boldsymbol{I}_n(\boldsymbol{S}_n(t), \boldsymbol{Y}_n(t)), \boldsymbol{S}_n(t), \boldsymbol{Y}_n(t)]$，其中，$\boldsymbol{u}[\bullet]$ 为关于耦合向量、自身状态和自身控制行为的确定函数，每个个体的优化目标为最小化瞬时开销函数在一段时间内的积分。优化方程可表示为

$$\begin{cases} P: \min_{(\boldsymbol{Y}_n)} v_n(0) \\ \text{s.t. } y_{mn}(t) \in A_m \end{cases} \tag{2-33}$$

式中，$v_n(t) = \int_t^T \boldsymbol{u}[\boldsymbol{I}_n(\boldsymbol{S}_{-n}(t), \boldsymbol{Y}_{-n}(t)), \boldsymbol{S}_n(t), \boldsymbol{Y}_n(t)]\mathrm{d}\tau$。

上述随机微分博弈理论可以通过一个包含 N 个 HJB 方程的方程组进行求解。对于任意个体 $n \in \mathcal{N}$ 的 HJB 方程为

$$0 = \frac{\partial v_n(\boldsymbol{S}_n, t)}{\partial t} + \min_{(\vec{\boldsymbol{Y}}_n)} \left[\boldsymbol{u}\left[\boldsymbol{I}_n(()\boldsymbol{S}_{-n}(t)), \boldsymbol{Y}_{-n}(t)), \boldsymbol{S}_n(t), \boldsymbol{Y}_n(t)\right] + \right.$$
$$\left. \sum_{k=1}^K G_k(t, s_{nk}(t), \boldsymbol{Y}_n(t)) \frac{\partial v_n}{\partial s_{nk}} + \sum_{k=1}^K \frac{\sigma_k^2}{2} \frac{\partial^2 v_n}{\partial s_{nk}^2} \right] \tag{2-34}$$

HJB 方程组的解为纳什均衡，纳什均衡包含了每个个体的最优控制策略。然而，在 N 个 HJB 方程组的交织系统的求解过程中，每个个体都需要考虑其他个体的控制策略和状态，所以当 $N > 2$ 时，该方法有着极大的计算复杂度。然而，当 N 足够大且个体满足对于控制策略的可交换性时，SDG 可以转化为 MFG。HJB 方程通过迭代收敛至纳什均衡，能够大幅度降低算法的复杂度，实现方程求解。

MFG 方法可以简化的精髓在于严重耦合的解耦。在原始的 HJB 方程组求解过程中，耦合函数只能通过简单的数据巨大的求和进行计算，而 MFG 引入了全部个体的状态分布，即平均场分布 $\rho(\boldsymbol{S},t)$。平均场分布是由计数度量定义的，其可表示为

$$\rho^N(\boldsymbol{S},t) = \frac{1}{N}\sum_{n\in\mathcal{N}}\delta[\boldsymbol{S}_n(t)=\boldsymbol{S}] \tag{2-35}$$

当个体的数目趋于无穷时，平均场分布收敛于连续函数 $\rho(\boldsymbol{S},t)$，即 t 时刻状态为 $\boldsymbol{S}$ 的个体的密度。因此，在 MFG 系统中，HJB 方程可用来表示个体参与者与平均场之间的交互影响；FPK 方程可用来描述平均场的演进过程，FPK 方程能够在动态状态下捕获平均场分布随时间的演化。基于时间动态的 FPK 方程可表示为

$$0 = \frac{\partial\rho(\boldsymbol{S},t)}{\partial t} + \sum_{k=1}^{K}G_k\left(t,s_k,\boldsymbol{Y}(\boldsymbol{S},t)\right)\frac{\partial\rho(\boldsymbol{S},t)}{\partial s_k} - \sum_{k=1}^{K}\frac{\sigma^2_k}{2}\frac{\partial^2\rho(\boldsymbol{S},t)}{\partial s^2_k} \tag{2-36}$$

式中，$\boldsymbol{Y}(\boldsymbol{S},t)$ 表示 t 时刻任意个体在状态 $\boldsymbol{S}$ 下的控制策略。

FPK 方程的解由 $\rho^*(\boldsymbol{S},t)$ 表示，在个体满足可交换性的前提下，耦合函数 $i_{nj}\left(\boldsymbol{S}_{-n}(t),\boldsymbol{Y}_{-n}(t)\right)$ 可以通过 $\rho^*(\boldsymbol{S},t)$ 进行估计，即

$$i_j\left(t,\rho^*(\boldsymbol{S},t)\right) \approx \int c_j\left(\boldsymbol{S},\boldsymbol{Y}(\boldsymbol{S},t)\right)\rho^*(\boldsymbol{S},t)\mathrm{d}s_1\mathrm{d}s_2\cdots\mathrm{d}s_K, j\in\{1,2,\cdots,J\} \tag{2-37}$$

MFG 方法对于耦合项的估计不需要考虑其他个体的状态和控制行为，只需要求解 FPK 方程和单一的 HJB 方程，即可实现优化问题的求解。

$$0 = \frac{\partial v\left(\boldsymbol{S}_n,t\right)}{\partial t} + \min_{\boldsymbol{Y}(s,t)}\Bigg[\boldsymbol{u}\left[\boldsymbol{I}(t,\rho^*(\boldsymbol{S},t)),\boldsymbol{S},\boldsymbol{Y}(\boldsymbol{S},t)\right] +$$
$$\sum_{k=1}^{K}G_k\left(t,s_k,\boldsymbol{Y}(\boldsymbol{S},t)\right)\frac{\partial v}{\partial s_k} + \sum_{k=1}^{K}\frac{\sigma_k^2}{2}\frac{\partial^2 v}{\partial s_k^2}\Bigg] \tag{2-38}$$

长时间平均开销的最优解 $v^*\left(\boldsymbol{S}_n,t\right)$ 是通过反向归纳法求解 HJB 方程得到

的，平均场分布 $\rho^*(\boldsymbol{S},t)$ 是通过正向求解 FPK 方程得到的，这两个解构成纳什均衡。与 $v^*(\boldsymbol{S}_n,t)$ 相对应的最优控制策略 $\boldsymbol{Y}^*(\boldsymbol{S},t)$ 是 HJB 方程中的最小值项对应的最小值点，可求得：

$$\boldsymbol{Y}^*(\boldsymbol{S},t) = \underset{\boldsymbol{Y}(\boldsymbol{S},t)}{\mathrm{argmin}}\left[\boldsymbol{u}\left[\boldsymbol{I}(t,\rho^*(\boldsymbol{S},t)),\boldsymbol{S},\boldsymbol{Y}(\boldsymbol{S},t)\right]+\right.$$

$$\left.\sum_{k=1}^{K}G_k\left(t,s_k,\boldsymbol{Y}(\boldsymbol{S},t)\right)\frac{\partial v}{\partial s_k}+\sum_{k=1}^{K}\frac{\sigma_k^2}{2}\frac{\partial^2 v}{\partial s_k^2}\right] \tag{2-39}$$

综上所述，通过求解 HJB 方程和 FPK 方程可以得到 MFG 的均衡解。在 MFG 系统中，若值函数项满足一个 HJB 方程，则平均场项满足一个 FPK 方程。MFG 系统的交互关系如图 2-4 所示。MFG 的解是一个二元组 (u,m)，$u=u(t,s)$ 表示参与者值函数；$m=m(t,s)$ 表示平均场。用 MFG 方法求解随机微分博弈是 HJB 方程和 FPK 方程之间的迭代，具体过程是，先在给定初始平均场 $\rho^*(\boldsymbol{S},0)$ 和控制策略 $\boldsymbol{Y}^*(\boldsymbol{S},t)$ 的条件下通过

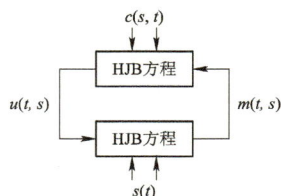

图 2-4   MFG 系统的交互关系

FPK 方程求解平均场分布 $\rho^*(\boldsymbol{S},t)$，再根据给定的平均场分布通过求解耦合函数，将给定的耦合函数代入 HJB 方程，求解出 $v^*(\boldsymbol{S},t)$ 以及相应的最优控制策略 $\boldsymbol{Y}^*(\boldsymbol{S},t)$，最后，将 $\boldsymbol{Y}^*(\boldsymbol{S},t)$ 带回 FPK 进行下一次的迭代，直到迭代收敛。

用 HJB 方程控制最优策略可认为是值函数的计算过程，因此值函数决定平均场的演进。而 FPK 方程管理平均场的演进过程，进而平均场影响值函数的计算。通过交互式演进最终能够实现平均场均衡 (Mean Field Equilibrium，MFE)。

一般情况下，MFG 需要满足以下四个假设：

(1) 决策者都是理性的 (理性的决策者能够作出合理的决策)；

(2) 决策者集合的连续一致性 (为了满足平均场的连续性)；

(3) 决策者之间状态的可交换性，即更改决策者顺序不会影响博弈结果；

(4) 决策者和其他决策者之间的交互可以替换为决策者和平均场之间的交互。

一般地，MFG 系统模型可以表示为

$$\boldsymbol{G} = \{\boldsymbol{N},\boldsymbol{X},\boldsymbol{A},\boldsymbol{T}\} \tag{2-40}$$

式中，$\boldsymbol{N}$ 表示 MFG 系统决策者集合；$\boldsymbol{X}$ 表示决策者的行动集合；$\boldsymbol{A}$ 表示决策者策略集合；$\boldsymbol{T}$ 表示决策者的代价函数集合。

至此，MFG 基本要素定义完成。进一步，通过求解 MFG 系统方程可以

实现 MFE。考虑参与者状态 $x \in \mathcal{X}$，控制 $u \in \mathcal{U}$。假设 m 是参与者状态的平均场或分布，则 MFG 可以表示为一对 HJB 和 FPK 方程，即

$$\begin{cases} -\dfrac{\partial u}{\partial t}(x,t) - H(x,m,p,t) = \dfrac{\sigma^2}{2}\Delta_x u(x,t) \\ \dfrac{\partial m}{\partial t}(x,t) + \text{div}(f(x,u,m,t)m(x,t)) = \dfrac{\sigma^2}{2}\Delta_x m(x,t) \end{cases} \tag{2-41}$$

式中，Δ_x 表示拉普拉斯算子；div 表示散度算子。

式 (2-41) 中的第一个方程是表征参与者与平均场的优化反应的 HJB 方程，而式 (2-41) 中的第二个方程是描述表现为管理平均场的演进过程的 FPK 方程。

函数 $H(x, m, p, t)$ 被称为哈密顿量，其在数学上可定义为

$$H(x,m,p,t) = \min_{u \in \mathcal{U}}[r(x,u,m,t) + f(x,u,m,t) \cdot p(t)] \tag{2-42}$$

FPK 方程和 HJB 的解分别是平均场和值函数。平均场 $m(x, t)$ 对应于玩家状态随时间的分布。$m(x, t)$ 的正式定义如下。

定义 2-13：平均场 $m(x, t)$ 表示处于 x 状态的参与者在 t 时刻的概率分布。

$$m(x,t) = \lim_{N \to \infty} \frac{1}{N}\left(\sum_{i=1}^{N} \delta_{x_i = x}\right) \tag{2-43}$$

式中，当 $x_i = x$ 时，$\delta = 1$；当 $x_i \neq x$ 时，$\delta = 0$。

定义 2-14：值函数一般定义如下：

$$u(t) = \min E\left[\int_t^T c(t) + c(T)\right], t \in [0,T] \tag{2-44}$$

式中，$c(t)$ 是决策者的代价函数；$c(T)$ 表示最终时刻代价函数的值。

进一步，根据平均场和值函数可以推导出 MFG 系统方程，通过求解平均场可以得到博弈均衡解。

2.3　匹配博弈

2.3.1　匹配博弈概述

匹配博弈是一种应用广泛的合作博弈，在处理公共资源分配（如市场拍卖）、网络资源分配等方面有其独特的优势。在异构无线网络资源分配问题中，可以将无线接入点和终端用户视为资源博弈的双方，匹配博弈为解决用户和

基站间不同需求的稳定匹配问题提供了一种高效便捷的方法。

Gale 和 Shapley 在二十世纪中期发表了论文 "College admissions and the stability of marriage",匹配博弈由此诞生。利用匹配博弈可解决很多问题,因此,在多年的不断发展中,人类社会受到了匹配博弈的重大影响。Gale 和 Shapley 架构的模型非常简单易懂。一方面,匹配博弈可以实现男人和女人互相匹配成对。由于每个人对异性的喜欢程度不同,所以匹配也会不同。匹配问题最重要的一个性质就是匹配的稳定性,即男人和女人是否有稳定的匹配。稳定的最简单的定义就是没有比原来的匹配情况更适合的匹配。至今,很多领域都在该算法的基础上发展出了改进的算法。另一方面,Gale 和 Shapley 着眼于大学录取问题。根据其通常的录取程序所面临的一个常见问题,即未知申请者数量的前提下,根据特定的配额来录取理想数量的最合格申请者。他们指出,大学可能不知道申请人是否申请过其他大学或其他大学。因此,大学只能录取数量和质量都"合理接近"理想情况的申请人。

匹配博弈是博弈论中的一种常用的博弈理论。匹配博弈是一种强大的数学工具,可用于解决两个特定集合中参与者之间的关联问题。双边匹配博弈应满足以下两个条件:

(1) 有两个参与者集合,集合中的元素不能互换并且两个参与者集合的交集为空;

(2) 匹配是双方共同进行的,匹配成功需要双方都同意。

按照匹配的参与者数额不同,匹配博弈可以分为以下三类:

(1) 一对一匹配。一对一匹配指一个集合中的每个参与者只能关联到另一个集合中的一个参与者,如双边稳定婚姻匹配。

(2) 多对一匹配。在多对一匹配中,一个集合中所有参与者的关联数目等于一个,而另一个集合中所有的参与者的关联数目多于一个,如大学录取问题。

(3) 多对多匹配。多对多匹配发生在两个集合中每个集合中至少有一个参与者,其关联数目多于一个,如顾问与公司之间的匹配问题。

2.3.2　匹配博弈模型

1. 一对一匹配模型

早期的匹配博弈理论起源于婚恋市场。设集合 *M* 和 *W* 分别表示匹配的双方,即男性集合和女性集合,同时男性对女性存在严格的偏好,女性对男性也存在严格偏好。示例如下:

对于男性 m，其偏好可以表示为 $\{m\}\bigcup W$ 集合上的一个偏好序列 $\lambda(m)$，其形式可以表现为

$$l(m) = w_1, w_2, m, w_3, \ldots, w_{|W|} \tag{2-45}$$

式 (2-45) 表明，男性 m 对 w_1 的偏好优于 w_2 且该男性宁愿单身也不会选择其他人，则该男子偏好序列可以简化为 $\lambda(m) = \{w_1, w_2\}$，其中优先关系可以表示为 $w_1 \succ_m w_2$。因此一个匹配 μ 表示为 $W \bigcup M$ 集合上的一个二阶自我映射即 $\mu^2(m) = m$，同时存在条件：若 $\mu(m) \neq m$，则有 $\mu(m) \in W$，此时称 $\mu(m)$ 为 m 的匹配对象。

假设在匹配结果 μ 中，存在一位男性 m 和女性 w，匹配结果 μ 中并未形成匹配。相对于已经形成的匹配结果，他们更青睐对方，即 $w \succ_m \mu(m)$ 且 $m \succ_w \mu(w)$，则称该组合 (m, w) 为阻碍稳定匹配对。根据博弈论的规则，这种不稳定因素会让匹配双方为了更高的利益，背弃已有的结果而去选择对方。

定义 2-15： 如果一个匹配 μ 中不存在任何单体或匹配对会形成阻碍稳定匹配对，则称该匹配为稳定匹配。

例如，对于存在有如下严格偏好的三位男子和三位女子。

$$\begin{cases} \lambda(m_1) = w_2, w_1, w_3 \\ \lambda(m_2) = w_1, w_3, w_2 \\ \lambda(m_3) = w_2, w_1, w_3 \\ \lambda(w_1) = m_1, m_3, m_2 \\ \lambda(w_2) = m_3, m_1, m_2 \\ \lambda(w_3) = m_1, m_3, m_2 \end{cases} \tag{2-46}$$

若存在匹配结果 μ 为

$$\mu = \begin{matrix} w_1 & w_2 & w_3 \\ m_1 & m_2 & m_3 \end{matrix} \tag{2-47}$$

则该结果是不稳定的，因为在匹配结果中存在阻碍稳定匹配对 (m_1, w_2)，但是对于如下匹配：

$$\mu' = \begin{matrix} w_1 & w_2 & w_3 \\ m_1 & m_2 & m_3 \end{matrix} \tag{2-48}$$

由于该匹配不存在阻碍稳定匹配对，则该匹配为稳定匹配。

稳定的匹配结果是否存在是匹配博弈的一个关键问题。在现实社会中，婚配、就业等均是一种双边匹配，若不存在稳定匹配必然会影响社会稳定。但 Gale 等人设计出一个巧妙的算法总能产生稳定匹配，从而证明了稳定匹配总是存在。

2. 多对一匹配模型

多对一匹配与一对一匹配相似。以学生择校为例，匹配的双方参与者分别为学校和学生，学校的名望、奖学金等是决定学生对学校的偏好因素；同样，学校会将学生的能力等条件视为偏好因素。需要强调的是，婚姻模型中的每个人最终、最多仅可选择一个人，而学生择校问题中的学校可以选择多人，学生仅可选择一个目标。

定义 2-16：记学生集合为 X，学校集合为 Y，匹配 μ 为集合 $X \cup Y$ 到集合 $X \cup Y$ 的无序映射函数。

(1) 对于每个学生 $x \in X$ 存在式 $|\mu(x)| = 1$，$\mu(x) = x$ 时，必定 $\mu(x) \neq Y$。

(2) 对于每个学校 $Y \in Y_i$ 有 $|\mu(Y_i)| = q$，若 $r = |\{x | x \in \mu(Y_i)\}| < q$，则 $\mu(Y)$ 中包含 $q - r$ 个空闲位置。

(3) $\mu(x) = Y_i$ 表示 x 在 Y_i 中。

那么有关学校与学生的匹配结果：

$$\mu = \begin{matrix} Y_1 & Y_2 & x_3 \\ x_1 x_2 Y & x_2 & x_3 \end{matrix} \tag{2-49}$$

式中，μ 表示学校 Y_1 有三个配额且最终选择了学生 $x_1 x_2$，学校 Y_2 选择了 x_2，学生 x_3 没有被任何学校录取。

定义 2-17：如果匹配 μ 没有被任何学校与学生匹配对阻碍，那么称这个匹配是稳定的，且一个稳定的匹配不会被任何匹配对破坏。

证明：如果匹配 μ 在单个学生或学生学校匹配对上是不稳定的，那么它在拥有相同元素的组合体上同样是整体不稳定的。而且若匹配 μ 被组合体 P 产生的结果 μ' 阻碍稳定，那么存在 $a \notin P$，有 $\mu'(a) \succ_a \mu(a)$，这表明 $\mu(a) - \mu'(a)$ 中存在学生 c，$\mu'(a) - \mu(a)$ 存在学生 d，有 $c \prec_a d$。由此得到，d 在 P 中而且 d 偏好 a 优于 $\mu(d)$，μ 在 d 和 a 上都是不稳定的。命题得证。

本章参考文献

[1]　NAS J F. Non-Cooperative Games[J]. Annals of Mathematics，1951，54(2): 286-295.

[2]　NASH J R J. Non-Cooperative Games[M]//Essays on Game Theory. Edward Elgar Publishing，1996.

[3]　KHAN M A，SUN Y. Non-Cooperative Games with Many Players[J]. Handbook of Game Theory with Economic Applications，2002，3(1): 1761-1808.

[4]　NASH J. Two-Person Cooperative Games[J]. Econometrica: Journal of the Econometric Society，1953，21(1): 128-140.

[5]　PELEG B，SUDHÖLTER P. Introduction to The Theory of Cooperative Games[M]. Springer Science & Business Media，2007.

[6]　BORCH K. Reciprocal Reinsurance Treaties Seen as a Two-Person Co-operative Game[J]. Scandinavian Actuarial Journal，1960，1(1-2): 29-58.

[7]　SHAPLEY L S. A Value for N-Person Games[J]. Princeton University Press，1953，2(28): 307-317.

[8]　NASH JR J F. The Bargaining Problem[J]. Econometrica: Journal of the Econometric Society，1950，18(2): 155-162.

[9]　CHI C，WANG Y，TONG X，et al. Game Theory in Internet of Things: A Survey[J]. IEEE Internet of Things Journal，2021，9(14): 12125-12146.

[10]　MKIRAMWENI M E，YANG C，Li J，et al. A Survey of Game Theory in Unmanned Aerial Vehicles Communications[J]. IEEE Communications Surveys & Tutorials，2019，21(4): 3386-3416.

[11]　BANEZ R A，LI L，YANG C，et al. Mean Field Game and Its Applications in Wireless Networks[M]. Berlin Heidelberg: Springer，2021.

[12]　王孟哲 . 超密集网络中基于平均场理论的资源分配研究 [D]. 北京邮电大学，2019.

[13]　GALE D，SHAPLEY L S. College admissions and the stability of marriage[J]. The American Mathematical Monthly，1962，69(1): 9-15.

[14]　MCVITIE D G，LESLIE B. The stable marriage problem[J]. Communications of The ACM，1971，14(7): 486-490.

第 3 章 认知网络博弈

3.1 研究背景及意义

认知无线电技术是近几年兴起的一种具有变革意义的通信方式。认知无线电技术通过高效利用已存在的频谱来提供更快、更可靠的通信服务。按照传统认知无线电的定义，认知环成为理解认知无线电工作过程的基本概念。认知环通过感知、观测、学习并对无线环境作出反应。实际上，外部世界的状态由多个认知无线电的自适应、动态性和感知决策等因素共同决定。而且，由于无线信道的广播特性和不可靠性，无线环境在时刻改变着。在传统的频谱共享中，无线环境的微小改变都会促使网络控制者重新分配频谱资源，这会造成很多信令开销。在交互过程中，每个认知无线电波形调整都会改变外部世界的状态，进而影响其他无线电的观测、性能和参数调整等。因此，这种交互过程是否存在可以识别的稳态，并进而预测网络性能；性能分析结果是否满意，参数调整对于性能的影响是否导致网络性能的恶性循环；怎样保证系统稳态，稳态后是否能持续稳定等问题。

为了应对上述问题，博弈论成为重要且有效的工具。博弈论可以学习、建模、分析认知过程，同时设计有效、自实施且可扩展的频谱共享方案；还可以同时确认认知无线电算法的稳态的存在性、唯一性，进而保证无线电算法的收敛准则和稳定性等。

在博弈论架构中，研究认知网络的重要性是多重的，具体如下：

(1) 通过建立用户间的动态频谱共享模型，用户的行为和行动可以在博弈论中进行分析，则博弈论的理论成果可以得到全面利用。

(2) 博弈论为频谱共享问题提供了多种优化准则。特别是，频谱使用的优化通常是多目标的优化问题，很难进行分析和解决。而博弈论提供了已定义完成的均衡准则，可以在各类博弈中测量博弈最优性。

(3) 博弈论的一个重要分支，即非合作博弈能够使用仅有的信息获得有效的动态频谱共享分布式解决方案。

在实际通信中，大多数用户是理性且自私的 (已有很多文献采用非合作博弈模型解决问题)。在认知无线网络中，合适的功率控制可以确保主用户和次用户的有效运营，运用博弈论可以寻找一种均衡功率分配策略，实现性能最优。

静态博弈已经被用于认知无线网络中计算纳什均衡功率分配策略。文献 [1] 构造了一个信息交换受限的非合作博弈模型来解决功率分配问题。文献 [1] 从理论上证明了博弈的 NE 与全局吞吐量最大化问题的静止点一致，设计了分布式功率控制算法，在保证卫星链路信干噪比需求的前提下获得了博弈结果的收益最大化。

为解决功率控制问题，文献 [2] 针对蜂窝网络中的直连通信，研究了基于 sigmoid 代价函数的功率控制问题，分析了发射器和蜂窝用户各自选择发射功率的非合作博弈问题，最小化各自的用户服务代价函数以达到目标信干噪比要求。传统的频谱共享方案限定网络设置为合作的、静态的和集中的。基于博弈论的频谱共享方案在分析网络用户策略交互以及实现有效的动态频谱分配方面具有更优的灵活性。表 3-1 所示为认知无线网络中频谱共享博弈的组成。

表 3-1　认知无线网络中频谱共享博弈的组成

要素	开放频谱共享	授权频谱共享 (拍卖)
参与者	次用户竞争非授权频段	主用户和次用户
行动	传输参数，如传输功率水平，接入速率以及波形等	主用户：他们将不使用的频段租给次用户以及所收的费用；次用户：他们想租的授权频段和他们出租授权频段的价钱
支付	通过频谱的利用获得服务质量的递增函数	金钱收益，收益减成本

针对任务驱动的异构联盟无人机网络，文献 [3] 通过联合优化任务层和资源层，提出了一种协同侦查与频谱接入方案，建立了联盟形成博弈模型来联合优化任务选择和带宽分配。在传统的帕累托序和自私序的基础上，文献 [3] 提出了最大化联盟效用的联盟期望利他序方案。然后利用 NE 理论来保证稳

定联盟划分的存在性。具体来说，文献 [3] 提出了一种联合带宽分配和联盟形成算法来实现稳定的联盟划分。该文献带宽分配采用了一种基于有效梯度投影的方法。

基于博弈论关于资源分配的研究现状，研究合作博弈的必要性可以总结为图 3-1 所示内容，两个用户 (U_1，U_2) 分别在采用研究、定价或者其他策略改进非合作均衡解的帕累托最优性的改进过程，最终只有采用合作博弈获得满足帕累托最优解。实际上，纳什议价解 (Nash Bargaining Solution，NBS) 确实在资源分配方面改善了非合作解，如纳什均衡解的帕累托有效性。另外，其他一些改进的博弈模型和新的均衡解概念逐渐接近帕累托最优性。然而，距离帕累托最优界仍有空间，即它们仍然没有达到帕累托最优界。

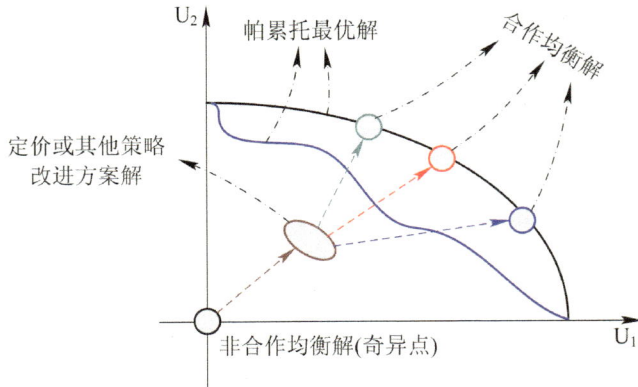

图 3-1   研究合作博弈的必要性

合作博弈的应用实例如下。

(1) 文献 [4] 基于合作博弈论研究择机频谱接入问题，提出了博弈模型分析多节点的公平和效率的频谱分配策略，NBS 可以获得公平和效率的最佳折中。合作博弈纯理论研究发现，除了经典 NBS 外，尚存在多种其他合作解。

(2) 文献 [5] 提出了一种基于纳什议价博弈的分层资源分配方案。为了降低计算开销，根据时分复用机制将原问题转化为功率分配和时隙分配两个子问题，实现效率和公平性的最佳折中。研究者着手探索基于 NBS 的增强公理化的 Kalai-Smorodinsky 议价解 (Kalai-Smorodinsky Bargaining Solution，KSBS) 等合作解的研究。

(3) 文献 [6] 提出了一种基于合作 NBS 的多层信息系统多资源管理方法，实现了空间信息网络的最优带宽和功率分配，并构造了一种联合带宽和功率分配算法，研究了多种合作解在认知无线网络中的功率控制算法设计。

以上研究表明，合作博弈理论在解决资源分配问题中展示了显著的优势，能够在公平性和效率之间找到最佳折中。这些研究不仅丰富了理论研究，还为实际应用提供了有效的解决方案。

然而，合作博弈中假设所有用户都是通过合作来实现效益最大化，在实际通信场景中，多用户往往是自私和理性的决策实现自己效用最大化。因此，目前更多建模为非合作博弈。

3.2　非合作资源控制博弈模型

非合作资源控制博弈是博弈论的一种应用。非合作资源控制博弈的每个参与者 (或称为玩家) 独立地进行决策，以最大化自身利益，而不考虑其他参与者的收益。非合作资源控制博弈在认知智能网络中尤为重要，因为多个用户或设备需要共享有限的资源 (如频谱或功率)，但希望最大化自身利益。非合作博弈在认知智能网络中的应用很多，如快速自适应功率控制、动态学习的功率控制、联合速率与功率控制、信道与功率分层控制等。

3.2.1　分布自适应功率控制

分布自适应功率控制是指在无线通信系统中，根据实时的信道状态和网络环境，迅速调整发射功率以优化通信性能的技术。该技术的核心在于能够快速响应动态变化的网络条件，实现高效和稳定的功率控制。

认知无线电技术可以有效提高频谱效率，它通过允许认知用户动态择机地接入频谱空间，实现某时、某地频段的二次利用。但是认知用户的接入必然导致对主要用户的干扰，同时多个认知用户之间会不可避免地存在互扰，因此有效地功率控制十分必要。功率控制既可以减少用户之间干扰，又可以改善系统性能，如提高系统容量和延长电池使用寿命等。基于此场景，解决功率控制问题可以实现频谱资源高效利用。博弈论是一种适合于处理多个具有利益冲突的用户之间的最优策略交互选择的数学工具，并广泛应用于通信中若干问题的处理。文献 [8] 指出博弈论适合处理通信中若干 NP-Hard 问题，同时基于码分多址 (Code Division Multiple Access，CDMA) 系统给出了一种基于博弈处理功率控制的模型。

1. 系统模型

在认知无线电网络中，认知用户都以一种自私的方式来选择最佳功率水平以实现效用函数最大化。因此，非合作博弈模型适合处理分布式的功率控制问题。

一个基于博弈论的功率控制模型应该包含如下元素：

(1) 参与者 (即博弈的参与者)，这里指的是 N 个认知用户，并假设每个认知用户都是自私且理性的。

(2) 策略集合 (记作 $A = A_1 \times A_2 \times \cdots \times A_N$)，表示由每个认知用户的策略集合 $A_i = \{p_i | p_i \in S_i\}$ 构成的笛卡尔积空间。

(3) 效用函数 (记作 U_i)，即认知用户的目标函数，这里指的是每个用户在使用当前的传输功率水平 p_i，$i = 1, 2, \cdots, N$ 下可以获得的效用函数值。

在基于非合作博弈处理功率控制问题中，一个非常重要的概念是纳什均衡解 (Nash Equilibrium Solution，NES)。若 p_i^* 是认知用户 i 的传输功率水平的 NES，则必须满足对于认知用户 i 任意的 $p_i \in A_i$ 有 $U_i(p_i^*, p_{-i}^*) \geqslant U_i(p_i, p_{-i}^*)$ 成立，其中，p_{-i}^* 表示其他认知用户的策略，NES 是所有参与者博弈最终理性策略的集合，即任何参与者都无法通过改变自己的策略而保证在不损害其他参与者收益的情况下，实现自己收益的改善。纳什均衡解并不能很好地描述功率解的有效性，还需要一个更强的标准来衡量获得的纳什均衡功率解的有效性，因此有必要定义帕累托有效性。

定义 3-1 (帕累托有效性)：假设 $p_i^*(i = 1, 2, \cdots, N)$ 是 NES，它若满足帕累托有效性，即对于任意策略 $p_i \in A_i$ 满足 $U_i(p_i^*, p_{-i}^*) \geqslant U_i(p_i, p_{-i}^*)$，则 $p_i^* = p_i$ 永远成立。也就是说，帕累托有效性是不可能满足所有认知用户的，除非用纳什均衡之外的策略来增加自己的效用。

考虑 N 个认知用户分别与其各自基站进行上行通信的场景，这些用户机会接入的主要系统的基站记作 MP，MP 负责检测认知用户造成的干扰功率的状况。

图 3-2 所示为认知网络功率控制系统模型，为便于理解，图中仅画出两个认知用户。图 3-2 中，实线表示通信链路；虚线表示干扰链路；$g_{i,i}$ 表示认知用户 i 到其基站的信道增益；$g_{i,j}$ 表示认知用户 i 到认知用户 j 的基站信道增益；h_i 表示认知用户 i 到主要用户基站的增益。由于认知用户的动态机会接入导致当前的共存系统的干扰环境非常复杂。

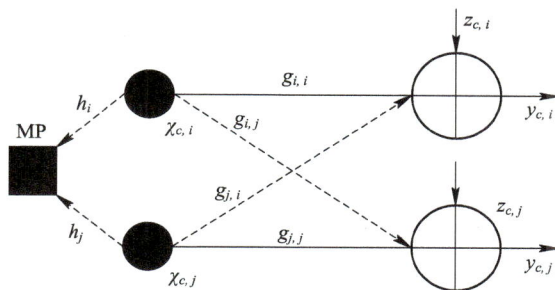

图 3-2　认知网络功率控制系统模型

考虑到各个认知用户以 CDMA 的数据帧格式传输数据，因此认知用户 i 的信干噪比 (Signal to Interference plus Noise Ratio，SINR) 定义为

$$\gamma_i = \frac{Gp_i g_{i,i}}{\sum\limits_{j=1,j\neq i}^{N} p_j g_{j,i} + \sigma^2} \tag{3-1}$$

式中，p_i 表示认知用户 i 当前的传输功率；G 表示扩频增益；σ^2 表示背景噪声的功率。

主要系统的基站作为测量干扰节点可以检测到认知用户传输对主要用户造成的干扰。定义主要用户的最大干扰温度要求为

$$\sum_{i=1}^{N} p_i h_i \leqslant Z \tag{3-2}$$

式中，$Z = k \times T$；k 是玻耳兹曼常数；T 表示事先设定的干扰温度限。

若用 U_i 表示认知用户 i 的效用函数，认知无线电网络中的功率控制问题可以描述为

$$\begin{cases} \text{Objective}: \mathrm{argmax}\{U_i, i = 1, 2, \cdots, N\} & \text{(3-3a)} \\[2mm] \text{s.t.} \sum\limits_{i=1}^{N} p_i h_i \leqslant Z & \text{(3-3b)} \\[2mm] p_i \leqslant p_{i,\max} & \text{(3-3c)} \end{cases}$$

式中，式 (3-3a) 表示功率控制问题的优化函数；式 (3-3b) 表示主要用户的干扰温度的要求；式 (3-3c) 表示每个用户的传输功率的上限要求。

传统的功率控制问题解决方法是以一种搜索算法找到局部最优解或者是全局最优解，但是这样的计算量往往较大，也很难找到这样的解。笔者从博弈论的角度分析该问题的解，因此功率控制问题可转化为在多个限制条件下

的最优化的问题。

2. 分布自适应功率控制算法

由 D. Goodman 提出的基于帧成功率(Frame Success Rate,FSR)的效用函数形式与具体采用调制方式相关,因此基于帧成功率的效用函数可直接用于衡量 认知系统存在的问题。例如,由于认知用户服务质量(Quantity of Service,QoS)要求、接入信道状态信息等因素的限制,当前预接入频谱空洞的认知用户不能确定可行调制方式,因此基于 FSR 的效用函数形式不适合认知场景下的效用函数的定义。

笔者提出的分布自适应功率控制算法只与该认知用户的信干噪比门限和获得的信干噪比相关,避免与具体的调制方式相关,即每个认知用户都可以在具体的信道状况和自身业务需求的背景下自适应地选择调制方案。根据信干噪比门限要求实现效用函数自适应选择,因此更适合认知场景下的效用函数的设计。

定义 3-2(效用函数):考虑到功率效率与速率效率,效用函数可定义为

$$U_i\left(p_i, p_{-i}\right) = \frac{f\left(\gamma_i\right)LR_i}{Mp_i} \tag{3-4}$$

式中,每个用户在帧长为 M 的帧格式中传输 L 数据,剩余 $(M-L)$ 用于实现差错控制,R_i 表示认知用户 i 的数据传输速率;$f(\gamma_i)$ 表示成功传输的概率,它是一个和 SINR 相关的函数。

这里基于 sigmoid 函数的形式可表示为

$$f\left(\gamma_i\right) = \frac{1 - \exp\left(-\gamma_i\right)}{1 + \exp\left(\tau_i - \gamma_i\right)} \tag{3-5}$$

式中,τ_i 表示认知用户 i 的 SINR 门限值。

图 3-3 所示为自适应效用函数与基于具体调制方式效用函数的比较。当采用 DPSK 调制方式,门限值 $\tau = 4$ 时,二者的效用函数非常接近;当采用 N-FSK 调制方式,门限值 $\tau = 10$ 时,二者的效用函数也非常接近。也就是说,自适应效用函数通过接入用户来灵活地改变自己的门限值,即实现 FSR 效用函数跟踪,因此自适应效用函数适合于认知用户通过对具体无线环境的学习来灵活地改变自己的效用函数,实现任何用户在任何地点和任何时间的接入,避免传统全网采用一种基于 FSR 的效用函数而没有兼顾预接入的具体信道环境特性的弊端。需要注意的是,当 SINR 持续小于门限值时,认知用户可以根

据信道状况灵活地选取门限小的效用函数，进而选择调制方式和实现接入。

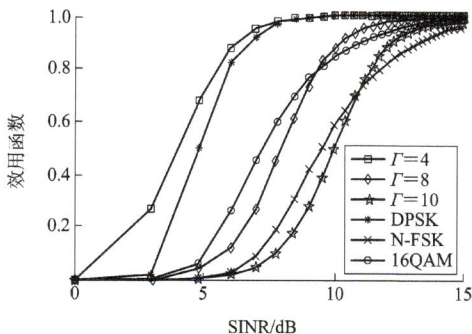

图 3-3　自适应效用函数与基于具体调制方式效用函数比较

每个自私且理性的用户都希望最大化自己的效用函数，而没有注意到他们选择的功率水平在干扰受限的系统中是相互影响的，因此往往无法实现一个最佳的系统性能，即基于效用函数的非合作博弈论的功率控制方案被证明是不满足帕累托最优性的。代价函数作为一种可行的方法被广泛地用于帕累托有效性的改进中。实际上，代价函数为这种非合作的博弈功率控制算法提供了有限的帕累托改进路径。

定义 3-3（代价函数）：定义 $C(p_i)$ 为代价函数，表示认知用户 i 在获得效用的时候必须支出代价，这里采用的形式是 $C(p_i)=\lambda p_i g_{i,i}$。$C(p_i)$ 是一个与信道增益状况相关的量，有助于改善有信道状况差异用户之间的惩罚的公平性。

考虑到上述关于效用函数以及代价函数的定义，笔者提出的净效用函数可以定义为二者的差值。结合上述的干扰温度等限制条件，其数学模型可表示为

$$\begin{cases} \text{Objective}:\arg\max\left\{U_i\left(p_i,p_{-i}\right)-C\left(p_i\right),i=1,2,\cdots,N\right\}\\ \text{s.t.}\sum_{i=1}^{N}p_i h_i \leqslant Z\\ p_i \leqslant p_{i,\max} \end{cases} \tag{3-6}$$

基于代价函数的定义，结合非合作博弈理论提出的一种功率控制模型，笔者分析了该模型的 NES 的存在性和唯一性，并提出了一种并行的自适应选择效用函数来实现的功率控制算法。

接下来，以定理的形式证明基于自适应效用函数的功率控制博弈模型存

在纳什均衡功率解。

定理 3-1 (NES 存在定理)：功率控制博弈模型存在 NES 的限制条件如下：

(1) 第 i 个认知用户的可行域 A_i 是欧式空间的非空、凸闭子集；

(2) 理性的认知用户的效用函数满足在上述的可行域中连续且满足 S-modular 性。

证明：由限制条件 (1) 和 (2) 可以求得一个策略的可行域 A。从约束条件来看，该可行域是两个半空间的交集，满足非空、凸闭性。

下面证明该效用函数满足拟凹函数，对该效用函数相对于 p_i 求解一阶导数，得到

$$\frac{\partial U_i(p_i, p_{-i})}{\partial p_i} = \frac{LR_i}{Mp_i^2}\big(\gamma_i f'(\gamma_i) - f(\gamma_i)\big) - \lambda g_{i,i} \tag{3-7}$$

式中，$f(\gamma_i) = \dfrac{\big(1 - \exp(-\gamma_i)\big)}{\big(1 + \exp(\tau_i - \gamma_i)\big)}$。

对式 (3-7) 相对于 p_i 求导数，得

$$\frac{\partial^2 U_i(p_i, p_{-i})}{\partial p_i \partial p_j} = \frac{LR_i \gamma_i}{Mp_i^2} \frac{\partial \gamma_i}{\partial p_j} f''(\gamma_i) \tag{3-8}$$

现在来求解 $f(\gamma_i)$ 相对于 γ_i 的二阶导数的具体形式，经过运算得到：

$$f''(\gamma_i) = \frac{1 + \exp(\tau_i)}{\exp(\gamma_i)\big(1 + \exp(\tau_i - \gamma_i)\big)^2} \tag{3-9}$$

由式 (3-9) 可知，$f''(\gamma_i) \geqslant 0$ 恒成立。同时考查 $\partial \gamma_i / \partial p_j$ 的具体形式，可以得到：

$$\frac{\partial \gamma_i}{\partial p_j} = [-1] G p_i g_{i,i} g_{j,i} \left(\sum_{j=1, j \neq i}^{N} p_j g_{j,i} + \sigma^2 \right)^{-2} \tag{3-10}$$

由此可知，$\partial \gamma_i / \partial p_j \leqslant 0$ 恒成立，因此式 (3-10) 小于零恒成立。结合博弈论中关于 S-modular 具有特殊性质的博弈的定义可知，笔者给出的模型存在 NES 且可以保证唯一性。

从而证明，该效用函数是 S-modular 的博弈模型。按照博弈论，基于该模型的分布自适应功率控制算法必然存在 NE 功率解且满足唯一性。

基于自适应效用函数的功率控制算法具体步骤如下：

(1) 初始化参数；

(2) 计算可以获得的效用以及干扰状况，检测目标 SINR 的实现情况；

(3) 调整传输功率，重复步骤 (2)；

(4) 若某一个用户的 SINR 调整多次无法达到目标 SINR，则调整其效用函数；

(5) 调整传输功率，重复以上步骤，直到算法收敛。

3. 仿真结果及分析

定理 3-1 已经证明了 NE 的存在性，这里用仿真实验来验证笔者提出算法的收敛性。从图 3-4 中可以发现，距离各自基站远近不同的认知用户经过有限次博弈后，可找到 NE 功率解。此外，笔者提出的算法经过约 10 次迭代可以保证收敛，这保证了次级系统的稳健性。同时，图 3-4 表明距离基站较近的认知用户消耗较少的传输功率，距离基站较远的用户消耗较大的传输功率。这个结论与理论是吻合的，通过功率控制可以有效地防止远近效应。

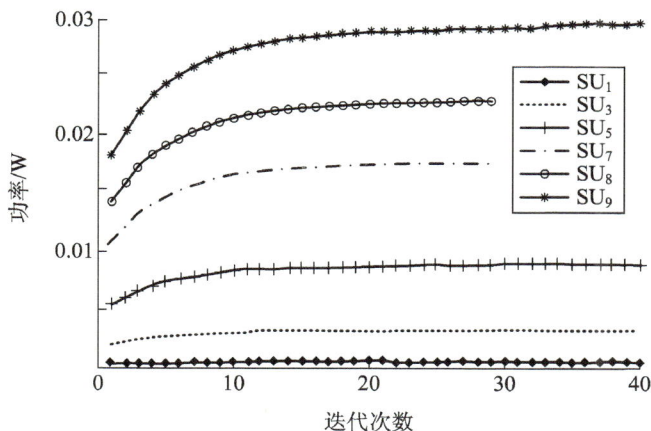

图 3-4　算法收敛性的验证

由于文献 [13] 中的算法符合认知网络上行通信场景，因此笔者将基于自适应效用函数的功率控制算法与文献 [13] 中的算法进行了对比，其中文献 [13] 中的算法采用 Non-coherent-FSK 调制方式来确定相应的效用函数。仿真结果表明：该基于非合作博弈的算法可以保证约 10 次迭代收敛，与参考算法相比节省了约 8% 的功耗，在获得的效用上有约 15% 改善。

图 3-5 是笔者提出的基于非合作博弈功率控制算法与文献 [13] 中的算法在获得均衡后消耗传输功率的比较。由图 3-5 可知，笔者提出的算法能节省约 8% 的功率消耗，而且对于距离基站远近不同的认知用户都可以保证这样的改善。

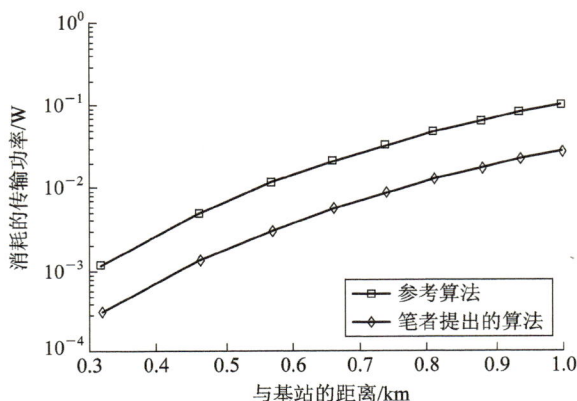

图 3-5   纳什均衡处功率比较

图 3-6 是笔者提出算法与文献 [13] 中算法在获得最后收益处的比较，由于在距离基站 800 m 后的认知用户采用的是笔者提出的算法。该算法根据信道状况实现了自适应效用函数选择，因此可以保证获得更多的改善，由此可以证明笔者提出的算法比文献 [13] 中的算法更有效。

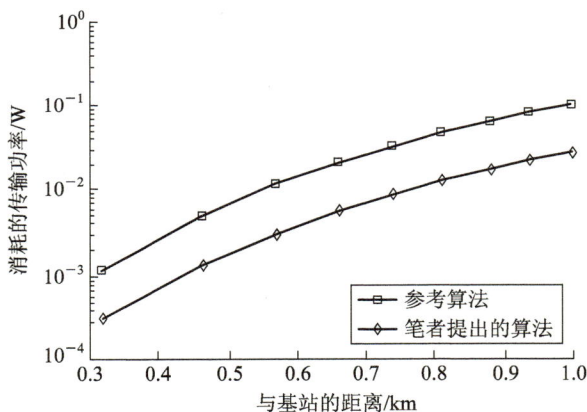

图 3-6   NES 处获得最后收益处的比较

结论：由于避免了与具体调制方式相关，根据 SINR 门限自适应选择效用函数可跟踪具体调制方式，因此 S-modular 博弈模型适合基于非合作博弈功率控制方案设计。定理 3-1 证明了笔者提出的模型可保证 NES 存在性和唯一性，并通过设计新代价函数改善了原模型获得的 NES 的帕累托有效性。将笔者提出的基于非合作博弈的自适应效用函数的功率控制算法与基于传统效用函数的算法作了对比，仿真结果表明：笔者提出的算法可以保证约 10 次迭代收敛，与参考算法相比节省约 8% 的功耗，在获得的效用上有约 15% 改善。

3.2.2　动态学习的功率控制

认知技术的智能性是认知网络中的重要环节。近年来，博弈论以及效用理论在无线通信领域应用十分广泛，尤其是动态资源分配（如传输功率控制）发挥越来越显著的作用。目前，大部分功率控制研究都是基于固定信道状态的假设的，即在算法实现最优功率水平决策时，信道状态不发生变化，这不符合认知网络动态性和随机性的特点。因此动态学习的功率控制算法，借助经典的 Q 学习算法把多用户的功率控制问题建模为马尔可夫博弈模型，并提出相应的算法，获得最优自适应跟踪网络状态的功率控制方案。

动态学习的功率控制是利用 Q 学习算法，实现无线网络中功率控制的自适应优化。其核心思想是通过持续学习和调整，使得系统能够在不断变化的环境中找到最优的功率分配策略，最大化系统性能和用户体验。

1. 系统模型

一个马尔可夫博弈 G 被定义一个五元组，即 $G = \langle N, S, A, T, U \rangle$，其中，$N$ 表示参与者，即 $N = \{1, 2, \cdots, i, \cdots, |N|\}$，本节指的是认知用户或者称为 Agent；$S$ 是各个参与者在决策过程中可能处于的一系列离散状态的集合，定义认知网络的状态为信道增益状态并采用多状态离散马尔可夫链描述；策略集合 $A = A_1 \times A_2 \times \cdots \times A_N$，表示笛卡尔积空间，认知用户 i 的每一个可行的传输策略 $p_i \in A_i$；T 表示各个离散状态之间状态转移概率空间，是状态 s 到下一状态 s' 的转移概率 $T_{s,s'}^{p_i}$ 的集合，满足马尔可夫性；U 是效用函数，即每个参与者将自私地选择自己的传输策略进而追求该效用函数的最大化。

假设信道模型随着时间快速变化，而且与状态 s 相关，所以具有认知能力的认知用户可以检测到信道的时间特性，即可以准确地知道各个时刻信道的状态信息。近年来，基于效用理论的研究引起广泛关注，但是目前大部分的效用函数都是描述一次策略选择的收益函数，即一种短视行为。本小节考虑的是每个 Agent，不仅关心当前行为获得的效用，还关注当前行为对未来造成的影响，以及未来可能获得的整体效用。

在功率控制问题上，任何一个理性的 Agent 都期望以更小的传输功率来获得更多的信道容量。但是传统的基于容量最大化的效用函数不足以描述这样的付出代价（如传输功率）和获得的效用（如获得的香农容量）之间的关系。因此，本小节兼顾传输功率的效率以及长远收益最大化，定义单位传输功率下的信道传输容量为

$$C_i(p_i(t), \mathrm{SINR}_i(t)) = \frac{\log(1 + \mathrm{SINR}_i(t))}{p_i(t)} \tag{3-11}$$

式中，$\mathrm{SINR}_i(t)$ 表示 Agent$_i$ 在时刻 t 采用传输功率 $p_i(t)$ 时可以获得的 SINR。

　　实际上，马尔可夫博弈是一种动态博弈过程。每个参与者不仅要考虑当前策略下获得的当前收益，还要关注下一步决策，甚至是更长远的决策下的收益状况，因此有必要定义折现效用函数为

$$\begin{aligned} U_i(t) &= C_i(t) + \rho C_i(t+1) + \rho^2 C_i(t+2) + \ldots \\ &= C_i(t) + \rho U_i(t+1) \end{aligned} \tag{3-12}$$

式中，ρ 表示折现因子；$U_i(t)$ 表示 Agent$_i$ 在时刻 t、$t+1$、$t+2$ 等时刻可以获得的立即效用 $C_i(t)$、$C_i(t+1)$、$C_i(t+2)$ 的折现和。

　　在重复博弈中，折现因子 ρ 非常重要，它用来检测均衡的稳定性。简而言之，ρ 表示的是博弈继续进行下去的概率，即假设博弈能够继续进行下去的概率为 ρ，则博弈在时刻 t 停止的概率是 $(1-\rho)\rho^{t-1}$。实际上，这为重复博弈引入了随机停止点。同时，本小节仿真环节将研究该折现因子 ρ 对于提出的机遇 Q 学习算法的收敛性以及次级系统性能的影响。

　　由于折现因子 ρ 满足 $0 < \rho \leqslant 1$，因此折现效用函数总是与其最近的状态相关，并结合时变信道马尔可夫决策建模方法，只考虑各用户一步状态概率转移下的期望效用。考虑实际的认知网络中各个认知用户之间都在分布式地检测自己感兴趣的频段，并择机接入到频谱空洞中实现数据通信，无法达成合作传输。每个理性的认知用户都自私地从最大化自身期望效用函数的角度来选择传输策略，并不考虑其策略的选择可能对其他参与者造成的影响。综上所述，认知网络效用最大化的数学模型可以描述为

$$\begin{cases} \max\ U_i(t) \\ \text{s.t.}\ p_i \in A_i \end{cases} \tag{3-13}$$

式中，$U_i(t)$ 表示第 i 个认知用户的效用函数，$p_i \in A_i$ 表示认知用户可以选择的传输策略，可行的传输策略集合定义为 A_i。

2. 动态学习的功率控制算法

　　本小节提出了一种基于多个 Agent 的认知效用环框架。假设多个无线认知网络中的认知用户是理性的，具有协调能力，并且具备智能能力的 Agent。这些 Agent 采用一定的策略 (如动态频谱检测技术和自适应传输技术)，与无线环境以及多个 Agent 之间实现信息交互共享，直到整个网络达到最优性能。

结合原始认知环，基于多个 Agent 提出一种新的认知效用环设计方案，用于改善基于博弈论和效用理论中的设计弊端。

如图 3-7 所示，每个 Agent 通过频谱检测模块实现当前无线环境的检测，确定当前可以使用的频谱空洞。在频谱分析模块中，Agent 实现对于当前的频谱空洞的分析、参数的提出以及空洞可用性的分析，针对当前获得的关于可用频谱的信息来完成个体效用函数的建立过程。每个认知用户都将这样的信息传递给信息融合中心。在 IFC 中，各个认知用户完成信息的交互，效用函数建立的合理性评估，并调用学习引擎实现效用函数的进一步预测。针对学习引擎和信息融合中心获得的信息，决策引擎将产生最佳的传输策略 (如传输功率等) 进而实现动态学习的功率控制效用函数。传输引擎将决策引擎产生的传输策略再作用于无线环境中，实现一个完整的认知传输过程。

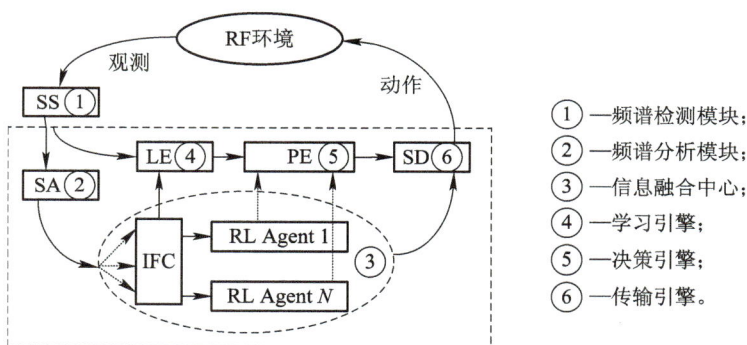

图 3-7 基于多个 Agent 的认知效用环框架

Q 学习技术是强化学习中的经典学习技术。该技术不但广泛应用于机器学习领域；还广泛应用于无线通信领域，如信道分配。Q 学习算法的引入被认为是改善传统博弈论对于信息要求比较多的技术手段，同时在重复博弈中引入 Q 学习算法也是多个 Agent 实现合作博弈的重要手段，合作博弈剔除各个认知用户自私的弊端，极大地改善系统的整体性能。因此基于 Q 学习算法可以实现认知用户与无线环境之间，以及多个认知用户之间的交互学习的最佳资源配置，达到最佳系统性能。

在基于多个 Agent 系统的认知效用环框架下，笔者研究一种基于 Q 学习算法的自适应跟踪信道状态变化的传输功率控制算法。基于 Q 学习的最优功率决策过程刻画为一个马尔可夫博弈，并结合动态规划中经典的 Bellman 公式，作如下分析。

根据式 (3-12) 定义的折现效用函数，已知第 i 个认知节点在 s 状态下的期望折现效用函数是 $V_i(s) = E[U_i(t)|s_t = s]$，并代入式 (3-13)，可得：

$$V_i(s) = E[U_i(t)|s_t = s] \\ = E[C_i(t) + \rho U_i(t+1)|s_t = s]$$ (3-14)

式中，$s_t = s$ 表示时刻 t 认知节点 i 所处的网络状态为 s，$U_i(t)$ 表示认知节点 i 在网络状态 s 下的期望效用。

按照数学期望的定义，若 $T_{s,s'}^{p_i}$ 表示认知节点 i 采用当前传输功率 p_i 时，从状态 s 转移到下一时刻状态 s' 的概率，$\pi(s, p_i)$ 表示认知节点 i 在网络状态 s 采用传输策略 p_i 的概率。则认知节点 i 在时刻 t 的期望折现效用函数为

$$V_i(s) = \sum_{p_i \in A_i} \pi(s, p_i) \sum_{s'} T_{s,s'}^{p_i}(U_{s,s'}^{p_i} + \rho V_i(s')) \\ = \sum_{p_i \in A_i} \pi(s, p_i) \sum_{s'} [T_{s,s'}^{p_i} U_{s,s'}^{p_i} + \rho T_{s,s'}^{p_i} V_i(s')]$$ (3-15)

式中，s' 表示下一时刻的可能状态；$V_i(s') = E[U_i(t+1)|s_{t+1} = s']$ 表示认知节点 i 在下一时刻 $t+1$ 获得期望折现效用函数。

对于 Q 学习算法来讲，首先要定义 Q 函数的定义。按照式 (3-13) 的数学推导以及 Bellman 公式的基本要求，定义 Q 函数具体形式为

$$Q(s, p_i) = \sum_{s'} [T_{s,s'}^{p_i} U_{s,s'}^{p_i} + \rho T_{s,s'}^{p_i} V_i(s')]$$ (3-16)

因此，按照经典的 Q 学习算法的定义在 Q 函数的定义的基础上，本节提出的 Q 学习算法的基本的迭代公式为

$$\begin{cases} Q(s, p_i) = (1-\alpha)Q(s, p_i) + \alpha[C(s, p_i) + \rho V_i(s')] \\ V_i(s) = \max_{p_i \in A_i}\{Q(s, p_i)\} \end{cases}$$ (3-17)

式中，α 为学习速率，它对算法的收敛性有很大的影响；s' 表示下一时刻的网络状态。

关于 Q 学习算法的收敛性及其有效性，已有文献指出很难从数学角度证明。因此，本小节采用仿真包含不同的状态数目的马尔可夫博弈模型以及多种参数的设置来考察基于 Q 学习的马尔可夫博弈的功率控制方法的有效性、鲁棒性和高效性。

在定义的认知环的框架下，并结合式 (3-12) 定义的折现效用函数，笔者提出在马尔可夫博弈模型的框架的基于 Q 学习算法的功率控制算法描述如下：

(1) 各用户初始化一个传输功率，检测当前无线环境获得频谱空洞的动态

择机传输机会，分析当前频段并得到当前信道的状态 (指干扰状态)；

(2) 各用户根据当前的传输功率计算当前时刻可以获得的累计效用。这里考虑时变信道，每个用户可以检测各自的信道状态，而各个用户在认知引擎的位置实现信息共享；

(3) 调用 Q 学习算法，进一步预测信道状态以及当前信道下的 Q 函数的数值，选择相应的最佳传输策略，直到算法收敛。

3. 仿真结果及分析

根据马尔可夫性质可以计算出各个状态之间的状态转移概率。假设信道增益服从指数分布，$p(g) = 1/g_0 \exp(g/g_0)$，其中，g_0 表示平均信道增益。按照信道增益把该信道模型分成 K 个状态，且间隔是固定的。定义 $\Gamma = (\Gamma_0, \Gamma_1, \cdots, \Gamma_K)$ 为 K 个信道状态的门限，其中，$\Gamma_0 = 0$，$\Gamma_K = \infty$，若信道增益 g 满足 $\Gamma_k \leqslant g < \Gamma_{k+1}$，则该信道具有第 k 个状态。在每个间隔内，对该指数分布进行积分可以得到该状态概率，即第 k 个信道状态的状态概率是 $\pi_k = \int_{\Gamma_k}^{\Gamma_{k+1}} p(g)\mathrm{d}g$。假设 $\pi_k = 1/K, k = 1, \cdots, K$。由于信道增益处于 $\Gamma_0 = 0$ 以及以后的状态概率很小，令 $p\{g < \Gamma_0\} = \int_{-\infty}^{\Gamma_0} p(g)\mathrm{d}g = \varepsilon$，其中，$\varepsilon$ 是一个非常小的数值，这样就可以计算出其他门限的数值，确定了各个门限。

图 3-8 显示了基于 Q 学习算法自适应传输功率控制算法的收敛性以及各个参数对于效用的影响。图中，横坐标表示的是 Q 学习算法的学习次数，纵坐标表示的是获得效用值变化。

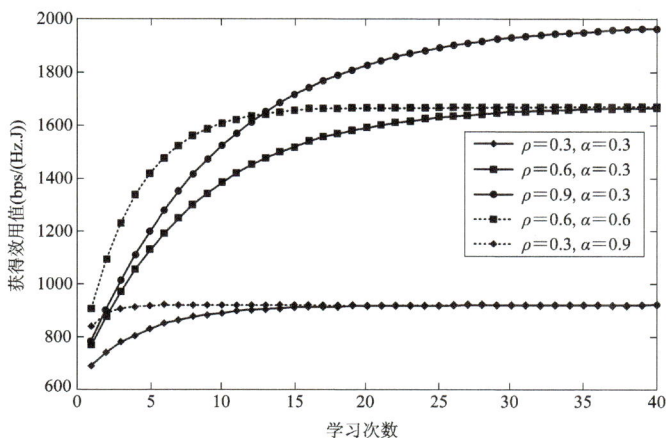

图 3-8　Q 学习算法的参数研究

由图 3-8 可知，当学习速率 $\alpha = 0.3$ 时，折现因子 ρ 分别为 0.3、0.6 和 0.9

的三条曲线。由此可以得出结论：在学习速率 α 固定的情况下，随着折现因子 ρ 的增加 Q 学习算法收敛速度逐渐变缓，而且折现因子 ρ 越大收敛速度越慢。也就是说，折现因子 ρ 过大，Q 学习算法的学习时间相应加长，算法收敛到纳什均衡解的时刻相应推后，所以收敛很慢。从图 3-8 中还注意到，随着折现因子 ρ 的增加，用户获得的效用值将相应的有所改善。这是由于各个参与者进行多次交互和学习，对于自身策略进行了进一步的最优化，实现了效用最大化。

由图 3-8 可知，当折现因子 $\rho = 0.6$ 时，学习速率 α 分别为 0.3 和 0.6 的两条曲线。由此可以得出结论：对于固定的折现因子 ρ，学习速率 α 越快，算法的收敛速度越快。虽然可以设置不同的学习速率，但是当算法达到收敛时，用户获得的效用值是相同的。这一结论在 $\rho = 0.3$，而 $\alpha = 0.3$ 和 $\alpha = 0.9$ 时得到再次验证。

因此，在设计实际系统的过程中，应该兼顾系统的性能要求和收敛速度要求，灵活地选择系统参数。针对实时性要求过高的业务请求，可以选用较大的学习速率 α 和较小的折现因子 ρ。而针对实时性要求不高的吞吐量较大的数据业务传输需求，可以选择较小的学习速率 α 和较大的折现因子 ρ。

在学习速率 α 和折现因子 ρ 等参数设置相同的情况下，比较在多个信道状态下的系统收益。从图 3-9 注意到，在具有八个信道状态和两个信道状态的情况下，认知用户分别调用基于 Q 学习的功率控制算法来选择传输功率，当算法收敛时总能达到相同的收益。由此说明，两个认知用户在相互干扰的共存场景下，无论怎样的信道状态，总可以通过不断交互信息来实现策略的最佳选择和获得效用值的最大化。这也可以说明，Q 学习算法具有良好的稳健性，即在时变甚至是快速衰落信道下，Q 学习算法总可以通过有限次学习获得最优效用值。这点符合有限次的重复博弈总是存在纳什均衡解的观点。

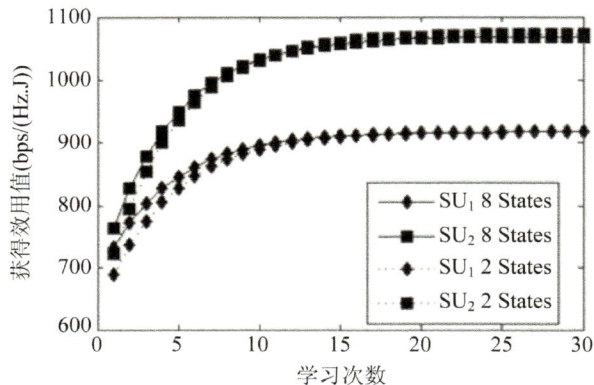

图 3-9 两个认知用户多种状态的算法比较

假设多个认知用户开始处于不同的状态，采用不同功率水平，他们可以获得不同的效用。从图 3-10 中可以发现，Q 学习算法对于多状态和多用户的场景一样具有良好的收敛性，同时不论开始状态是多差，总能实现近似公平的效用。这点将在图 3-11 中进一步说明和验证。

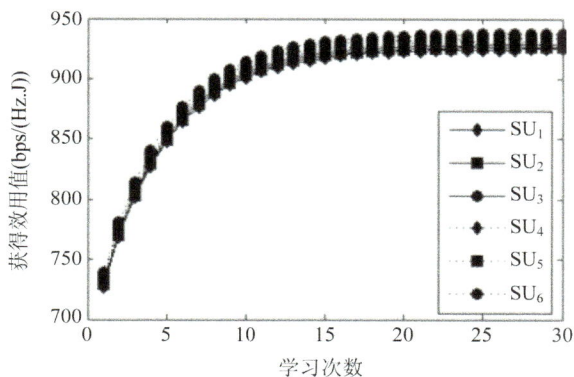

图 3-10　多个认知用户多个状态下的算法收敛性

需要强调的是，比较图 3-9 和图 3-10，针对两状态和多状态的网络状态可以发现，Q 学习算法可以很好地保证算法的鲁棒性。

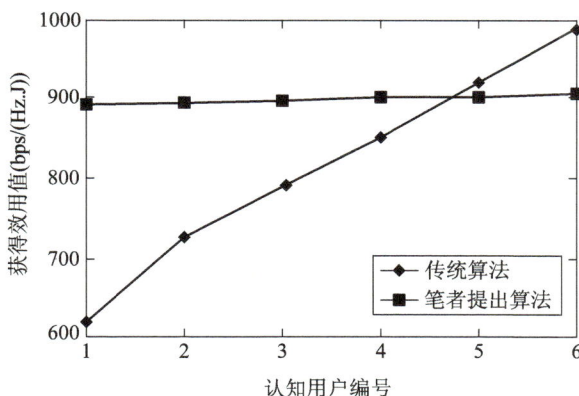

图 3-11　多个认知用户在不同的算法下获得效用值对比

图 3-11 是多个认知用户在不同的算法下获得效用值对比图。从该图中可以发现，通过学习，笔者提出算法可以很好地实现公平性，对于具有自私行为的认知用户，最终实现各个认知用户获得近似一致的效用值。而在传统算法中，可以看到信道状态良好的用户获得的效用远高于信道状态较差的用户。因此，Q 学习算法在不损害太大的效用的前提下，可以实现多个认知用户博

弈过程的公平性。在博弈论中，Q 学习是一种实现合作博弈的非合作方法，图 3-11 中传统算法与笔者提出算法有效性的比较也是与此一致的。

如图 3-11 所示，传统算法中，各个认知用户获得的效用值分别为 616.4518、726.2685、787.3606、851.7379、919.3559、990.1502，而笔者提出算法中，各个认知用户的效用值分别为 893.6571、895.3509、897.3861、899.8255、902.7425、906.2221。由此可知，笔者提出的算法可以在改善各个认知用户的公平性的基础上进一步地提升网络的整体效用。

3.2.3　联合速率与功率控制

下一代无线通信系统支持多种传输速率业务，包括实时的多媒体业务和非实时的数据业务。为了提供灵活的传输速率、有效利用系统资源、对抗传输衰落等，不仅要求认知用户进行传输功率控制和传输速率控制，还要求实现联合速率与功率控制。当授权用户与基站进行通信时，认知用户动态地接入相同的频段来实现与授权用户的共存、共享该频段。多个认知用户构成分布式网络，每个认知用户具有其各自的通信用户，因此这里的一个认知用户指的是一个认知用户的发射器和一个接收器通信对。目前，已经有一些研究关注相同的联合控制问题。这些研究表明，认知用户可以通过增加传输功率获得一定的 SINR。然而，在主次用户共存的场景下，由于认知用户增加传输功率必然会对主要用户 (Primary User，PU) 以及其他的认知用户造成巨大干扰。理性的认知用户之间由此开始博弈，每个认知用户都知道通过增加传输功率可以增加自己的收益 (如 SINR)，这样的情况持续进行直到获得均衡解。这样会导致整个系统以及容量造成大量的损失。因此，有必要联合速率与控制功率来有效减少干扰，提升基于 CDMA 技术组网的认知无线网络的传输速率与资源利用率。本小节在关注功率控制博弈模型的同时，将进一步考察联合传输速率和功率控制博弈模型的设计以及相应的算法设计。

联合速率与功率控制是指在无线通信系统中，综合考虑传输速率和发射功率两个方面，通过协同优化这两个参数，以提高通信质量、有效利用系统资源和减少干扰的一种技术。特别是在认知无线网络中，联合速率与功率控制对于实现次级用户 (认知用户) 和主要用户 (授权用户) 之间的共存共享显得尤为重要。

1. 系统模型

主次系统共享某段频谱场景，即多个授权用户作为某一频谱的所有者在与其基站进行通信，并允许认知用户与其具有认知能力的接入点 (Access Point，AP) 构成的次级系统共存，如图 3-12 所示。

由图 3-12 可知，授权用户为主要用户 (Primary User，PU)，认知用户为次级用户 (Secondary User，SU)，多个 PU 正在利用已经授权的频段与相应的基站进行通信。此时多个认知用户通过认知 AP 感知当前主系统的频谱空洞，在不影响 PU 数据传输的前提下实现认知用户的数据传输。考虑上行场景，PU 与认知用户共存于某一频段，且认知用户随机分布，而认知 AP 位于此系统中心。

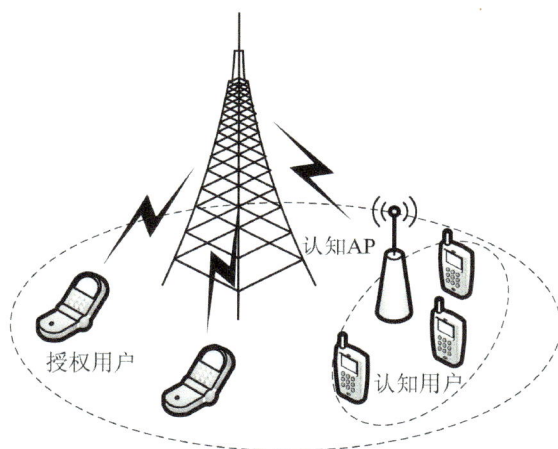

图 3-12　主次用户频谱共享系统模型

多个认知用户 N 竞争性地选择传输功率实现最大化与 SINR 相关的效用函数。此时，若认知用户的上行发射功率为 p_i，且上行路径损耗为 g_i，则认知基站可以接受到该用户的功率为 $p_i g_i$。这里有必要考虑 PU 对于认知用户造成的干扰，这是因为在这样的共存式共享过程中，PU 的传输机制不作任何改变，PU 总是根据自身的业务情况选择合适的传输功率和干扰约束，而认知用户要充分考虑 PU 的策略，进而采用合适的传输功率。在该考察场景下，存在 K 个 PU，那么认知用户 SU_i 基站可以接收来自 PU_i 干扰功率为 $Q_{i,j}$，这样认知用户 SU_i 感受到的来自所有 PU 的总干扰功率为

$$Q_i = \sum_{j=1}^{K} Q_{i,j} \tag{3-18}$$

由图 3-12 可知，认知用户为次级用户 (Secondary User，SU)，则 SU 的 SINR 定义为

$$\gamma_i = \frac{W}{R_i} \frac{p_i g_i}{\sum_{j=1, j \neq i}^{N} p_j g_j + N_0 W + Q_i} \tag{3-19}$$

式中，SU 均采用扩频信号传输；背景噪声的功率频密度为 N_0；W 为主次用户共享的授权带宽；R_i 为认知用户 i 的传输速率；$\frac{W}{R_i}$ 为扩频处理增益，表示认知用户实现整个频谱 W 的扩频信号处理。

主系统的基站可以承受的、来自所有认知用户的最大干扰功率为

$$Z = BT \tag{3-20}$$

式中，B 表示波尔兹曼常量；T 是干扰温度，是一个预先设定好的表示允许最差的无线环境干扰量。

为了保证对于主要系统没有任何干扰，主系统的基站要求所有认知用户的发射功率应满足如下约束：

$$\sum_{i=1}^{N} p_i h_i \leqslant Z \tag{3-21}$$

式中，h_i 是认知用户 i 到 PU 基站的信道增益。

基于联合速率与功率控制，笔者建模了一个博弈模型，即功率控制博弈模型。该模型应满足如下条件：

(1) 每个参与者的策略集合必须明确定义；

(2) 每个参与者有自己的策略选择；

(3) 每个参与者具有各自的效用函数。

因此，认知无线网络中的传输功率和速率控制满足如上条件后，联合速率与功率控制博弈模型可以定义如下：

(1) 参与者 I，即博弈参与者为认知用户 $I = \{1, 2, \cdots, N\}$；

(2) 策略集合 S，定义为传输速率 R_i 和功率 p_i。例如，SU_i 的策略集合为 S_i，每个可用的策略包含速率 R_i 和功率 p_i 都属于策略集合 S_i，即 $S_i = \{R_i, p_i\}$。这样该博弈模型的策略集合为笛卡尔乘积空间 S，即 $S = S_1 \times S_2 \times \cdots \times S_N$；

(3) 效用函数 U，效用函数表示用户对于当前的策略选择的满意程度。每个理性的认知用户都会选择自己的策略来实现自身效用函数最大化。

联合速率与功率控制的非合作博弈模型可表示为

$$\{a_i^*, i = 1, 2, \cdots, N\} = \arg\max\{U_i(a_i, a_{-i})\} \tag{3-22}$$

式中，a_i^* 表示最优联合速率与功率控制策略；a_i 表示策略对 $\{R_i, p_i\}$。

综上所述,干扰温度的约束和认知用户的功率约束及最小传输速率约束,若 $p_i \leqslant p_{i,\max}$ 和 $R_{i,\min} \leqslant R_i$,联合速率与功率控制数学模型可表示为

$$\begin{cases} \left\{ a_i^*, i = 1, 2, \cdots, N \right\} = \arg\max \left\{ U_i\left(a_i, a_{-i}\right) \right\} \\ \text{s.t. } \sum_{i=1}^{N} p_i h_i \leqslant Z \\ p_i \leqslant p_{i,\max}, i = 1, 2, \cdots, N \\ R_{i,\min} \leqslant R_i, i = 1, 2, \cdots, N \end{cases} \tag{3-23}$$

式中,a_i 是用户 i 的联合速率与功率控制策略,包含传输速率和功率;a_{-i} 表示其他参与者除去用户 i 选择的联合速率与功率控制策略。

在该数学模型中,需要进一步选取合适的效用函数 U_i。非合作功率控制博弈 (Noncooperative Power Control Game,NPCG) 模型。考虑单小区的上行的场景,根据 CDMA 系统中的标准 NPG 模型,用户的传输速率为 R,帧长为 M,有效信息传输长度为 L,剩余的信息 $M-L$ 用于纠错循环冗余校验。则用户 i 的效用函数可表示为

$$U_i\left(p_i, p_{-i}\right) = \frac{LR}{Mp_i} f\left(\gamma_i\right) \tag{3-24}$$

式中,$f(\gamma_i)$ 表示帧成功传输概率 (FSR),即 $f(\gamma_i) = (1 - 2p_\varepsilon)^M$。其中,$p_\varepsilon$ 是与误码率 (Bit Error Rate,BER) 相关的量;γ_i 是用户 i 获得的 SINR。

因此,NPCG 可定义为

$$\max_{p_i} \quad U_i\left(p_i, p_{-i}\right) = \frac{LR}{Mp_i} f\left(\gamma_i\right) \tag{3-25}$$

进一步考虑采用定价函数 $C(p_i)$ 改进 NPG 的 NES 的有效性,则基于定价函数非合作功率博弈 (Noncooperative Power Game based on Pricing,NPGP) 模型可定义为

$$\max_{p_i} U_i(p_i, p_{-i}) = \frac{LR}{Mp_i} f(\gamma_i) - C(p_i) \tag{3-26}$$

根据考察问题可知,需要修正上述效用函数,不同用户的业务多样性产生的传输速率 R_i 可控。考虑到用户之间的公平性,定义定价函数是与信道信息相关的函数,即该定价函数同时与决策变量传输速率 R_i、传输功率 p_i 和信道增益 g_i 相关。因此,基于定价函数非合作联合速率和功率控制博弈 (Noncooperative Rate and Power Game based on Pricing,NRPGP) 模型为

$$\max_{p_i, R_i} U_i(a_i, a_{-i}) = \frac{LR_i}{Mp_i} f(\gamma_i) - \lambda \frac{LR_i}{M} p_i g_i \tag{3-27}$$

式 (3-27) 的效用函数是净效用函数，即原始效用函数减去定价函数。该效用函数的选择具有严格的物理含义，表示认知用户 i 可以获得的能量效率。

2. 联合传输速率和功率控制算法

接下来，考察 NRPGP 模型相对联合速率和功率控制的纳什均衡解的存在性和唯一性等。

定义 3-4：如果 $a_i^*, i = 1, 2, \cdots, N$ 是纳什均衡解，则其必须满足对于任意 $a_i \in \boldsymbol{S}$，$U_i(a_i^*, a_{-i}^*) \geqslant U_i(a_i, a_{-i}^*), \forall a_i \in \boldsymbol{S}, \forall i \in N$，其中，$a_i = \{R_i, p_i\}$。

NES 是 NRPGP 的稳定输出，即任何参与者都不可能从改变自身策略获得更多的效用。NES 是一种理性的策略选择行为，任何单方面的背离都会导致均衡解不能获得更多的效用。

纳什均衡解是理性的解，是每个认知用户无法通过改变自身的传输策略而改变的解。对于 NRPG 模型而言，如果对于 $\forall p_i \in \boldsymbol{S}$，其中，$\boldsymbol{S}$ 表示认知用户 i 可行的策略集合（是由约束条件构成的），即 $\boldsymbol{S}_i = \{p_i \mid p_i \leqslant p_{i,\max}\}$，满足 $U_i(p_i^*, p_{-i}^*) \geqslant U_i(p_i, p_{-i}^*)$，称 p_i^* 为纳什均衡解。

对于提出的 NRPGP 模型存在相对于功率的纳什均衡解，必须满足该 NRPGP 模型符合超模博弈，证明如下：

由式 $p_i^* = \sqrt{\left[R_i\left(f(\gamma_i) - c\gamma_i + 1\right)\right] \Big/ \left[2\lambda\gamma_i \ln(\gamma_i)\right]}$ 可以计算相对于功率的一阶偏导数为

$$\frac{\partial U_i(a_i, a_{-i})}{\partial p_i} = \frac{LR_i}{Mp_i^2}\left(\gamma_i \frac{\partial f_i(\gamma_i)}{\partial p_i} - f_i(\gamma_i)\right) - \lambda \frac{LR_i g_i}{M} \tag{3-28}$$

根据超模博弈的进一步要求，计算式 $\partial u_i(p_i, p_{-i}) \big/ \partial p_i = -\lambda(2\gamma_i + 1)$ 相对于 p_j 的偏导数为

$$\frac{\partial^2 U_i(a_i, a_{-i})}{\partial p_i \partial p_j} = \frac{LR_i}{Mp_i^2}\left(\gamma_i \frac{\partial^2 f_i(\gamma_i)}{\partial^2 p_i} \frac{\partial \gamma_i}{\partial p_i}\right) \tag{3-29}$$

由于 $\partial\gamma_i / \partial p_i = \gamma_i / p_i \geqslant 0$，由图 3-13 可知，当选择帧长为 80 bits 时，门限 $\text{SINR}_{th} \geqslant 2 \times \lg 80 = 8.7641$，其中，FSR 的函数的二阶导数 $\frac{\partial^2 f_i(\gamma_i)}{\partial^2 p_i}$ 小于零。这样可以有效保证式 $\frac{\partial u_i(p_i, p_{-i})}{\partial p_i} = -\frac{2\lambda\gamma_i}{p_i}$ 严格小于零。因此，二阶偏导有效保

证超模博弈模型，有超模博弈模型的基本性质和提出的 NRPGP 模型存在相对于功率的纳什均衡解。证毕。

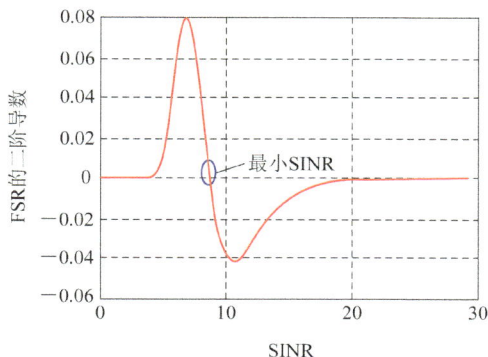

图 3-13　效用函数的二阶导数验证图

对于 NRPG 模型中的传输速率，需要证明其纳什均衡解的存在性。如果对于 $\forall R_i \in \boldsymbol{S}, \forall i \in N$ 满足 $U_i(R_i^\star, R_{-i}^\star) \geqslant U_i(R_i, R_{-i}^\star)$，则 $R_i^\star$ 是速率纳什均衡解。

如果相对于传输速率的纳什均衡解存在要求该模型符合凸博弈模型，结合凸规划理论保证该问题模型为凸问题，均衡解解必然存在，且保证最优。证明如下：

相对于传输速率 R_i 求解一阶偏导数为

$$\frac{\partial U(a_i, a_{-i})}{\partial R_i} = \frac{L}{Mp_i} f(\gamma_i) - \lambda \frac{L\, p_i\, g_i}{M} \tag{3-30}$$

基于式 (3-28) 进一步求解效用函数 $U(a_i, a_{-i})$ 相对传输速率 R_i 的二阶导数，可得：

$$\frac{\partial^2 U_i(a_i, a_{-i})}{\partial^2 R_i} = \frac{LR_i^2}{Mp_i\gamma_i} \frac{\partial^2 f(\gamma_i)}{\partial^2 \gamma_i} \tag{3-31}$$

此时，需要判断式 (3-30) 相对于零的大小关系。

然而，从式 (3-30) 很难直接看出其与零之间的关系，因此，借助图 3-13 加以验证可以发现，当 SINR 门限 $\text{SINR}_{th} \geqslant 2 \times \lg 80 = 8.7641$ 时，$\dfrac{\partial^2 f_i(\gamma_i)}{\partial^2 p_i} < 0$ 总是成立的，式 (3-30) 总是小于零的。因此，凸问题的求解可以保证相对于传输速率的纳什均衡解的存在性，且联合速率与功率控制策略最优。证毕。

综上所述，NRPGP 模型相对于联合速率与功率控制策略的纳什均衡解的存在性。同时，效用函数 $U(a_i, a_{-i})$ 可以分别保证传输速率 R_i 和传输功率 p_i 的单调性，保证两个均衡解的唯一性，确保联合传输速率与功率控制算法均衡解的存在性。

在分析相对于传输速率和传输功率纳什均衡解的存在性后，设计联合传输速率与功率控制算法来寻找 NRPGP 模型的纳什均衡解。具体步骤如下：

(1) 初始化。假设初始化的传输速率为 $R_{i,\min} = 10^4$ bps，各个用户的最小传输功率可以根据 SINR 门限 $SINR_{th} \geqslant 2 \times lgM$ 计算求解。

(2) 博弈算法迭代执行。传输速率 R_i 和传输功率 p_i 并行调节来实现目标函数最大化。选择速率步长因子 ΔR_i 和功率步长因子 ΔR_i，根据两次策略调解导致的效用函数的增加还是减少来确定下一步迭代是增加单位传输速率还是传输功率。

(3) 博弈结果。在有限次的博弈后，保证联合速率与功率控制算法的收敛性，且确保各个用户找到最优的传输速率和传输功率。

例如，考虑一个单小区的上行认知无线网络场景，多个认知用户与认知接入点进行通信，用户数目 $N = 9$，认知用户分布在 1000 m 的范围之内，各个认知用户与基站距离依次为 $d = [320，460，570，660，740，810，880，940，1000]$，且信道增益服从大尺度衰落模型 $h_i = 0.097 \times d_i^{-4}$。其他参数：最大可以利用的传输功率 $p_{\max} = 2W$，帧长 $M = 80$ bit，有效传输数据长度 $L = 64$ bit，每帧冗余 16 bit（用于校验），初始化的每个用户的传输速率 $R_i = 10^4$ bps。

3. 仿真结果及分析

定义 3-3 已经证明纳什均衡策略的存在性和唯一性等。以往仿真对于传输功率调解对于用户获得的效用函数影响已经很多。这里针对考察联合速率与功率控制中传输速率控制的特殊性。考察联合速率与功率控制算法中传输速率的调解对于获得的效用函数的影响，因此首先仿真在固定传输功率水平时传输速率均衡解的存在性。

图 3-14 所示为认知用户传输速率和获得效用之间的关系图。由图可知，每个认知用户确实存在一个最优的传输速率，该最优的传输速率可使得效用函数最大化。按照仿真场景，距离基站最近的认知用户 1 可以获得最多的传输速率，在实现效用最大化的时候，传输速率可以高达 150 kb/s，此时能量效率可达 20 Mbit/J。而对于基站较远的认知用户 2～9，在获得最大效用处其相应可以获得的传输速率将远远小于这个数值。为了清楚表示除 SU_1 和 SU_2

以外的其他认知用户效用和传输速率变化曲线，给出其他用户的传输速率和效用的关系图。由此可知，在很小的传输速率范围，距离基站较近的认知用户可获得效用函数最大化。因此，对于实现效用最优的情况，距离基站较远的用户不能获得较多的传输速率，而距离基站相对较近的用户可以获得更多的传输速率以实现效用最大化。

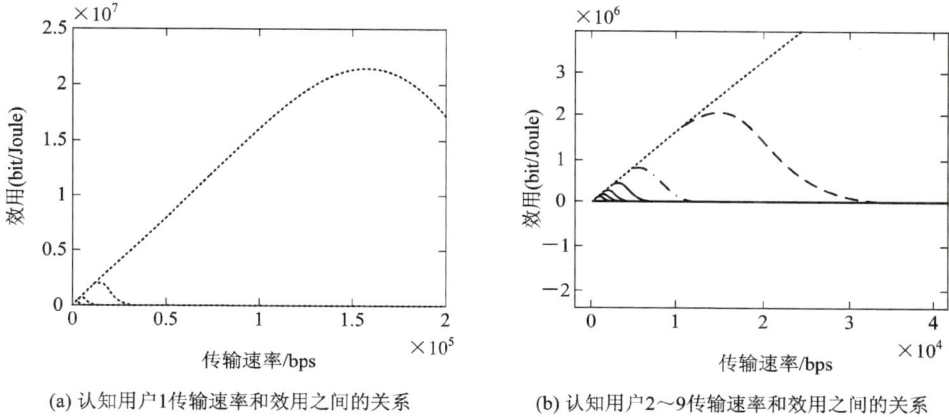

(a) 认知用户1传输速率和效用之间的关系　　(b) 认知用户2～9传输速率和效用之间的关系

图 3-14　认知用户传输速率和效用之间的关系图

图 3-15 所示为认知用户传输速率均衡解。从该图可以看出，具有定价方案的策略可以有效平衡距离基站远近不同的认知用户的传输速率，使得各个认知用户基本保持公平的传输速率。而在 NRPG 方案中，由于不同位置的认知用户获得信道状态信息不同，自私的认知用户通过虚报私有信息而获得更多的传输速率，而距离基站较远的认知用户却不能良好地保持传输速率一致性。

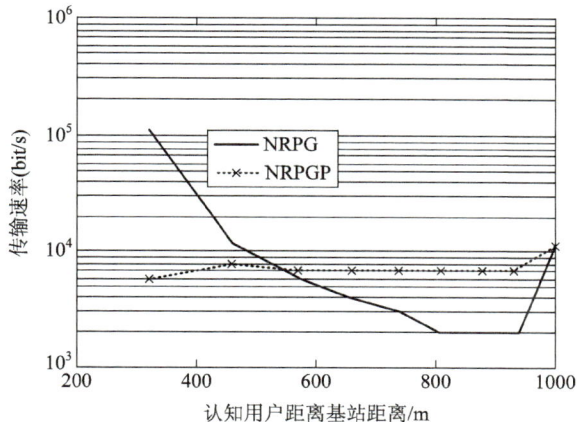

图 3-15　认知用户传输速率均衡解

　　图 3-16 所示为认知用户传输速率均衡解，即提出的 NRPG 和 NRPGP 收敛后的消耗的传输功率的情况。同样，可以看出由于 NRPGP 可以有效采用惩罚的方式抑制使用更大功率的认知用户，有效降低发射功率。比较图 3-15 和图 3-16 可知：提出的基于定价函数的 NRPGP 相对于 NRPG 具有更好的性能，如 NRPGP 消耗相对较少的传输功率却获得稳定的传输速率，然而 NRPGP 付出了相应实现复杂度和必要信息交互等开销。由于定价机制引入，自私的认知用户不断采用自私的传输功率策略时就会受到惩罚，因此自私的认知用户不再忽略多个认知用户之间的交互特性，结果导致所有的认知用户在交互的过程中采用定价驱动的伪合作方式。因为彼此实现趋向合作的策略选择方案，不再自私地不断增加自己的传输功率，这样对于 PU 以及认知用户之间彼此的干扰都受到严格控制，最终获得传输速率相对较高。同时，认知用户之间的公平性可以获得很好地改善，即不同位置的认知用户基于 NRPGP 模型获得的传输速率接近一致。

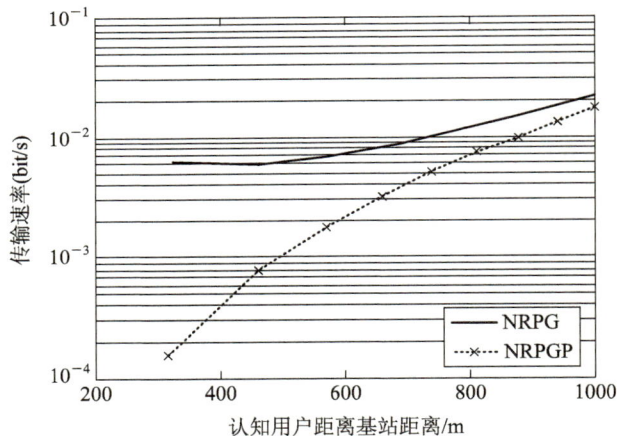

图 3-16　认知用户传输速率均衡解

　　图 3-17 所示为认知用户获得均衡 SINR 的情况，针对距离基站远近不同的认知用户获得的均衡 SINR 基本保持稳定，并且均衡 SINR 基本维持在 10 dB 左右，这可以保障稳定通信链路。相比图 3-15 而言，定价方案 NRPGP 可以在消耗功率较少的情况下获得更高的 SINR。这主要是因为定价策略有效抑制了高传输功率发射，导致了无线环境干扰下降，提升了整体 SINR 的稳定性。而 NRPG 对于距离基站远近不同的认知用户不能保持获得 SINR 的一致性。例如，距离基站 800 m 的认知用户可以获得的 SINR 较高，而 1000 m 和 1000 m 之外的认知用户由于获得的 SINR 太低而不能正常通信。

因此，提出的 NRPGP 方案消耗功率小且获得较多容量，采用能量效率作为性能的综合量度。

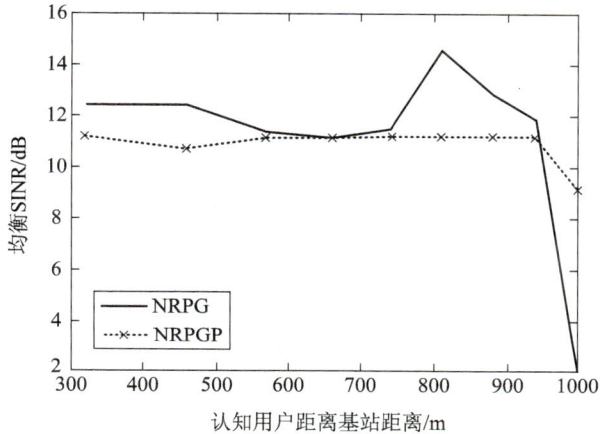

图 3-17　认知用户获得均衡 SINR

图 3-18 所示为认知用户获得的均衡能量效率，即基于定价函数的 NRPGP 算法可以获得更高的能量效率。距离基站远近不同的认知用户均可以获得相对于 NRPG 更高的能量效率。然而，对于 NRPG 算法中的若干认知用户能量极低。这主要是因为距离基站较远的认知用户获得的容量较低；距离基站较近的认知用户由于获得传输增益较高，因此均衡能量效率较高。

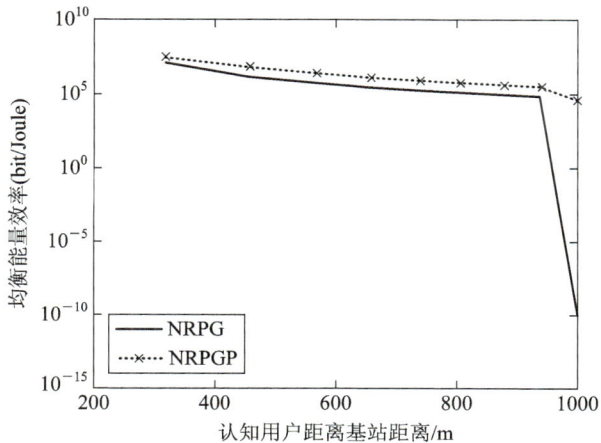

图 3-18　认知用户获得的均衡能量效率

结论：效用函数设计要求在特定场景下具有一定物理含义，同时，基于效用函数的博弈模型必须保证均衡解的存在性和唯一性。由于 Goodman 提出的基于帧成功传输概率能量效用函数已广泛应用于认知无线网络，鉴于考察联合传输速率与功率控制方案，因此修正该效用函数为每个认知用户的传输速率实时可变。基于采用定价函数的方式改进均衡解的帕累托最优性，提出一种联合功率和控制速率的定价函数设计，NRPGP 不仅保证传输功率均衡解的有效性，还保证传输速率的均衡解的有效性。理论证明提出联合传输速率与功率控制的博弈模型相对于传输速率和功率控制的纳什均衡解的存在性和唯一性，并提出联合传输速率与功率控制算法。仿真结果验证得出联合传输速率与功率控制算法能够有效提高传输速率和传输功率。

3.2.4　信道与功率分层控制

为描述多个认知用户的交互行为和动态策略选择过程，笔者采用一种基于斯坦科尔伯格博弈 (Stackelberg Game，SG) 的容量最大化博弈来建模多认知用户动态频谱共享问题。本小节重点研究在环境信息不对称的情况下多个认知用户的最优决策方案，解决多个领导者与多个跟随者共存的频谱共享问题。同时，引入变分不等式理论分析多参与者的模型，证明斯坦科尔伯格均衡解的存在性和唯一性，并推导得出相应的闭式均衡解。仿真结果表明，提出的分布式算法可以有效保证收敛性，与纳什均衡解相比，验证斯坦科尔伯格均衡解的高效性。

信道与功率分层控制是在无线通信系统中，通过对信道和功率进行分层管理和优化，以实现高效频谱利用和干扰管理的技术。该技术特别适用于认知无线电网络，其中次级用户 (认知用户) 在与主要用户 (授权用户) 共存的环境中动态接入频谱资源。

1. 系统模型

考虑一个多用户多信道的认知无线电网络 (Cognitive Radio Network，CRN) 场景，如图 3-19 所示，具有多个 SU 构成的 SU 集合 $\mathcal{N}$ 与多个 PU 构成的集合 $\mathcal{M}$ 共存共享多个信道 $\mathcal{K}$。PU 和 SU 都试图最大化端到端性能，而 PU 采用预定义的干扰温度限制来保证性能的发挥。这里由一个 SU 的发射器及其接收器构成一个通信对。这样的一个通信对称为博弈模型中的一个参与者。$g_{i,j}, i,j \in N$ 表示 SU_i 发射器与 SU_j 接收器之间的信道增益信息。$h_{m,i}, m \in M, i \in N$ 表示 PU 的发射器 PU_m 到认知用户 SU_i 接收器的干扰信道增益信息。

问题描述：研究多个认知用户在信息不对称的情况下怎样选取合适的传输

功率实现认知容量最大化,同时有效保证 PU 的性能。重点考察该模型中的认知用户之间的由于不对称的信息造成的动态行为和彼此之间的竞争与合作关系。

这些理性的认知用户通过选择最佳信道 $k \in \mathcal{K}$ 和最优的传输功率水平 $p_i(k)$,期望可以最大化自身的效用函数,如 $\mathcal{U}_i(p_i, p_{-i})$。

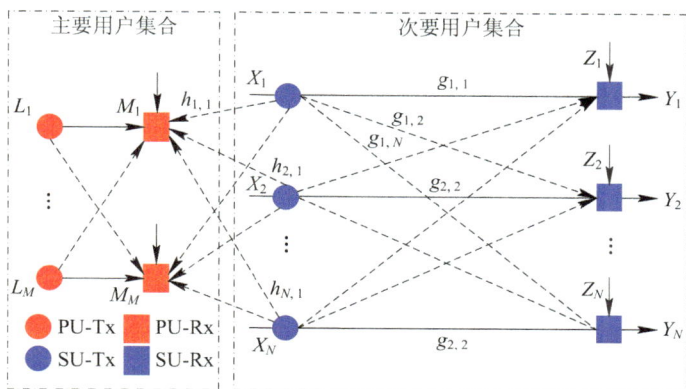

图 3-19 多用户共享频谱模型

考虑上述多用户认知场景和其他因素 (如功率上限 $P_i^{\max}$ 约束条件等),问题定义为

$$\begin{cases} \max \ \mathcal{U}_i(p_i, p_{-i}) \\ \text{s.t.} \ \sum_{k=1}^{K} p_i(k) \leqslant P_i^{\max}, i \in \mathcal{N} \\ p_i(k) \in \mathcal{S}_i, i \in \mathcal{N} \end{cases} \tag{3-32}$$

式中, $p_i = p_i(k), k \in \mathcal{K}$; $p_{-i} = p_{-i}(k), k \in \mathcal{K}$,且 $-i = 1, 2, \cdots, i-1, i+1, \cdots, N$ 。

本节定义 $\boldsymbol{S}_i$ 是认知用户 SU$_i$ 的可行的策略集合,且选用峰值功率约束定义该集合 $\boldsymbol{S}_i = \left\{ p_i(k) \middle| 0 \leqslant p_i(k) \leqslant p_i^{mask}(k), k \in \mathcal{K} \right\}$, $p_i^{mask}(k)$ 是 PU 依据当前 QoS 要求设置的该 PU 可以承受的认知用户 SU$_i$ 在信道 $k \in \mathcal{K}$ 上的峰值干扰功率。

2. 信道与功率分层控制算法

定义 3-5 (斯坦科尔伯格容量最大化博弈): $\mathcal{G}^{\text{SCMG}} = \{\mathcal{N}, \mathcal{S}, \mathcal{U}\}$,其中,SCMG(Stackelberg Capacity Maximization Game)。

(1) 参与者集合: $\mathcal{N} = \{1, 2, \cdots, N\}$,它是由多个认知用户构成的,是该多用户频谱共享问题中的策略决策者。

(2) 策略集合：$\mathcal{S} = S_1 \times S_2 \cdots \times S_K$。它是 S_i 笛卡尔乘积空间，这里每个 S_i 是认知用户 SU_i 可行的策略集合。

(3) 效用函数集合：$\mathcal{U} = \{u_1, u_2 \cdots, u_N\}$，这里每个效用函数是与传输速率 $\mathcal{R}_i$ 相关的效用函数设计。

斯坦科尔伯格均衡解 (Starkberg Equilibrium Solution，SES) 是在多个参与者的博弈过程中存在分层的策略选择的解概念。领导者首先选择自己的传输策略，如 $p_i \in S_i, i \in \mathcal{L}$。然后，跟随者 $j \in \mathcal{F}$ 对领导者的策略作出理性的反映。

定义 3-5： $\mathcal{G}^{SCMG} = \{\mathcal{N}, \mathcal{S}, \mathcal{U}\}$ 模型的 SES p^* 包含两个部分。第一部分是领导者 $i \in \mathcal{L}$ 的纳什均衡解 p_i^*，即 $p_i^*(k) = \mathcal{NE}\left(p_{-i}^*(k)\right)$。第二部分是跟随者的策略集 $\left(p_j^*, j \in \mathcal{F}\right)$。

SES 可以表示为 $p^*(k) = p_j^*(k)|_{j \in \mathcal{F}} \cup p_i^*(k)|_{i \in \mathcal{L}} = \mathcal{NE}\left(p_{-i}^*(k)\right)$。因此 $p^*(k)$ 是最终的 SES，SES 状态下认知用户 j 的效用函数满足以下条件：

$$\mathcal{U}_j\left(p_j^*(k), \mathcal{NE}\left(p_{-i}^*(k)\right)\right) \geqslant \mathcal{U}_j\left(p_j(k), \mathcal{NE}\left(p_{-i}^*(k)\right)\right), p_j(k) \in \mathcal{S}_j \tag{3-33}$$

综上所述，前文构建了 SG，领导者和跟随者的认知用户 i 和认知用户 j 的闭式均衡解分别是 p_i^* 和 p_j^*。基于此，分别为领导者和跟随者设计分布式算法，二者不断交互实现最终算法收敛，称提出的算法为多用户分层功率控制算法。

对于领导者 $i \in \mathcal{L}$ 采用多用户并行类 -IWFA 算法，该算法定义为算法 1，具体如下：

(1) 对任意领导者认知用户 $i \in \mathcal{L}$ 在可行信道 $k \in \mathcal{K}$，初始化注水水平 $\lambda_i^{(0)}$ 和初始功率 $p_i^{(0)}(k)$；

(2) 认知用户 i 感知当前环境学习推理获取有用信道信息，如信道增益信息 $g_{i,i}(k)$ 和相应的总干扰功率信息 $\xi_i^{(n)}(k)$；

(3) 对任意领导者认知用户 $i \in \mathcal{L}$ 在可行信道 $k \in \mathcal{K}$ 计算获取功率控制策略为

$$p_i^{(n+1)}(k) = \frac{1}{\lambda_i^{(n)}} - \frac{\xi_i^{(n)}(k)}{g_{i,i}(k)} \tag{3-34}$$

(4) 选取步长因子 $\alpha_i^{(n)} > 0$，并更新相应的下一步注水水平为

$$\lambda_i^{(n+1)} = \lambda_i^{(n)} - \alpha_i^{(n)}\left\{\sum_k p_i^{(n)}(k) - p_i^{\max}\right\} \tag{3-35}$$

(5) 取 $n \leftarrow n+1$，循环至步骤 (2) 直至该算法收敛。

上述算法 1 是获得 SES 领导者的算法，最终可以获得 SES 的算法包含 SU 的均衡解的算法，该算法定义为算法 2。算法 2 具体如下：

(1) 对任意领导者认知用户 $i \in \mathcal{L}$ 在可行信道 $k \in \mathcal{K}$，启动算法 1；

(2) 对任意领导者认知用户 $j \in \mathcal{F}$ 在可行信道 $k \in \mathcal{K}$；

① 初始化注水水平 $\lambda_i^{(0)}$ 和初始功率 $p_i^{(0)}(k)$；

② 认知用户 j 感知当前环境学习推理获取有用信道信息，如信道增益信息 $g_{i,i}(k)$ 和相应的总干扰功率信息 $\xi_i^{(n)}(k)$；

(3) 计算获取传输功率控制策略为

$$p_j^{(n+1)}(k) = \frac{\lambda_j^{(n)} g_{i,i}(k) \left(\xi_j^{(n)}(k)\right)^2 - g_{i,i}(k) g_{i,j}(k) \xi_j^{(n)}(k)}{g_{i,j}(k) g_{j,i}(k) g_{j,j}(k) - \lambda_j^{(n)} g_{i,i}(k) g_{j,j}(k) \xi_j^{(n)}(k)} \tag{3-36}$$

(4) 选取步长因子 $\beta_j^{(n)} > 0$，并更新相应的下一步注水水平为

$$\lambda_j^{(n+1)} = \lambda_j^{(n)} - \beta_j^{(n)} \left\{ \sum_k p_j^{(n)}(k) - p_j^{\max} \right\} \tag{3-37}$$

(5) 取 $n \leftarrow n+1$，循环至步骤 (2)，直至该算法收敛。

3. 仿真结果及分析

考虑一个有 40 个认知用户的场景，该场景包含 20 个领导者认知用户和 20 个跟随者认知用户。本节为简化描述领导者和跟随者获得容量性能比来反映不同均衡解的性能，定义 ρ 为领导者和跟随者认知用户数目的比值。由于提出的算法 1 采用注水水平 λ 作为收敛准则，因此采用注水水平调节过程来验证均衡解的存在性和唯一性，如图 3-20 所示。

由图 3-20 可知，提出的算法 2 可以保证收敛性。经过约 100 次迭代后基本可以保证所有认知用户的策略迭代的收敛到均衡解。图 3-20 存在几个注水水平没有得到调节，这会导致部分认知用户的传输功率出现振荡现象。迭代算法保证每个领导者和跟随者都能找到均衡的功率策略。同时，更理性的跟随者能选择更低的传输功率来实现相近的性能。这主要是因为跟随者可以根据实际观察到的领导者策略等信息选择传输功率，获取更多的关于环境和对手策略信息，导致采用更低的传输功率来实现相近性能。考察提出的算法 2

收敛后的性能，分别采用领导者和跟随者的功耗比和性能比作为其性能量度。

(1) 功耗比是指领导者的功率消耗和跟随者的功率消耗的比值。理论上，这个比值大于 1，表明跟随者在获取更多的对手信息之后更加理性地选取更合适的传输功率，避免因不理智地选择传输功率而造成认知无线环境的极度恶化，使得自己和对手都无法获取良好的通信环境。

(2) 性能比是指领导者获得的容量和跟随者的获得容量的比值。理论上，这个数值是小于 1 的，表明跟随者由于理性的原因采用合适的传输功率获得相对于领导者更多的利益。

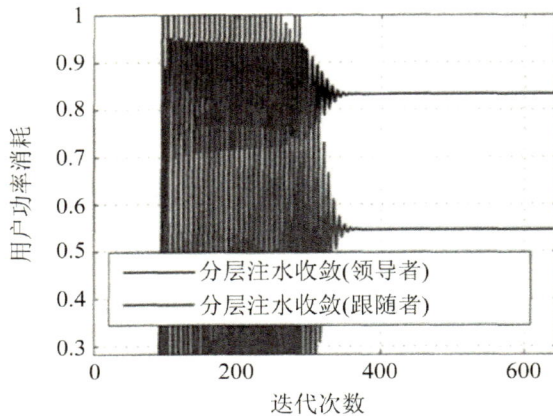

图 3-20　注水水平的迭代调解过程

如图 3-21 所示，在当前的干扰环境假设下，领导者和跟随者的功率比一致，且保持大于 1，这表示当前领导者消耗更多的传输功率，而跟随者选取更合适的传输功率。然而，性能比不总是严格小于 1 的，总是存在一个干扰扰动点。也就是说，领导者在性能上未必一致较差，这与其感受到的干扰和当前跟随者所处位置和选择的功率相关。这也说明，领导者采用较大传输功率并不能一直获得更多的收益，尤其是当感受的干扰功率逐渐变大时，性能反而恶化，这主要归咎于多个认知用户之间彼此互扰。

在上述的仿真中，假设领导者和跟随者具有相同数量，下面考察领导者和跟随者在数量发生变化时的性能比变化。领导者和跟随者的数量比值变化有助于观察在一个多认知用户共享频谱的场景下网络性能的变化。考察以下两种情况：情况 1 是 $\rho = 10:30$，即存在 10 个领导者认知用户和 30 个跟随者认知用户共享频谱的场景；情况 2 是 $\rho = 30:10$，即存在 30 个领导者认知用户和 10 个跟随者认知用户的仿真场景。

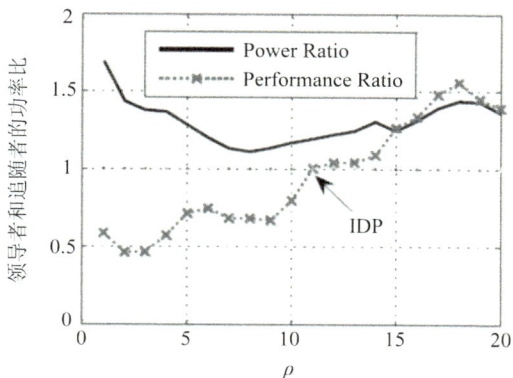

图 3-21　领导者和追随者的功率比与认知用户数量之间的关系

为计算在情况 1(ρ = 10:30) 的性能比，不失一般性选择 10 个领导者获得的容量和另外 10 个跟随者获得的容量计算性能比。同理，对于情况 2(ρ = 10:30) 的仿真场景，同样计算相应的性能比，如图 3-22 所示。在彼此干扰功率较小的情况下，SES 解可以获得更多的容量收益，随着干扰功率逐渐增加，此时的性能比将逐渐增加直至大于 1，这表明当前 SES 已经开始恶化，并不如 NES 解更有效。然而，在达到干扰扰动点之后，发现情况 2(ρ = 30:10) 的性能比情况 1(ρ = 10:30) 获得的性能比更优，这意味着当跟随者的数量增加时，认知网络整体容量性能得到改善。因此，更多的跟随者将为整个认知无线网络提供更多可以改善频谱效率的机会。

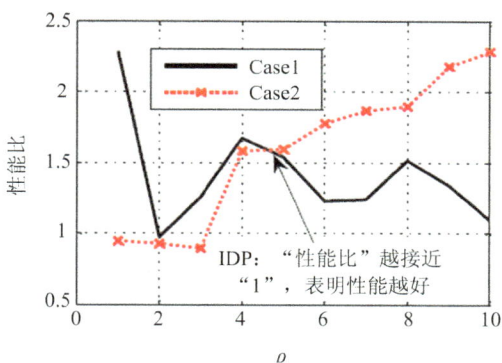

图 3-22　性能比与认知用户数量之间的关系

为考察认知无线网络整体容量性能比，除了考虑仿真场景：情况 1(ρ = 10:30)、情况 2(ρ = 30:10)，还要考虑情况 3(ρ = 20:20)。然后，以情况 3(ρ = 20:20) 作为分母，其他两种情况作为分子来计算性能比，以反映在不同 ρ 情况下的整体认知网络性能变化情况，分别考察另外两种情况下领导者和跟随者相对于 $\rho = 20{:}20$ 的整体性能变化。

图 3-23 横坐标表示 40 个认知用户，表示作为领导者和跟随者的数目不同；纵坐标是认知无线网络各个认知用户的整体容量性能比。从图 3-23 可以看到 (10:30):(20:20):(Case1:Case3) 的情况获得的性能比与 (30:10):(20:20):(Case1:Case3) 获得的性能比更好。这表明在认知无线网络中跟随者的数目越多，越可能有助于领导者和跟随者实现双赢。

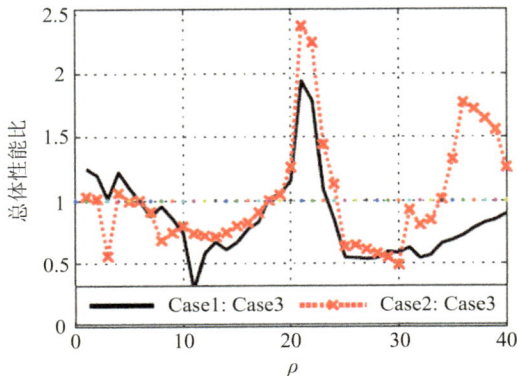

图 3-23　认知用户的整体容量性能比

3.3　动态频谱租赁分层博弈模型

本节介绍动态频谱租赁场景中斯坦科尔伯格博弈的应用。需要强调的是，本节只是介绍斯坦科尔伯格博弈在具体问题中的构建方法，算法设计，结果还有结论，所以并没有详细介绍公式推导和一些证明。

3.3.1　动态频谱租赁模型

动态频谱租赁 (Dynamic Spectrum Leasing，DSL) 是一种有潜力的动态频谱共享 (Dynamic Spectrum Sharing，DSS) 方案，既能够提高 PU 的频谱收入，也能保证 SU 的服务质量。从使用斯坦科尔伯格 DSL 博弈的 DSS 的经济和技术角度出发，笔者提出了一种基于定价的动态频谱租赁 (Pricing-Based Dynamic Spectrum Leasing，PBDSL) 模型。

　　如图 3-24 所示，PBDSL 模型由多个 PU 作为参与者组成。基于 PBDSL 模型提出了两个逻辑实体，分别称为频谱提供池 (Spectrum Supplying Pool，SPP) 和频谱请求池 (Spectrum Request Pool，SRP)。坦率地讲，由于来自不同位置的不同 PU 的已租赁频谱是多样的，对于不同 SU 的可用功率和带宽请求也是多样的，因此在服务提供商和服务请求者之间形成一个最优的独立映射是不切实际的。所以需要一个更先进的处理实体，这就是引入 SPP 和 SRP 实体的原因。这里，SPP 是频谱租赁实体，由可用带宽、分布式频谱定价和干扰功率的敏感度组成。SRP 是服务请求池，在观察 SPP 实体中的 PUs 的频谱定价和干扰间隙定价调节后进行多个 SU 的带宽请求和传输功率的分布式决策。在 PBDSL 模型中，所有的 SU 理性且自私地追求网络效能函数最大化。此外，从更切实际的角度来看，PU 总是关心一些特定租赁频谱的收益。进一步地讲，PU 总是期望有越来越多的 SU 竞价其频谱以获得更多的频谱收益。因此，PU 会一直相互作用直到达到最佳性能权衡。

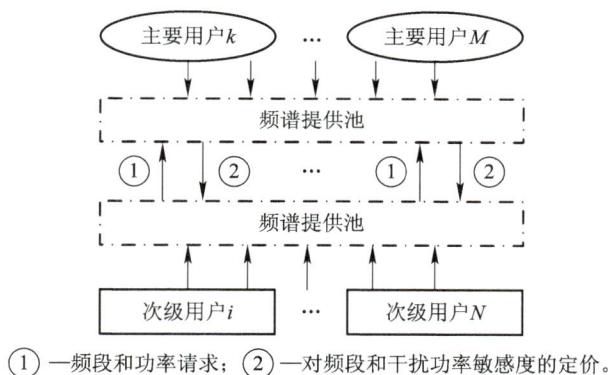

① —频段和功率请求；② —对频段和干扰功率敏感度的定价。

图 3-24　基于定价的动态频谱租赁系统模型

　　图 3-24 中，基于定价的动态频谱租赁系统认为大量的 PU 级用户租赁，甚至出卖它们暂时不使用或者使用可能性很小的频谱。首先，SU 可以获得该频谱可用的信息，并且向 SPP 报告它们的带宽和传输功率。然后，SPP 拼凑碎片的频谱，分析并且重组这些请求。SRP 实体负责多个 SU 请求信息的收集、分类和分配。换句话说，SRP 实体是请求管理实体，SPP 是资源供应商实体。

3.3.2　动态频谱租赁博弈

　　为了更好地理解 PBDSL 模型中复杂的相互交互作用，可将注意力放在 PBDSL 模型的分层竞争和合作结构上。比如，多个 SU 也许会因为某一特定

PU 的带宽产生竞争，因为最低的分布式频谱定价以及 PU 更近的位置导致更好的频谱质量。所以，在 SPP 中存在一种价格竞争。另外，所有的 PU 希望将自己的频谱空间出租给出价最高且传输功率水平最低的 SU，因此在 SRP 中的 PU 的过程期间也存在一个竞争。最重要的是，两个实体之间会发生交互作用直到实现最后的均衡解。通过设定 SPP 作为领导者和 SRP 作为跟随者，这个问题可以被构建为一个 SG。详细地讲，此 PBDSL 模型可以被构建成如下博弈。

(1) 主博弈：指的是 SPP 中 PU 作为参与者的价格博弈。定价方案 λ_i 和干扰敏感度调节 v_k 组成了策略集合。由于 PU 更高的频谱优先级和频谱出售（或租赁）角色，主博弈总是实施于提出的 PBDSL 模型中。

(2) 次级博弈：指的是 SRP 中 SU 的博弈。频谱请求方案 b_i 和传输功率 p_i 组成了策略集合。在 PBDSL 模型中，次级博弈总是在主博弈之后发生。

(3) SG：领导者和跟随者分别是 SPP 和 SRP，描述了多个 PU 和多个 SU 之间的竞争和交互作用。

关注认知无线电网络的整体性能和社会最优化，最终选择个体效用函数作为网络效用函数，并且 PBDSL 模型可以被阐述为次级网络效能最优化问题，其中最优化问题定义如下所示：

$$
\begin{cases}
\max\limits_{p \in \mathcal{P}, b \in \mathcal{B}} \mathcal{U} = \sum_{i=1}^{N} \mathcal{U}_i\left(p_i, p_{-i}, b_i\right) \\
\text{s.t. } \ell\left(b_i\right) \geqslant 0, i = 1, 2, \cdots, N \\
\tau_k \geqslant \sum_{i=1}^{N} p_i g_{i,k}, k = 1, 2, \cdots, M \\
b_i \in \mathcal{B}_i, p_i \in \mathcal{P}_i
\end{cases}
\tag{3-38}
$$

式中，$\mathcal{U} = \sum_{i=1}^{N} \mathcal{U}_i\left(p_i, p_{-i}, b_i\right)$ 是研究的认知无线网络中 SU $i \in \mathcal{N}$ 的和速率；b_i 是 SU 请求的带宽；$\ell\left(b_i\right)$ 是定价函数；$\tau_k, k = 1, 2, \cdots, M$ 是 PU k 的干扰间隙；$g_{i,k}$ 是 SU i 到 PU k 的信道益；$\tau_k \geqslant \sum_{i=1}^{N} p_i g_{i,k}, k = 1, 2, \cdots, M$ 表示 PU 接收到的干扰功率必须小于干扰间隙需求 τ_k。

如果 SU_i 成功地获得带宽 b_i，它必须向相关的频谱拥有者 (PU) 支付租赁动态频谱的定价。主用户会使用单位价格为 $\lambda_i, i = 1, 2, \cdots, N$ 的定价函数 $\ell\left(b_i\right)$ 统一地收取带宽费用。本小节追求 SPP 提供的可用带宽和 SU 的带宽请求之间的最佳匹配。除此之外，PBDSL 模型中的 SPP 实体能够以"可用带宽 | 定价

方案"的形式提供可用带宽的信息，并且在 SPP 实体中的信息结构是 $\{b_i \,|\, \lambda_i\}$。PU 可以观察环境。例如，在博弈期间的干扰功率变化过程中，PU 会因为干扰间隙门槛调节单位定价 $v_k, k = 1, 2, \cdots, M$ 方案，以便于 PU 可以维持一些 SU 来竞争频谱空间以追求频谱收益最大化。SPP 实体中 UIP 信息结构是 $\{\tau_k \,|\, \upsilon_k\}$。

集合 B_i 和 P_i 分别是可用带宽集合和功率水平集合。假设这两个集合都是非空的、凸的、紧致的集合，则会简化 SRP 中内部博弈的纳什均衡解的存在性和唯一性分析。PBDSL 模型可以被建模为主博弈模型和次级博弈模型。

(1) 主博弈模型：利用分解技术，初始问题可以成功地分解为两个问题，即主对偶问题和对偶子问题。主对偶问题可以表示为

$$\begin{cases} \min \ \mathcal{G}(\lambda, v) = \sum_{i=1}^{N} \mathcal{G}_i(\lambda, v) + v^T \tau \\ \text{s.t.} \quad \lambda \geqslant 0, v \geqslant 0 \end{cases} \tag{3-39}$$

式中，$\mathcal{G}_i(\lambda, v) = L_i\left(p_i^*, b_i^*, \lambda, v\right)$ 表示第 i 个 SU 得到最佳带宽请求 b_i^* 和最佳传输功率水平 p_i^* 后实现的最佳效能。然后，PU 会设定 SU 带宽请求的最佳定价方案 λ_i 和适合的干扰间隙敏感度矢量 v_k。主对偶问题被构建成了 SG 的领导者博弈，指的是主博弈模型。

(2) 次级博弈模型：与拉格朗日分解技术一致，一个对偶子问题可以被描述为

$$\begin{cases} \max \ \mathcal{G}_i(\mathrm{p}_i, \mathrm{p}_{-i}; b_i) = \mathcal{L}_i\left(p_i, p_{-i}; b_i; \lambda_i^*, v_k^*\right) \\ \text{s.t.} \ b_i \in \mathcal{B}_i, p_i \in \mathcal{P}_i \end{cases} \tag{3-40}$$

式中，$\mathcal{L}_i\left(p_i, p_{-i}; b_i; \lambda_i^*, v_k^*\right) = b_i r_i(p_i, p_{-i}) - \lambda_i^* \ell(b_i) - p_i \sum_{k=1}^{M} v_k^* g_{i,k}$。

这里，SU 的带宽请求 b_i 和传输功率水平 p_i 是最优变量。也就是说，在主博弈实现了最佳定价因子 λ_i^* 和敏感度因子 v_k^* 之后，自私的认知用户会追求最佳的带宽分配和功率控制方法来使效用最大化。原始问题的子问题被描述为次级博弈模型是因为在该模型中的参与者是 SU，在实际的频谱共享场景中处于下属地位。

3.3.3　动态频谱租赁算法

分布式算法设计的主博弈和次级博弈模型分别采用了子梯度迭代算法和最佳响应算法。本小节的重点是分层博弈（斯坦科尔伯格），所以这里就不再

详细描述子梯度迭代算法和最佳响应算法。

1. 联合基于定价的动态频谱共享方法

为了更好的掌握提出的多级 PBDSL 模型的动态特性，笔者提出了一种联合 PBDSL 算法，该算法具有 PU 最好的定价方案和 SU 最佳传策略调节，包括传输功率控制和带宽方案。PU 和 SU 之间会交互多次，直到找到最佳的策略或者联合算法收敛。联合 PBDSL 算法描述如下：

(1) 初始化参数：认知用户的传输功率水平 $p_i, i = 1, 2, \cdots, N$ 和初始带宽请求 $b_i, i = 1, 2, \cdots, N$ ，PU 单位带宽的初始定价 $\lambda_k, k = 1, \cdots, M$ 和干扰功率限制敏感度 $v_k, k = 1, 2, \cdots, M$ ；

(2) 实体 SPP 分别通过 $\lambda_i(t+1) = \lambda_i(t) - \alpha(t)\ell(b_i)$ 和 $v_k(t+1) = v_k(t) - \beta(t)\sum_{i=1}^{N} p_i g_{i,k} - \beta(t)\tau_k$ 来最优定价和敏感度调节操作。实体 SPP 可以根据实体 SRP 的回馈观察到带宽请求信息 b_i ，信道状态信息 $g_{i,k}$ 和初始功率水平 p_i ；

(3) 跟随定价方案，SRP 实体会通过搜索观察 $\lambda_k, k = 1, 2, \cdots, M$ 和 $v_k, k = 1, 2, \cdots, M$ 的策略变化以实现最佳策略 p_i^* 和 b_i^* 。

$$p_i^* = \frac{b_i^*}{\ln 2\varepsilon_i^*} - \frac{1}{\kappa\vartheta_i^*} \tag{3-41}$$

$$b_i^* = \frac{1}{2\lambda_i^*} \log_2\left\{\frac{\kappa\vartheta_i^* b_i^*}{\ln 2\varepsilon_i^*}\right\} \tag{3-42}$$

(4) SRP 搜索过程会连续不断的进行，直到 PU 的最佳定价方案 $\lambda_k^*, k = 1, 2, \cdots, M$ 和 $v_k^*, k = 1, 2, \cdots, M$ ，实现 SU 的最佳传输策略 p_i^* 和 b_i^* 。

2. 仿真结果和数值分析

考虑有 10 个 SU 和 3 个 PU 经历同样的信道衰减条件，并进一步假定每一个收发器可以获得完美的信道信息。则信道增益为

$$G_{i,j} = K d_{i,j}^{-a} \tag{3-43}$$

其中，K 是一个受限于瑞丽衰落的矢量，这里选择 $K = 0.097$ ；α 是衰减因子，这里选择 $\alpha = 3.6$ ；$d_{i,j}$ 是认知无线电网络中第 i 个发送者到第 j 个潜在接受者之间的距离。

此外，认定参与者是随机分布的，并且距离矢量 $d_{i,j} \in [0, 100]$ 。如图 3-25

所示，表示 PU 单位带宽的定价调节。

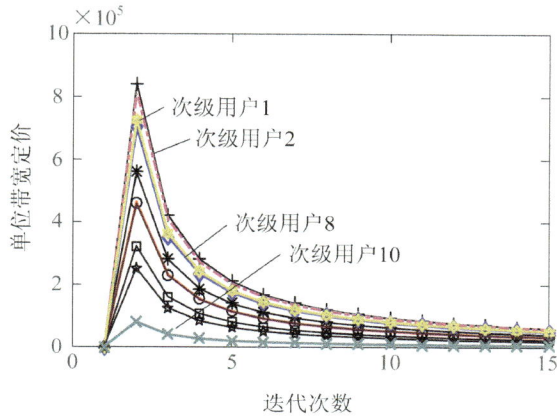

图 3-25　PU 单位带宽的定价调节

图 3-26 所示为已出租频谱单位定价参数 $\lambda_i, i = 1, 2, \cdots, N$ 的迭代过程。从图中可以看到每个信道的初始定价都很低，但是来自多个 SU 的服务过于复杂。因此定价的调节对 PU 的带宽请求很高，频谱单位定价就逐渐变高。因此，理性的 PU 会获得更多的频谱收入。然后单位带宽的定价收敛到最终的均衡解，这反映了动态频谱租赁算法最终的鲁棒性。

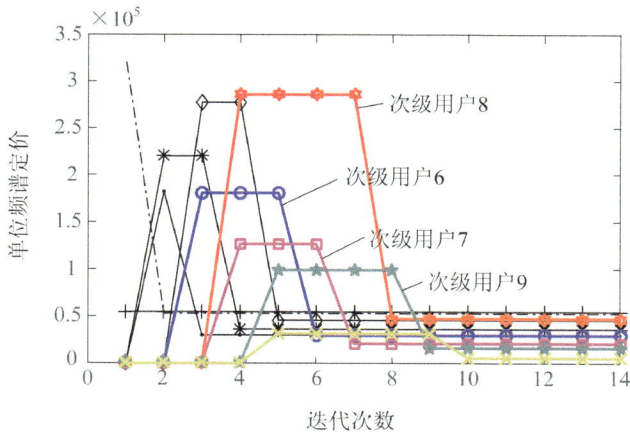

图 3-26　PU 单位频谱的定价调节

SES 和 NES 性能对比分析如下。

图 3-27 所示为基于纳什均衡解的 PBDSL 模型方案中每个 SU 实现的最终平均吞吐量性能。

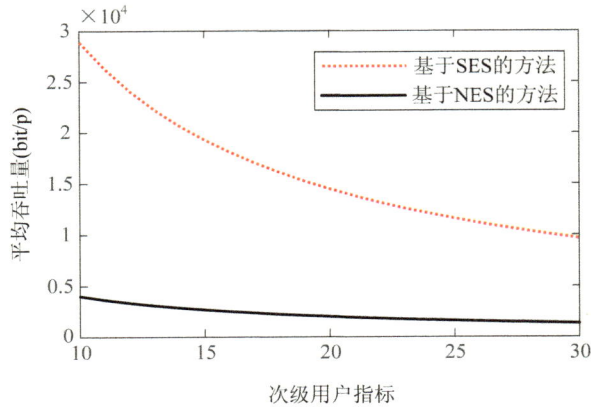

图 3-27   SES 和 NES 的平均吞吐量比较

由图 3-27 可知，由于 SU 和 PU 之间很好的交互作用，每个 SU 实现的最终平均吞吐量性能得到了很好的提升。总之，在 PBDSL 模型中，SU 基于实际的 PU 的定价方案来选择他们的传输策略。此外，SU 的自私行为也得到了很好的提升，这是基于纳什均衡解的方法实现不了的。

接着，利用能量效率作为成本效益衡量来评估 PBDSL 模型。因此，能量效率为平均吞吐量和消耗功率的比值，其数学表达式为

$$\varsigma = \frac{\sum_{i=1}^{N} b_i r_i}{\sum_{i=1}^{N} p_i} \tag{3-44}$$

从图 3-28 可以看出，与基于 NES 的方法相比，具有 SES 的 PBDSL 方法维持了很好的成本效益性能，还提高了频谱效率。

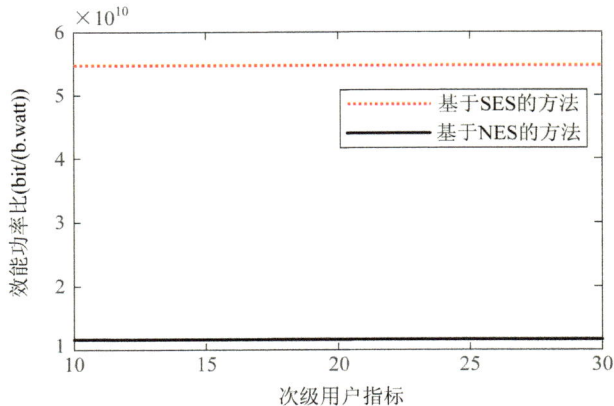

图 3-28   SES 和 NES 的效能功率比的比较

最终，使用频谱效率函数作为衡量，比较了提出的 PBDSL 模型方案和一次性非合作方案。其中，频谱效率可以表示为

$$\vartheta = \frac{\sum\limits_{i=1}^{N} b_i r_i}{N \sum\limits_{i=1}^{N} p_i} \tag{3-45}$$

图 3-29 显示了基于定价的动态频谱共享方案对于频谱效率的提升效果，图中 x 轴表示全部用户指标，y 轴表示每一用户的频谱效率。

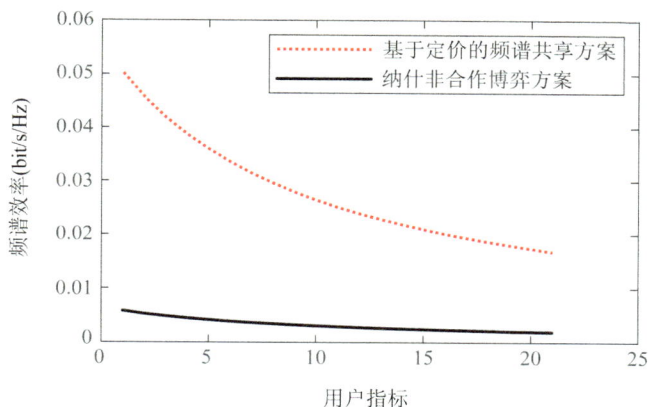

图 3-29　基于定价的动态频谱共享方案对于频谱效率的提升

由图 3-29 所示可知，PBDSL 模型显著地提升了频谱效率。这是由于和纳什博弈相比，多级和动态交互作用可以提供更多的改善机会，如给自私的参与者更高的定价。需要强调的是，频谱定价和干扰限制都会根据环境变量进行调节。同时，PBDSL 模型总是选择最佳的 SU 的传输策略。此外，在基于 PBDSL 的斯坦科尔伯格博弈中，SU 变得更加理性，并且能够更好地感知环境信息。

3. 仿真结果结论

本小节从动态频谱共享的经济和技术角度研究了一种基于分层的 SG 的 DSL 模型，并将分解的概念引入了最初的博弈，这使得多用户之间的交互作用和竞争行为更加清晰。更重要的是，在这种方式下，发现存在两个非合作博弈过程，即内部博弈。这两种内部博弈相互之间交互影响，并产生了外部间干扰，还证明了两个内部博弈的 NES 和最后的 SG 的 SES 的存在性和唯一性。此外，通过使用平均吞吐量、能量效率和频谱效率等阐明了精炼解，即 PBDSL SG 的 SES。

3.4 认知合作议价博弈模型

传输功率控制对于主次用户共存、消除不必要的干扰，以及提高认知网络容量至关重要。因此要考虑在只有本地决策信息的支撑下如何实现最佳的功率配置，设计兼顾公平性与效率的资源分配算法，实现认知无线网络的性能与频谱效率的稳定提升。本节关注的是如何能更好地设计反映和满足纳什公理的效用函数，并提出不同的分析方法，最为重要的是采用定价的方案来实现低复杂度纳什议价解，采用合作博弈处理系统效率和用户公平性之间的矛盾。

基于此，本节提出一种认知合作议价博弈模型，干扰功率约束用于保护 PU 的传输，最小化的 SINR 要求保证认知用户的可靠的传输机会。所有用户的功率决策都耦合在干扰功率约束 (Interference Power Constraint，IPC) 中，这对于分布式传输功率设计非常不利。为了解决这个难题，IPC 被转化为一种额外的定价方案，这种定价方案基于定价函数的设计，最终归结到认知用户的基于 SINR 效用函数的设计中。这个效用函数不仅反映认知智能网络的频谱效率，而且与纳什提出的公理化的定理保持一致，从理论上证明纳什议价解的存在性、唯一性和公平性。此外，本节提出了相应的纳什迭代议价算法，保证了收敛到帕累托最优均衡解。

求解纳什议价博弈的迭代算法具有自适应的能力，可以根据信道状况进行自适应的调节。同时，笔者提出另外一种考察上述纳什合作议价博弈模型的纳什议价解的概念。纳什议价解不仅满足非凸集合的最优决策，还提供一种不同的公平性度量，而这个公平性对于具有多个用户的竞争环境是很有利的。纳什议价解是一个向量优化问题，被转化为标量优化搜索问题，并采用二分法解决向量优化问题，有效降低算法复杂度。基于纳什议价的算法实现简单，能够提供有效、公平的功率控制方案。在认知无线网络中，SU 将被激励，通过彼此合作的方式实现更多的传输机会和更高的频谱效率。

3.4.1 动态频谱共享系统模型

考虑一个频谱共享的场景，包含 M 个正在通信的 PU 和由 N 个认知用户构成的次级网络共存共享频谱。认知用户配备认知无线电技术，主次用户实现频谱重叠共享。认知用户可以和 PU 同时传输数据，但是必须严格控制传输功率以避免对 PU 造成过度干扰。每个用户表示一个发送接收对，包含一个发射器和其相应的接收器。这样一个用户构成一个参与者。当所有用户同时传输数据时，多种接入干扰使得当前的通信环境变得十分复杂。

如图 3-30 所示，图中实线表示相应的通信链路，其信道增益信息分别为 $h_{c,i}$ 和 $h_{p,k}$，表示第 i 个 SU 链路增益和第 k 个 PU 链路增益；虚线表示相应的干扰链路，如 $g_{i,k}^c$ 和 $f_{k,i}^p$ 分别表示 SU_i 到 PU_i 的信道增益和 PU_k 到认知用户 i 的信道增益，其中 c 和 p 分别表示相应的 SU 和 PU 传输。每个 SU 受限于来自其他 SU 的干扰，其干扰增益为 $\{h_{j,i}^c\}_{j\neq i}$。假设 $x_{c,i}$ 和 $x_{p,k}$ 分别为来自 SU_i 到 PU_k 的传输信号，它们相应的接收信号为 $y_{c,i}$ 和 $y_{p,k}$，则可分别表示为

$$y_{c,i} = x_{c,i}h_{c,i} + \sum_{j=1,j\neq i}^{N} x_{c,j}h_{j,i}^c + \sum_{k=1}^{M} x_{p,k}f_{k,i}^p + z_{c,i} \tag{3-46}$$

式中，$z_{c,i}$ 表示 SU_i 的加性高斯白噪声。

$$y_{p,k} = x_{p,k}h_{p,k} + \sum_{i=1}^{N} x_{c,i}g_{i,k}^c + z_{p,k} \tag{3-47}$$

式中，$z_{p,k}$ 表示 PU_k 的加性高斯白噪声。

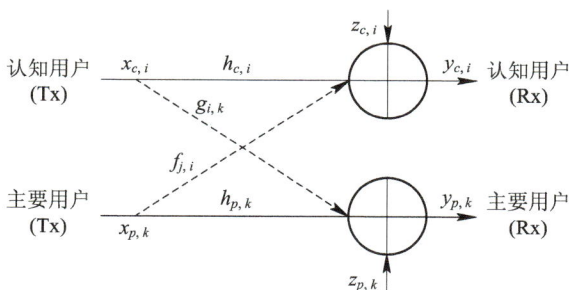

图 3-30　主要用户和认知用户共存的信道等效模型

1. 功率约束

在图 3-30 所示的多主次用户共存场景中，认知用户择机传输将为 PU 带来干扰。为了量化和管理这些干扰，有必要设置合适的 IPC(或称为干扰容限) 来保护正在传输数据的 PU 不受认知用户的过度干扰。这里，第 k 个 PU 可以承受的最大的干扰功率约束定义为

$$Z_k = \mathrm{B}T_k \tag{3-48}$$

式中，B 是波尔兹曼常量；T_k 是预先设置的可以承受的干扰。

为了简化符号，采用 $g_{i,k} = E\{|g_{i,k}^c|^2\}$ 表示第 i 个 SU 的传输到 k 个接收器的信道增益，其中 $E[\cdot]$ 表示数学期望函数。同时，SU_i 的发送功率 $p_i = E\{|x_{c,i}|^2\}$。为避免认知用户对于任何 PU 的干扰不会达到影响 PU 的正常通信要求，认知用户在进行功率控制时必须满足：

$$\sum_{i=1}^{N} p_i g_{i,k} \leqslant Z_k \qquad k = 1, 2, \cdots, M \tag{3-49}$$

很明显，IPC 表示 PU 允许认知接入最差的无线环境。建模 CRN 的功率控制问题为一个传统的优化问题，保证 PU 受到应有的保护，同时兼顾认知用户的 QoS。

2. 干扰控制

在严格的 IPC 约束下，认知用户需要小心地调节传输功率来避免对 PU 产生过多的干扰。同时，PU 的发射也影响认知用户的传输质量。因此，有必要描述认知用户和 PU 网络之间相互的干扰关系。令 p_i 表示第 i 个 SU 的传输功率，$p_{p,k}$ 表示第 k 个 PU 的发射功率。同时，相应的信道增益信息为 $h_{c,i}$、$h_{j,i}^c$、$f_{k,i}^p$ 和 $g_{i,j}^c$ 可以分别定义为 $h_{c,i} = E\{|h_{c,i}|^2\}$、$h_{j,i} = E\{|h_{j,i}^c|^2\}$、$f_{k,i} = E\{|f_{k,i}^p|^2\}$ 和 $g_{i,j} = E\{|g_{i,j}^c|^2\}$。因此相应的 SINR 在 SU_i 处定义 γ_i 为

$$\gamma_i = \frac{p_i h_{c,i}}{\sum_{j=1, j \neq i}^{N} p_j h_{j,i} + \sum_{k=1}^{M} p_{p,k} f_{k,i} + \sigma_{c,i}^2} \tag{3-50}$$

式中，$\sigma_{c,i}^2 = E\{|z_{c,i}|^2\}$ 是噪声方差。

式 (3-50) 描述了传输功率和接收干扰之间的关系。因此，基于合作博弈模型建模优化问题实现最优和公平的功率控制。

γ_i 可简化为

$$\gamma_i = \frac{p_i h_{c,i}}{I_i} \tag{3-51}$$

式中，SU_i 接收到的总的干扰和噪声功率 I_i 可定义为

$$I_i = \sum_{j=1, j \neq i}^{N} p_j h_{j,i} + \sum_{k=1}^{M} p_{p,k} f_{k,i} + \sigma_{c,i}^2 \tag{3-52}$$

认知用户会动态地寻找频谱机会，因此认知无线网络的目标是最大化 N 个 SU 的网络效用函数，这里的效用函数 $\{U_i\}_{i=1}^{N}$ 反映频谱利用率。同时，考虑 IPC，这样强制认知用户产生的干扰受限，有利于保证 PU 的 QoS 需求。而认知用户总的传输功率也需要考虑，这对于一个实际的系统非常重要。基于上述这些考虑，把认知 CRN 中的功率控制问题建模为优化问题，实现各个认知用户最佳的传输功率 $p = (p_1, p_2, \cdots, p_N)$ 为

$$
\begin{cases}
\max\limits_{p=(p_1,p_2,\cdots,p_N)} \ \sum\limits_{i=1}^{N} U_i(p_1,p_2,\ldots,p_N) & \text{(3-53a)} \\[2mm]
\text{s.t.} \ \sum\limits_{i=1}^{N} p_i \leqslant p_{\max} & \text{(3-53b)} \\[2mm]
\gamma_i \geqslant \gamma_{i,\min}, i=1,2,\cdots,N & \text{(3-53c)} \\[2mm]
\sum\limits_{i=1}^{N} p_i g_{i,k} \leqslant Z_k, k=1,2,\cdots,M & \text{(3-53d)}
\end{cases}
$$

式中，约束条件式 (3-53b) 表示所有认知用户传输功率总和小于最大传输功率 $p_{\max}$，约束条件式 (3-53c) 设置最小的 QoS 保证其最小可获得的 SINR 为 $\gamma_{i,\min}$，式 (3-53d) 是 IPC 约束用于保护 PU 不至于受到过度干扰。

由约束条件 (3-53d) 可知，所有用户的功率控制耦合在 IPC 约束下，意味着单独求解每一个认知用户的最佳功率控制策略很困难，即要求大量信息交互并且不利于采用分布式的方法解决。为了采用分布式的算法实现全局最优，采用合作博弈论提供了一种可行的方案。

3.4.2　动态频谱共享议价博弈

在宏观经济学中，效用函数 U_i 被用于描述参与者 i 在存在竞争策略交互的议价过程中获得的收益。效用函数 U_i 不仅与自己的传输策略相关，如传输功率 P_i；而且与其对手的传输策略的选择密切相关，如 $\{p_j\}_{j=1,j\neq1}^{N}$。最近已经有一些工作开始研究认知无线电系统中采用基于容量相关的表示形式的效用函数，主要都是非合作博弈方面的研究。与这些工作不同的是，本小节的效用函数不仅是频谱效率的函数 (具有一定物理含义)，而且有利于设计分布式的功率控制算法。同时，该效用函数的基于纳什议价博弈的功率控制 (Nash Bargaining-Based Power Control Games，NBPCG) 模型提出的功率控制算法可以保证良好的收敛性。本小节采用合作博弈改善频谱效率和保证用户之间的公平性。

本小节提出认知无线网络中的 NBPCG 模型，并基于纳什定理提出一种新的效函数类型。本小节研究了两种适合于 NBPCG 模型的纳什均衡解，针对不同的合作解的概念和分析，分别设计分布式功率控制算法。纳什议价解满足纳什公理，因此能够有效保证公平性和效率，然而它要求可行策略集合为凸集合。KSBS 解不要求可行集为凸集，而且保证分布式实现功率资源高效公平分配。同时，用户的公平性可以保证使得具有相同议价能力的参与者获得相同代价，还提供了与 NBS 不同的另外一种公平性的解释，并把 NBPCG 原始矢量问题转化标量搜索问题。本节提出的相应搜索算法具有实现复杂度低等特点。

对于二人合作博弈问题，纳什提出纳什公理用于表征兼顾帕累托最优和效率的 NBS。由于原始定义的纳什定理是二人议价博弈，不适合于具有多认知用户的网络，因此，笔者将采用多人纳什扩展定理解决多用户的纳什议价博弈，唯一且公平的纳什议价解 $p^\star = (p_1^\star, \cdots, p_N^\star)$ 通过最大化纳什积获得，表示如下：

$$p^\star = \underset{U_i \in S,\, U_i \geqslant U_{i,\min},\, \forall i}{\arg\max} \prod_{i=1}^{N}(U_i(p) - U_{i,\min}) \tag{3-54}$$

式中，约束条件表示为 $U_i(p) \in S$ 且 $U_i(p) \geqslant U_{i,\min}$，其中，$S$ 表示用户可行效用空间；$U_{i,\min}$ 表示用户最小的效用请求，在合作博弈中也称为奇异点。

用户可行效用空间 S 表示为 $(U_{1,\min}, \cdots, U_{N,\min})$ 的奇异点构成了议价博弈问题的基本构成要素。目前，一个关键问题是设计合适的效用函数，要求其一方面对于认知无线网络具有严格的通信含义；另一方面能够在数学上保证全局收敛到最优纳什议价解。

采用 SINR 作为认知用户参与者的 QoS 的量度，并在此基础上构建效用函数 U_i 为一种与 SINR 相关的形式。基于 NBS 和 KSBS 的概念，采用最小 SINR 的门限 $\{\gamma_{i,\min}\}_i$ 作为认知用户的奇异点，它是认知用户的最小 QoS 要求。同时，选取 $V_i(p) = \gamma_i(p) - \gamma_{i,\min}$ 表示认知用户 i 在议价博弈过程中获得的 SINR 与最小的 SINR 要求之间的差距。$V_i(p)$ 相对于优化变量 p 是凹函数。

引理 3-1： 定义 $U_i(p) = \log(V_i(p)) = \log(\gamma_i(p) - \gamma_{i,\min}), i = 1,2,\cdots,N$。这些目标函数是强凹函数，满足所有纳什公理的要求。

采用引理 3-1 定义的效用函数，可以通过引理 3-1 找到唯一公平性 NBS。为了使分析均衡解更加方便，令奇异点为零，即 $U_{i,\min} = 0, \forall i$。此时建模纳什议价功率模型为策略博弈模型，表示如下：

$$\begin{cases} \underset{p=(p_1, p_2, \ldots, p_N)}{\max} \sum_{i=1}^{N} \log(\gamma_i(p) - \gamma_{i,\min}) \\ \text{s.t.} \ \sum_{i=1}^{N} p_i \leqslant p_{\max} \\ \gamma_i \geqslant \gamma_{i,\min}, i = 1,2,\cdots,N \\ \sum_{i=1}^{N} p_i g_{i,k} \leqslant Z_k, k = 1,2,\cdots,M \end{cases} \tag{3-55}$$

目前，在资源分配中广泛应用的公平性标准是比例公平性，它要求所有认知用户的 $\{\gamma_i\}_i$ 满足 $\prod_{i=1}^{N}(\gamma_i - \gamma_{i,\min})/(\gamma_i) \geqslant 0$ 。

1. KSBS 解分析

NBPCG 模型基于博弈论求解最优的传输功率控制 $p^\star$ 。首先，采用二分法研究考察 NBPCG 模型的 KSBS 解，为了明确 KSBS 的概念，考察没有 IPC 约束的情况。然后，引入经济学中的代价函数的概念，重新建模 NBPCG 模型为一个考虑 IPC 约束的模型。最后，考虑没有 IPC 约束的 NBPCG 模型，此时式 (3-55) 用户可行效用空间 S 可以通过约束函数推导得出，即：

$$\tilde{p}_{\max} = p_{\max} - \sum_{i=1}^{N} \frac{I_i}{h_{i,i}} \gamma_{i,\min} \tag{3-56}$$

式中，I_i 是认知用户感受的总干扰功率。

I_i 可以在功率控制开始之前，由认知用户接收器通过干扰估计算法得到，而不需要获得其他用户的功率传输策略 $\{p_j\}_{j \neq i}$ 。同时，$\tilde{p}_{\max}$ 可以在知道认知用户 i 的信道增益和总干扰功率 $\{h_{i,i}, I_i\}_i$ 之后通过计算获得。更进一步，重新量化功率约束为 $p_i h_{i,i} \geqslant \gamma_{i,\min} I_i$ 。本节假设认知用户总是存在可以利用的功率策略集合。

定理 3-2： 在不考虑 IPC 时，在 NBPCG 模型中，可行效用集合 S 是非空、凸、闭有界集合。

由定理 3-2 可知，KSBS 解可以用于 NBPCG 问题的求解，KSBS 议价解可以在可行效用集合 $U_{i,\max}$ 边界与奇异点和最大化效用点 $U_{i,\max}$ 的直线的交叉点处获得，如图 3-31 所示。

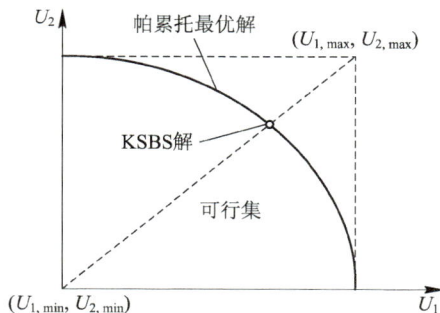

图 3-31　二维 KSBS 解概念示意图

$U_{i,\min}$ 和 $U_{i,\max}$ 都是事先基于用户 i 的 QoS 要求确定的。同时，在 KSBS 解的概念中，每个用户决定其公平性描述因子 α_i ，公平性描述因子反映了各个用户对于公平性的态度。这里归一化这个公平性描述因子为

$\sum_{i=1}^{N} \alpha_i = 1, \alpha_i > 0$。因此，找到 KSBS 解就是找到这个交叉点，问题转化为求解这样一个向量 $\boldsymbol{\beta}$，最优标量 β^* 可以采用简单的搜索算法获得，如二分法。

在考虑 IPC 约束时，很难直接像不考虑 IPC 约束时建立效用集合。由于所有用户的传输功率耦合在 IPC 的约束中，因此这个问题比较难处理。另外，即使可以得到可行集合的确切的表达式，也不能保证该集合为凸集。因此，二维 KSBS 解不保证获得全局最优解。

为了解决上述问题，可采用经济学领域中的一些处理方式。通过引入一种合适的定价函数，形成新形式的效用函数，把约束条件 IPC 转化为服从某种形式的优化设计。定价技术已经在无线通信领域中广泛应用。

在采用这种替代方式实现 IPC 用以保护 PU 的方案中，现在的策略是通过设计合适的对于 PU 产生的干扰进行定价，有利于设计分布式的方案实现最佳传输功率设计。当这样的定价函数引入到原始的效用函数时，认知用户需要在收益和付出的价格之间进行权衡，以利于找到最佳的传输功率来实现效用最大化。用户试图避免最高的价格，因此有利于避免过度的干扰 PU。定义当前的定价函数如下。

定义 3-6（定价函数）：对于认知用户 i 采用传输功率为 p_i，其定价函数 $c(p_i)$ 可以定义为 PU 从认知用户感受的总的干扰功率，即 $c(p_i) = p_i \sum_{k=1}^{M} \psi_k$，其中，$\psi_k = \rho_k g_{i,k}$ 表示第 k 个 PU 受到认知用户 i 增加单位功率带来的干扰；$g_{i,k}$ 是认知用户 i 的发射器到第 k 个 PU 接收器的链路增益；ρ_k 表示可以跟踪 PU 的调节因子。

采用训练传输数据或者是反馈机制实现获取链路增益 $g_{i,k}$ 和 $\{\psi_k\}$ 等信息。引入该定价函数到原效用函数的模型中，可以得到效用函数为

$$\varsigma_i(p) = \log(V_i(p) - c(p_i)) \tag{3-57}$$

认知用户被鼓励寻找择机频谱接入，实现基于 SINR 的效用函数 $V_i(p)$ 的最大化。同时，需要考虑定价函数，这样有助于避免认知用户选择对 PU 有害较高功率。定价方案不但有效保护了主用户，而且避免了直接考察 IPC 约束的复杂性。因此，NBPCG 模型加入干扰定价约束功能后，模型转化为

$$\begin{cases} \max_{\boldsymbol{p} = (p_1, p_2, \ldots, p_N)} \sum_{i=1}^{N} \log(V_i(p) - c(p_i)) \\ \text{s.t.} \quad \sum_{i=1}^{N} p_i \leqslant p_{\max} \\ \gamma_i \geqslant \gamma_{i,\min}, i = 1, 2, \cdots, N \end{cases} \tag{3-58}$$

NBPCG 的优点是为 PU 提供有效保护，同时避免直接考察 IPC 的约束条件，因此，NBPCG 方便分析和解决问题。

2. NBS 唯一性分析

现在采用合作博弈考察 NBS 的存在性和唯一性。

定理 3-3（存在性）：NBPCG 模型至少存在一个 NBS。

定理 3-4（唯一性）：NBPCG 模型满足合作博弈中的均衡解的唯一性，即有且仅有一个纳什议价解满足以下四个条件：

(1) $S = \{p_i \in S, h(p_i) = \bar{p} - p_i \geqslant 0\}$ 是非空的，这里 $\bar{p}$ 是平均功率水平；

(2) 存在 $p_i \in A$，满足 $h(p_i) \geqslant 0$；

(3) 效用函数 ς_i 是连续拟凹的函数；

(4) 在策略集合 A 内，可以保证该博弈局势是严格凸博弈模型，即对于任意的 $p^{(0)} \neq p^{(1)}$，且 $p^{(k)} = [p_1^{(k)}, \cdots, p_N^{(k)}]^T \in A$，其中 $k = 0, 1$，对于任何 $t = [t_1, t_2, \cdots, t_N]^T \geqslant 0$，下面式子都成立：

$$(p^{(0)} - p^{(1)})^T g(p^{(0)}, t) + (p^{(1)} - p^{(0)})^T g(p^{(1)}, t) < 0 \tag{3-59}$$

式中，方程 $g(p,t)$ 可以定义为

$$g(p,t) = \left[t_1 \frac{\partial \varsigma_1}{\partial p_1}, \cdots, t_N \frac{\partial \varsigma_N}{\partial p_N} \right]^T \tag{3-60}$$

通过上述定理可以证明 NBS 的存在性和唯一性。这里采用拉格朗日松弛算法通过求解约束优化问题得到唯一的均衡解。

3.4.3　动态频谱共享算法

1. 二分法寻找 KSBS 解

至此，笔者分析了 NBPCG 模型的 KSBS 解，分别考察了存在 IPC 和不存在 IPC 这两种情况下的解特点和存在性等问题。在这两种情况下，笔者把一个约束标量的优化问题转化为线性搜索问题来寻找最优的 β^*。线性搜索问题采用简单有效的二分法。采用二分法实现 KSBS 议价解的算法如下：

(1) 初始化。基于获得的信道信息计算 $\tilde{p}_{\max}$；设置 β 的下界 $l = \beta_{\min}$ 和上界 $u = \beta_{\max}$，并且数值 $\xi > 0$；

(2) 迭代。当 $u - l > \xi$ 时，重复如下二分法的搜索步骤：

① 设置 $\beta = (l+u)/2$；

② 计算 $\zeta_i = I_i\, e^{\beta\alpha_i U_{i,\max}}\big/h_{i,i}$，在没有 IPC 的情况下；$\zeta_i = \dfrac{I_i\, e^{\beta\alpha_i \varsigma_{i,\max}}}{(h_{i,i} - I_i\sum_k \psi_k)}$ 考虑了 IPC，e 表示指数；

③ 检测可行性 β 通过测试 $\sum_i \zeta_i \leqslant \tilde{p}_{\max}$ 是否成立；

④ 如果可行，令 $l = x$，如果不行 $u = x$。

(3) 决策。令 $\beta^\star = \beta$，当 (2) 收敛时，并计算相应的功率控制策略 $p^\star(\beta^\star)$。

在上述算法中，步骤 (2) 中③要求用户之间保持公平性用于考察最后达到的最优 $\beta^\star$，相应的 KSBS 算法可以基于本地数据确定传输功率。

对于重构的具有保护 PU 性能的 NBPCG 的问题，本小节提供了一种可行的方案有助于实现帕累托最优和唯一的纳什均衡解，这样将导致纳什议价均衡。

2. 注水算法求解 NBS 唯一解

为多约束条件引入拉格朗日因子 λ 和 $\mu = (\mu_1, \mu_2, \cdots, \mu_N)$，可以通过求解如下等效的方法：

$$\phi(\varsigma(p), \lambda, \mu) = \sum_{i=1}^{N} \alpha_i \log\left(V_i(p) - p_i \sum_{k=1}^{M} \rho_k g_{i,k}\right) - \lambda\left(\sum_{i=1}^{N} p_i - p_{\max}\right) - \sum_{i=1}^{N} \mu_i(\gamma_{i,\min} - \gamma_i)$$

(3-61)

把原来的效用和函数转化为加权效用和函数，这里 $\{\alpha_i\}_{i=1}^{N}$ 是 N 用户的权重因子。这些因子反映了议价解的不同的公平性策略，α_i 表示用户的议价的能力，并提供了一个不同形式的 KSBS 解。

这里采用定点方法用于求解迭代过程，实现传输功率和 SINR 收益的更新，即：

$$\begin{cases} \upsilon_i^{(t)} = \left[\dfrac{\gamma_i^{(t)}}{p_i^{(t)}} - \sum_{k=1}^{M}\psi_k\right]^{+}_{\upsilon_i^{(t-1)}} \\[4mm] p_i^{(t+1)} = \left[\dfrac{\gamma_{i,\min}}{\upsilon_i^{(t)}} + \dfrac{\alpha_i}{\lambda^{(t)} - \mu_i^{(t)}\dfrac{\gamma_i^{(t)}}{p_i^{(t)}}}\right]^{+}_{0} \end{cases}$$

(3-62)

式 (3-62) 给出了一种注水算法的解释。功率分配调节根据链路增益指示

γ_i/p_i，议价能力为 α_i 效用满意度指示为 $\gamma_{i,\min}/\upsilon_i$，注水水平为 λ 是可以根据总功率约束进行调节的量。这些乘子 $\lambda^{(t)}, \{\mu_i^{(t)}\}_{i=1}^N$ 需要保证算法的快速收敛。采用简单有效的次梯度算法方式来选择拉格朗日因子：

$$\mu_i^{(t)} = \left[\mu_i^{(t-1)} - c_t \left(\gamma_i^{(t)} - \gamma_{i,\min} \right) \right]_0^+ \tag{3-63}$$

$$\lambda^{(t)} = \left[\lambda^{(t-1)} - c_t \left(p_{\max} - \sum_{i=1}^N p_i^{(t)} \right) \right]_0^+ \tag{3-64}$$

式中，c_t 是一个很小的步长因子。

很明显，当 $\lambda^{(t)}$ 进行调节时，$\mu_i^{(t)}$ 可以自适应地调节，采用随机的次梯度方式实现纳什议价解，保证收敛。总的迭代过程详细解释为功率控制纳什议价解算法。该过程的收敛的行为将采用仿真的方式实现，具体如下：

(1) 初始化：初始化用户的参数 $\gamma_{i,\min}$ 和 $\alpha_i, i = 1, 2, \cdots, N$；初始化乘子 $\lambda^{(0)}$ 和 $\{\mu_i^{(0)}\}_i$ 的数量很多；

(2) 迭代过程：

① 对于慢速信道而言，测量 $\gamma_i^{(t)}$；对于静态信道而言，$\dfrac{\gamma_i^{(t)}}{p_i^{(t)}} = \dfrac{h_{i,i}}{I_i}, \forall i$；

② 更新传输功率 $p_i^{(t)}$；

③ 调节拉格朗日乘子 $\lambda^i(t)$ 和 $\mu_i^{(t)}$；

(3) 决策：在 (2) 收敛后，功率控制决策 $p_i^{(t)}$ 达到最优的纳什议价解。

在上述算法中，步骤 (2) 中③要求用户计算按照功率和的约束，拉格朗日因子 λ，此时功率决策可以自行调节。

考察简单的少量用户共存的场景，即存在一个 PU 通信对和两个认知用户通信对的场景。一个 PU 对和两个认知用户对。实线和虚线分别表示通信链路和干扰链路。各个通信对之间的距离如表 3-2 所示。

表 3-2　各个通信对之间的距离

单位：m

T → R	SU₁	SU₂	SU₃
SU₁	150	300	400
SU₂	300	200	350
SU₃	400	350	100

假设所有通信对之间的通信链路和干扰链路，即对于主次发射器 i 到相应的接收器 j 之间的信道增益均满足 $cd_{i,j}^{-\tau}$，这里 $c = 0.097$，衰减因子 $\tau = 4$。各个通信对之间的距离 $d_{i,j}$ 如表 3-2 所示。主次用户环境噪声为高斯白噪声，且具有零均值和方差 $\sigma^2 = 10^{-9}$W。

首先，验证了在不考虑 IPC 的情况下的 NBPCG 模型中的 KSBS 解。两个认知用户的最小的 SINR 要求分别为 10 dB 和 11 dB。采用二分法寻找最佳解 β^*，并且进一步获得最优的传输功率以及最优效用。

如图 3-32 所示，当 $P_{max} = 0.2$ 和 2 时，KSBS 获得最优效用。相应线条上的标记表示 $(\alpha_1, 1-\alpha_1)$ 处认知用户 (SU$_1$，SU$_2$) 获得的效用，分别取 $[\alpha_1 = 0.1$，0.2，0.3，0.4，0.5，0.6，0.7，0.8] 的数值处的标注。因此，得出如下结论：

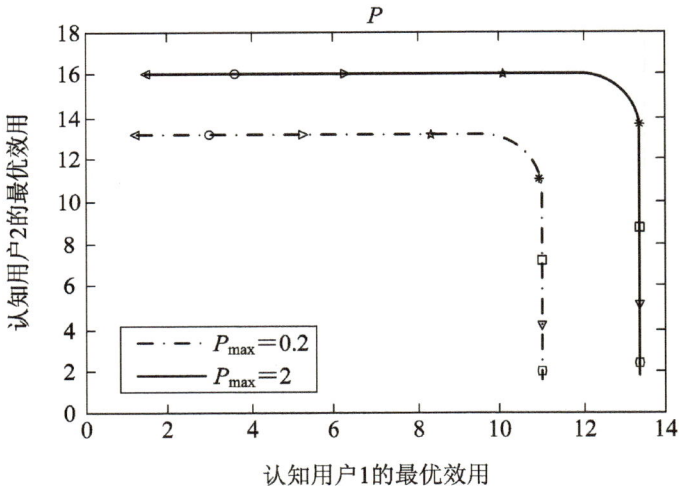

图 3-32　公平性因子对于最优效用的影响

(1) 每个认知用户的最优效用，例如，认知用户 1 随着公平因子的增加，效用是逐渐增加，但是当 α_1 达到某一个门限时，效用函数数值将不再增加。同时，作为认知用户 1 的对手认知用户 2 而言，其最优的效用函数值在 α_1 很小的时候变化很小，但是当认知用户 1 的 α_1 达到门限的时候，它会很快下降。很明显，不能把公平因子设计成只对某一个用户更有效，而对于其他的参与者产生较大的影响。

(2) 两个认知用户获得效用和达到最优，当两个用户之间的公平因子基本保持一致时，随着公平因子过大或者过小，这个获得效用和都有损失，不能达到最优。

(3) 当总的可用传输功率的上限 P_{max} 更大时，由于可用的传输功率策略集合更大，导致获得效用和更多。

很明显，公平而有效的功率策略可通过调节公平因子而获得。例如，当 $P_{max}=0.2$，且 $(\alpha_1, \alpha_2)=(0.55, 0.45)$ 时，认知用户 1 和 2 分别可以获得的最大效用为 10.4085 和 12.4672。而当 $(\alpha_1, \alpha_2)=(0.3, 0.7)$ 时，可以获得的效用分别为 4.7319 和 13.2248。显然，认知用户 2 获得了更多的效用。

由图 3-33 可知，基于 KSBS 解的最优效用随着最大传输功率 P_{max} 的增加而增加。这是因为在可行策略集合较大的情况下，KSBS 解获得更多的效用，与实际通信场景一致。比较考虑 ITL 和不考虑 ITL 的方案可以发现，所有认知用户采用等值的公平因子可以比随机选择公平因子获得更多的效用。因此，有效的公平因子不仅可以保证多个用户之间的公平性，还可以在一定程度上改善效率。

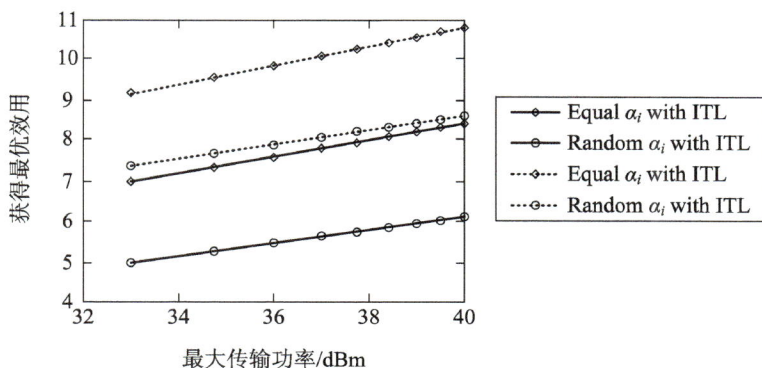

图 3-33　基于 KSBS 的最优效用与最大传输功率之间的关系

考察基于 NBPCG 模型提出的 NBPCG 算法以获得纳什议价解收敛性等性能时，设置所有用户的议价能力 $\{\alpha_i\}$ 被设为相等的。首先，考查提出算法的收敛性如图 3-34 是提出算法的收敛性验证图。从该图可以发现提出算法可以经过有限次的迭代收敛到最大的效用函数值处的功率策略，一般经过大约 5 ~ 10 次的迭代之后即可保证算法收敛，因此 NBPCG 算法具有良好收敛性能。仿真实验发现，拉格朗日乘子的选择也直接影响到算法收敛的快慢。由于在认知无线网络中对于干扰功率的约束条件十分严格，且要求迭代算法切实调节传输功率和收敛性等，初始化 $\lambda^{(0)}=10$ 和 $\mu_i^{(0)}=10^{16}$，后者相对较大的原因是公平性因子为小于 1 的数值要求。

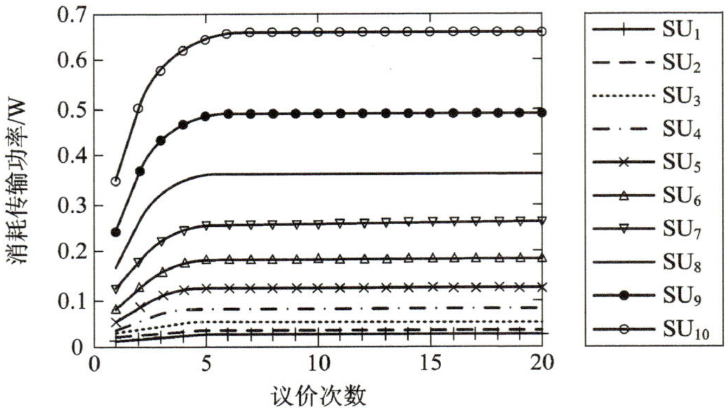

图 3-34　纳什议价解算法的收敛性

为说明提出纳什议价解算法的有效性等，这里与其他的基准算法进行性能比较包含非合作功率控制博弈算法 (Noncooperative Power Control Game，NPCG) 和 SINR 均衡功率控制算法 (SINR Balanced Power Control，SBPC)。NPCG 算法选择功率控制方式实现代价函数的最小化。SBPC 是一种传统的功率控制算法，可以分布式迭代搜索到次优解的算法。采用基于 $\gamma_i^{(t)}$ 测量的 SINR 迭代方案，实现第 t 步到第 $t+1$ 步的迭代，表示如下：

$$p_i^{(t+1)} = p_i^{(t)} \frac{\gamma_{target}}{\gamma_i^{(t)}}, \quad i=1,\cdots,N \tag{3-65}$$

式中，采用 $\gamma_{target} = \gamma_{i,\min} = 9\mathrm{dB}$。

很明显，SBPC 方案只能通过迭代的方式达到事先设置的目标 SINR，而不能实现 NBPCG 模型中的 SINR 最大化。另外，SBPC 在频谱机会较少的情况下可能会遇到一些问题，如不能保证达到 SINR 的目标门限。

图 3-35 比较了三种功率控制方案：SBPC，NPCG 和提出的基于 NBS 的实现方法的消耗功率的比较。从图 3-35 可以看出，NPCG 方法消耗最多的传输功率，这是因为认知用户自私的理性的行为，这种非合作的博弈行为具有盲目的特性。例如，当其中一个认知用户参与者不能达到或者维持其最小的传输 SINR 时，它们可行的策略就是增加传输功率。而其他用户也将采用相同的处理方式，结果导致自私的认知用户之间产生过度的干扰。

对于方法 NBPCG 认知用户可以感知当前环境的干扰情况，并且相应地作出合适的功率调整策略。总之，SBPC 方案消耗最少的传输功率如图 3-36 所示，它不能充分地利用传输功率资源实现最大化可以获得的效用。更进一步，在图 3-36 中可以看到，NPCG 的方法不能提供用户之间的公平性。通信距离较近的认知发送接收器将获得较高的效用，而距离相对较远的认知用户之间不能获得较好的通信保证，如最小的 SINR $\gamma_{i,min}$。但是 NBPCG 的方法可以维持良好的用户之间的公平性，但是不能保证在不同的信道衰落和干扰环境下的最小的传输 SINR 要求。

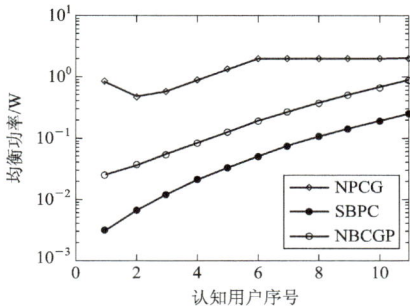

图 3-35 不同功率控制算法的比较：
均衡传输功率消耗

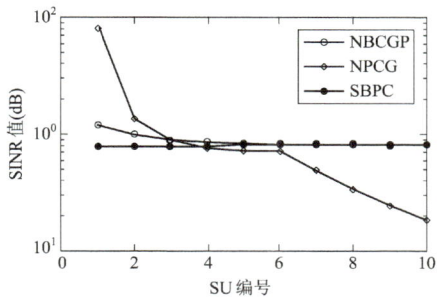

图 3-36 不同功率控制算法的比较：
获得最优的 SINR 的比较

考察 NBPCG 模型中的 NBS 解和 KSBS 解的公平性问题，采用 NPCG 算法作为比较算法。KSBS 解是基于用户自身决定的公平性指数 $\{\alpha_i\}_i$，它表示认知用户具有的议价能力，并且保证用户之间受到相同的效用惩罚。在纳什议价解中，议价能力 α_i 通过对所有用户设置最小的来保证的 $SINRs\{\gamma_{i,min}\}$ 要求。为了比较公平性，采用统一的珍妮斯公平性指数作为衡量指标，定义为

$$J(x_1, x_2, \cdots, x_N) = \frac{(\sum_{i=1}^{N} x_i)^2}{N \sum_{i=1}^{N} x_i^2} \tag{3-66}$$

式中，$x_i, i = 1, 2, \cdots, N$ 是认知用户获得的 SINR 数值；N 为博弈中总的认知用户数目。

如图 3-37 所示，不同博弈策略的珍妮斯公平性指数，分别为合作博弈 NBPCG 的 KSBS 和 NBS 以及非合作博弈的 NES。

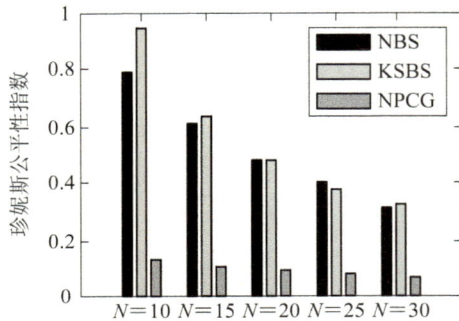

图 3-37 不同博弈策略的珍妮斯公平性指数

不同数目的认知用户的珍妮斯的公平性指数描述为图 3-38。从图 3-38 可以发现，合作机制确实较纳什非合作博弈获得更好的公平性。两种合作解的公平性指数相对于非合作参与者而言具有明显改善。但是随着认知用户数目 N 的逐渐增加，珍妮斯公平性指数会相应下降，这是因为当认知用户数目增加时，各个认知用户之间相互的干扰情况会变得更加严重，每个认知用户获得的性能会降低。

如图 3-38 所示，采用 SINR 作为性能度量指标比较上述方案的性能。考虑两种认知场景，即总认知用户数目为 N = 10 和总认知用户数目为 N = 30。随着认知用户数目 N 的增加，认知用户获得 SINR 逐渐减少，这是因为认知用户逐渐增加，相应认知用户之间干扰不断增加，因此认知用户获得 SINR 性能将降低。在多认知用户的情况下，KSBS 解一直保持良好的 SINR 性能，NBS 解和 NPCG 方案都有不同程度性能损失，但是总体上 NBS 优于 NPCG。

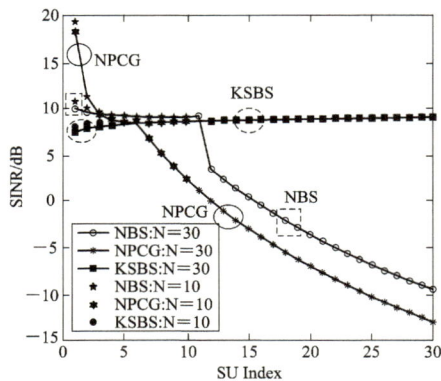

图 3-38 不同数目的认知用户的珍妮斯公平性指数变化趋势

本章参考文献

[1]　CHEN Z，GUO D，DING G，et al. Optimized Power Control Scheme for Global Throughput of Cognitive Satellite-Terrestrial Networks Based on Non-Cooperative Game[J]. IEEE Access，2019，7: 81652-81663.

[2]　AL-GUMAEI Y A，ASLAM N，AL-SAMMAN A M，et al. Non-Cooperative Power Control Game in D2D Underlying Networks with Variant System Conditions[J]. Electronics，2019，8(10): 1113.

[3]　CHEN J，WU Q，XU Y，et al. Joint Task Assignment and Spectrum Allocation in Heterogeneous UAV Communication Networks: A Coalition Formation Game-Theoretic Approach[J]. IEEE Transactions on Wireless Communications，2020，20(1): 440-452.

[4]　YANG C G，LI J D，TIAN Z. Optimal Power Control for Cognitive Radio Networks Under Coupled Interference Constraints: A Cooperative Game-Theoretic Perspective[J]. IEEE Transactions on Vehicular Technology，2009，59(4): 1696-1706.

[5]　ZHAO X，ZHANG X，LI Y. A Hierarchical Resource Allocation Scheme Based on Nash Bargaining Game in VANET[J]. Information，2019，10(6): 196.

[6]　MI X，YANG C，CHANG Z. Multi-Resource Management for Multi-Tier Space Information Networks: A Cooperative Game[C]//2019 15th International Wireless Communications & Mobile Computing Conference (IWCMC)，Tangier，Morocco，2019: 948-953.

[7]　QI N，DAI K，YI F，et al. An Adaptive Energy Management Strategy to Extend Battery Lifetime of Solar Powered Wireless Sensor Nodes[J]. IEEE Access，2019，7: 88289-88300.

[8]　ZHANG K，GUI X，REN D，et al. Energy–Latency Tradeoff for Computation Offloading in UAV-Assisted Multiaccess Edge Computing System[J]. IEEE Internet of Things Journal，2020，8(8): 6709-6719.

[9]　杨春刚，李建东，李维英，等 . 认知无线电中基于非合作博弈的功率分配方法 [J]. 西安电子科技大学学报，2009，36(01): 1-4+27.

[10]   YANG C，LI J. A Game-Theoretic Approach to Adaptive Utility-Based Power Control in Cognitive Radio Networks[C]//2009 IEEE 70th Vehicular Technology Conference Fall，Anchorage，AK，USA，2009: 1-6.

[11]   LI J，YANG C. A Markovian Game-Theoretical Power Control Approach in Cognitive Radio Networks: A Multi-Agent Learning Perspective[C]//2010 International Conference on Wireless Communications & Signal Processing (WCSP)，Suzhou，China，2010: 1-5.

[12]   YANG C，LI J，LI W. Joint Rate and Power Control Based on Game Theory in Cognitive Radio Networks[C]//2009 Fourth International Conference on Communications and Networking in China，Xi'an，China，2009: 1-5.

[13]   SARAYDAR C U，MANDAYAM N B，GOODMAN D J. Efficient Power Control via Pricing in Wireless Data Networks[J]. IEEE Transactions on Communications，2002，50(2): 291-303.

[14]   YANG C，LI J. Capacity Maximization in Cognitive Networks: A Stackelberg Game-Theoretic Perspective[C]//2010 IEEE International Conference on Communications Workshops，Cape Town，South Africa，2010: 1-5.

[15]   YANG C，LI J. Spectral Gap Filling in Cognitive Networks: A Cooperative Game-Theoretic Approach[C]//2010 5th International ICST Conference on Communications and Networking in China，Beijing，China，2010: 1-6.

[16]   YANG C，LI J，CHEN D. Optimal Balancing Between Efficiency and Fairness for Resource Management in Cognitive Radio Networks: A Dynamic Game-Theoretic Approach[C]//2010 7th IEEE Consumer Communications and Networking Conference，Las Vegas，NV，USA，2010: 1-5.

[17]   YANG C，LI J. Joint Economical and Technical Consideration of Dynamic Spectrum Sharing: A Multi-Stage Stackelberg Game Perspective[C]//2010 IEEE 72nd Vehicular Technology Conference-Fall，Ottawa，ON，Canada，2010: 1-5.

[18]   YANG C，LI J. Pricing-Based Dynamic Spectrum Leasing: A Hierarchical Multi-Stage Stackelberg Game Perspective[J]. IEICE Transactions on Communications，2013，96(6): 1511-1521.

[19]   杨春刚，李建东 . 认知网络中基于纳什议价解的功率控制方法 [J]. 北京邮电大学学报，2009，32(03): 77-81.

第 4 章　地面网络平均场博弈

4.1　研究背景及意义

随着移动智能设备的出现和移动应用的爆炸式增长，无线通信网络在提供高质量、多样化的数据服务方面 (如在线视频、在线聊天、在线游戏等) 面临着重大挑战。基于此背景，物联网 (Internet of Things，IoT) 作为一项新型通信范式受到学术界的广泛关注。为了满足各种高质量的宽带业务需求，未来无线网络的容量需要在满足用户体验质量的前提下相应增加。

终端直通 (Device-to-Device，D2D) 通信技术是一种针对传统蜂窝网络设计的无线直连通信技术。该技术可以使蜂窝网络中相距较近的终端设备直接进行通信，而不用经过基站转发。D2D 通信技术引入蜂窝网络，可以有效提升传输速率，降低传输时延，增大频谱复用因子，扩大网络覆盖范围。因此，该技术得到了学术界和工业界的广泛关注，并成为下一代移动通信标准中的关键技术之一。由于 D2D 设备之间的接近性和频率重用，传统蜂窝网络底层的 D2D 通信提高了能量和频谱效率，同时也产生了一些技术挑战。例如，D2D 通信中存在层内和层间干扰，这些干扰会影响系统性能，因此需要缓解设备之间的干扰。

与此同时，网络容量可以通过异构蜂窝网络的超密集部署、授权或非授权频谱空间的获取、空中接口的先进物理层技术这三个维度来增强。为此，网络致密化被认为是 5G 中最重要的特征之一。此外，超密集网络 (Ultra-Dense Networks，UDN) 具有强大的容量增强的优势。在异构 UDN 中，蜂窝网络密集部署在传统宏蜂窝网络的覆盖下，从而重用有限的频率资源，提高频谱效率。然而，UDN 中大量的小单元之间存在频繁的切换，以及层内、层间等各种类

型的干扰，导致系统性能下降。相互干扰的严重耦合，导致功率控制与干扰
抑制过程中存在复杂干扰。

D2D 设备通常由电池供电，因此延长电池寿命和节省能源对于改善用户
体验非常重要。当 D2D 链路超密集部署时，D2D 通信的性能受到相互干扰和
电量不足的限制。为了优化频谱和能源效率，可以设计不同的技术方案来降
低干扰，并节省电量。例如，干扰协调、干扰缓解和资源管理等，旨在提高
频谱和能源效率。此外，功率控制对 D2D 通信也至关重要。由于全频谱复用
场景中的耦合干扰，功率控制表征为不同 D2D 玩家之间的交互过程。实验证
明，最优功率控制既能降低干扰，又能节省电量。

为了刻画动态交互功率控制，博弈论被广泛应用。特别是，博弈论已被
用于模拟 D2D 发射器之间的竞争和干扰协调，分析 D2D 发射器的战略行为，
并设计分布式算法。合作博弈论和非合作博弈论都在 D2D 通信中得到了应用。
需要强调的是，当 D2D 链接数量变多时，这些经典的游戏模型很难进行分析。

传统的中央控制器干扰管理方案 (即集中优化方案) 可以提供全局最优
解，但不适用于大规模 5G 网络。一方面，集中式优化方案需要全局网络信息；
另一方面，由于 5G 系统存在随机部署的大量小蜂窝，加上 5G 系统有限的回
调能力，5G 系统存在显著的信令开销。

此外，对干扰分布进行表征，进而对理性的权力控制决策主体作出相应
的反应也是至关重要的。然而，由于 UDN 的回程容量有限，特别是在 UDN
中存在大量小小区的情况下，假设完全干扰信息是不存在的。

需要强调的是，干扰的不确定性和动态性对干扰管理策略的设计也是至
关重要的。因此，在考虑干扰不确定性和干扰信息不完全的情况下，本章
采用动态随机博弈 (Dynamic Stochastic Game，DSG) 来缓解 UDN 中的干扰。
DSG 通常用于描述随机动态系统。然而，当参与者数量超过数十个数量级时，
DSG 会出现维数诅咒问题，导致均衡分析繁琐，计算不可行。因此，干扰感
知 DSG 被推广到平均场博弈 (Mean Field Game，MFG)。

MFG 是建模和分析大规模 D2D 通信网络的有效数学工具，利用玩家的
集体行为的平均效应来模拟单个玩家的互动。这种集体行为由平均场建模，
平均场表示系统状态的统计分布。在这种情况下，个体参与者之间的相互作
用就变成了被考虑的参与者与平均场的相互作用，如此一来就可以用平均场
博弈中的哈密顿 - 雅可比 - 贝尔曼 (Hamilton-Jacobi-Bellman，HJB) 方程来建
模。通过福克 - 普朗克 - 科尔莫戈罗夫 (Fokker-Planck-Kolmogorov，FPK) 方
程可以模拟玩家行为对平均场的影响，可以将 N 维最优控制问题转换为 2 维

最优控制问题。建立的 MFG 模型包含一个 HJB 方程和一个 FPK 方程，HJB 方程用于规则功率策略对给定平均场干扰的响应；FPK 方程允许计算由 HJB 计算的功率策略产生的平均场干扰。因此，一般的玩家只依赖于单个的状态信息，这便产生了更简短的信息。这些耦合的 FPK 方程和 HJB 方程分别称为正向方程和反向方程，通过求解这两个方程可以得到 MFG 的平均场均衡。

综上所述，本节针对个体采取利己行为的一类蜂窝 D2D 融合网络，进一步开展多种 MFG 决策机制下的干扰感知功率控制问题研究，构建 D2D 设备与整体网络设备的干扰感知功率控制机制，深入探究平均场均衡策略的性质，完善蜂窝 D2D 融合网络的最优控制理论基础。

4.2　超密集D2D通信平均场博弈模型

针对地面超密集 D2D 同构通信实体的密集部署系统耦合、动态复杂干扰和受限资源等技术挑战，基于平均场博弈建模超密集 D2D 通信网络中，多通信实体的资源竞争与干扰协作关系，本节首次构建干扰平均场，近似超密集网络中干扰整体效果，提出分布式干扰感知的智能资源管控方案。

4.2.1　系统模型和问题描述

如图 4-1 所示，超密集 D2D 通信网络的 D2D 通信链路与宏单元用户设备 (Macrocell User Equipments, MUEs) 共享上行链路资源。其中，"超密集"指的是：

(1) D2D 通信链路的数量非常大，用 N 表示，即 $N \to +\infty$；

(2) 全频率复用，即 D2D 通信链路使用相同的频率；

(3) 大多数用户设备选择 D2D 通信模式，宏单元用户数量相对较少。

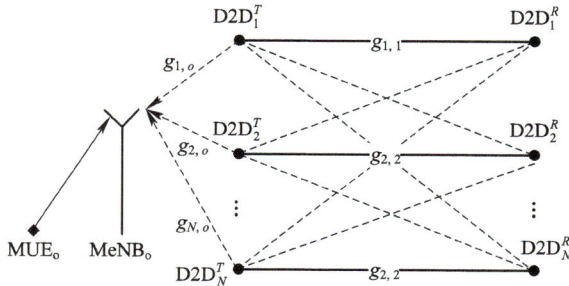

图 4-1　超密集 D2D 通信网络

本节还考虑了一般 D2D 发射器对其他发射器的干扰影响，以及其他干扰对一般 D2D 接收器的影响，即层内干扰和层间干扰。D2D 发射器 $D2D_i^T$ 与其接收器通信，会对其他 D2D 接收器造成层内干扰。同时，由于 $D2D_i^T$ 全频复用，导致 D2D 发射器与 MUE 之间产生层间干扰链路。因此，在时刻 t，定义 D2D 发射器 $i(i \in N)$ 对其他 D2D 发射器 $j \in N, j \neq i$ 的层内干扰为

$$I_{i \to j}(t) = \sum_{j=1, j \neq i}^{N} p_i(t) g_{i,j}(t) \tag{4-1}$$

式中，$p_i(t)$ 为 D2D 通信链路 $i(i \in N)$ 对应的发射功率；$g_{i,j}(t)$ 为从 D2D 通信链路 i 的发射器到 D2D 通信链路 j 的接收器的信道增益。

式 (4-1) 中的 $p_i(t)$ 和 $g_{i,j}(t)$ 是正向的。因此，式 (4-1) 给出 D2D 发射器 $i(i \in N)$ 在 t 时刻对其他 D2D 接收器的干扰。

同时，玩家 $i(i \in N)$ 的传输也对玩家 o 引入了干扰，其中，玩家 o 为唯一存在的上行 MUE 到 Macrocell 进化节点 B 链路。因此，定义玩家 i 对玩家 o 引入的层间干扰为

$$I_{i \to o}(t) = p_i(t) g_{i,o}(t) \tag{4-2}$$

式中，$g_{i,o}(t)$ 是 D2D 通信链路 i 的发射器和 MeNB 之间的信道增益。

最后，D2D 通信链路 i 在时刻 t 感知到的干扰，即其他 D2D 链路对 D2D 通信链路 i 引入的干扰可表示为

$$I_{\to i}(t) = \sum_{j=1, j \neq i}^{N} p_j(t) g_{j,i}(t) \tag{4-3}$$

在这里，假设不同的 MUE 使用正交信道，并且不考虑宏蜂窝层的任何功率控制策略。在时刻 t，D2D 通信链路 i 的接收器上实现的 SINR 为

$$\gamma_i(\mathrm{t}) = \frac{p_i(t) g_{i,j}(t)}{I_{\to i}(t) + \sigma^2} \tag{4-4}$$

式中，σ^2 是热噪声功率。

针对上述 SINR 的定义，功率控制问题可以概括为：每个玩家 i (D2D 通信链路 i 的发射器) 将确定最优功率控制策略 $Q_i^*(t)(t \in [0, T])$，考虑到引入他人的干扰 $I_{i \to}$、他人引入的干扰 $I_{\to i}$，以及剩余能量，这里的功率控制策略是指一系列的功率控制行动。由于干扰的动态性和能量的动态性，功率控制问题可以被表述为一个微分博弈。二维状态空间和一个新的成本函数可以制定功率控制的微分博弈。

4.2.2　功率控制的微分博弈

超密集 D2D 通信网络中，功率控制的微分博弈模型定义如下。

定义 4-1：D2D 发射器的 D2D 差分功率控制博弈 G_s 由一个 5 元组定义。

$$G_s = \left(\mathcal{N}, \{\mathcal{P}_i\}_{i\in\mathcal{N}}, \{\mathcal{S}_i\}_{i\in\mathcal{N}}, \{\mathcal{Q}_i\}_{i\in\mathcal{N}}, \{c_i\}_{i\in\mathcal{N}} \right) \tag{4-5}$$

(1) 玩家集合 $\mathcal{N}$：$\mathcal{N} = \{1,\cdots,N\}$ 代表密集部署的 D2D 通信链路的玩家集，是 D2D 功率控制差分游戏中的理性政策制定者。D2D 链路的数量 N 是无限大的。

(2) 动作集合 $\{\mathcal{P}_i\}_{i\in\mathcal{N}}$：可能的发射功率集合。每个发射器在任何时间 $t\in[0,T]$ 确定功率 $p_i(t)\in\{\mathcal{P}_i\}_{i\in\mathcal{N}}$，以最小化成本函数 (将在后面定义)。

(3) 状态空间 $\{\mathcal{S}_i\}_{i\in\mathcal{N}}$：将玩家 i 的状态定义为 D2D 发射器 i 对其他 D2D 链路引入的干扰和该 D2D 发射器的剩余能量的组合，即二维状态。

(4) 控制策略 $\{\mathcal{Q}_i\}_{i\in\mathcal{N}}$：控制策略用 $\mathcal{Q}_i(t)(t\in[0,T])$ 表示，在二维状态空间的时间区间 T 内使平均成本最小化。

(5) 成本函数 $\{c_i\}_{i\in\mathcal{N}}$：定义一个新的成本函数，同时考虑所取得的性能，如一般 D2D 链路的接收器的 SINR 和发射功率。

综上所述，为了确定控制策略 $\{\mathcal{Q}_i\}_{i\in\mathcal{N}}$，需要定义状态空间 $\{\mathcal{S}_i\}_{i\in\mathcal{N}}$ 和成本函数 $\{c_i\}_{i\in\mathcal{N}}$。

1. 二维状态空间

二维状态空间是根据式 (4-1) 和式 (4-2) 中的层内和层间干扰，以及电量使用动态分别定义的。

1) 能量使用动态

玩家 i 在时间 t 的剩余能量状态 $E_i(t)$ 等于可用能量的数量。同时，$0 \leqslant E_i(t) \leqslant E_i(0)$，其中，$E_i(0)$ 表示时间 0 的能量。时间 t 的功率控制应该是任何 $p_i(t) \in [0, p_{\max}]$，其中，$p_{\max}$ 是最大发射功率。在不丧失一般性的情况下，将电池中剩余电量的演变规律定义为

$$\mathrm{d}E_i(t) = -p_i(t)\mathrm{d}t \tag{4-6}$$

由式 (4-6) 可知，电池的能量 $E_i(t)$ 随着发射功率 $p_i(t)$ 的消耗而减少。同时，在博弈 G_s 中，每个玩家 i 还应该考虑干扰对其他玩家的影响。

2) 干扰的动态性

有了式 (4-1) 和式 (4-2) 分别定义的层内和层间干扰，首先定义干扰函数，

描述通用 D2D 发射器对其他 D2D 接收器造成的干扰，如下所示。

$$\mu_i(t) = I_{i\to}(t) + I_{i\to o}(t) \tag{4-7}$$

式 (4-7) 描述了玩家 i 对其他 D2D 接收器对 $j \in \mathcal{N}, j \neq i$ 和唯一的 D2D 发射器引入的所有干扰。

根据式 (4-1) 和式 (4-2) 中的定义可得：

$$\mu_i(t) = \sum_{j=1, j\neq i}^{N} p_i(t)g_{i,j}(t) + p_i(t)g_{i,o}(t) \tag{4-8}$$

为了简化符号，式 (4-8) 可表示为

$$\mu_i(t) = p_i(t)\varepsilon_i(t) \tag{4-9}$$

式中，$\varepsilon_i(t) = \sum_{j=1, j\neq i}^{N} g_{i,j}(t) + g_{i,o}(t)$。

从式 (4-9) 中可以看出，时间 t 对他人的总干扰取决于时间 t 的 $p_i(t)$ 和 $\varepsilon_i(t)$。因此，干扰状态可定义为

$$\mathrm{d}\mu_i(t) = \varepsilon_i(t)\mathrm{d}p_i(t) + p_i(t)\partial_t\varepsilon_i(t) \tag{4-10}$$

接下来将介绍用平均场近似方法来估计信道增益 $\varepsilon_i, i \in \mathcal{N}$。玩家 i 定义的状态空间可表示为

$$s_i(t) = \left[E_i(t), \mu_i(t)\right] \tag{4-11}$$

通用 D2D 发射器对其他 D2D 链路造成的干扰被看作是状态变量之一。通用 D2D 发射器的干扰状态 $\mu_i(t)$ 将影响 MeNB 和其他 D2D 接收器的策略，而其他的干扰 $I_{\to i}(t)$ 引入到通用接收器后将影响 SINR 性能。为了区分这两种干扰，把它们分别表示为 State$_1$(状态变量 1) 和 State$_2$(状态变量 2)。

需要注意的是，制定的最小化问题时应考虑 SINR 性能和发射功率导致的成本。前者与所有其他发射器对通用 D2D 接收器造成的干扰有关，而后者与通用 D2D 发射器对其他 D2D 接收器造成的干扰有关 (即玩家 i 的目标函数隐含地捕获了 μ_i 的影响)。因此，目标函数会受到所考虑的干扰状态的影响。

2. 成本函数

由状态空间 $s_i(t)$ 的定义可知，每个 D2D 发射器 i 会确定最优功率控制策略 $Q_i^*(t), t \in [0, T]$，以最小化成本。D2D 对 i 的通信性能由式 (4-4) 中定义的 SINR $\gamma_i(t)$ 来表征。假设所有的 D2D 通信链路有一个相同的 SINR 阈值 γ_{th}。同时，每个 D2D 通信链路都倾向于最小化功耗，则最小化代价函数可表示为

$$c_i(t) = \left(\gamma_i(t) - \gamma_{th}(t) \right)^2 + \lambda p_i(t) \tag{4-12}$$

式中，λ 被引入以平衡实现的 SINR 差异和消耗的功率单位。

很容易证明，由式 (4-12) 给出的成本函数 $c_i(t)$ 相对于 $p_i(t)$ 是凸的。

4.2.3 最优控制问题

由于成本函数包括实现的性能和发射功率，最优控制问题被表述为考虑到两种干扰和剩余能量的成本最小化问题。

1. 最优控制问题

在有限时间范围 [0，T] 内，每个 D2D i 将确定最优功率控制策略 $Q_i^*(t)$，以及由式 (4-12) 给出的最小化代价函数 $c_i(t)$。一般的最优控制问题可以描述为

$$Q_i^*(t) = \arg\min_{p_i(t)} \mathbb{E}\left[\int_0^T c_i(t)dt + c_i(T) \right] \tag{4-13}$$

式中，$c_i(T)$ 是时刻 T 的代价。

此时，定义值函数如下：

$$u_i\left(t, s_i(t)\right) = \min_{p_i(t)} \mathbb{E}\left[\int_t^T c_i(t)dt + u_i\left(T, s_i(T)\right) \right], t \in [0,T] \tag{4-14}$$

式中，$u_i\left(T, s_i(T)\right)$ 是时刻 t 时 $s_i(T)$ 的最终状态值。

根据定义的二维状态得出引理 4-1 如下所述。

引理 4-1：一个功率控制策略 $Q_i^*(t) = p_i^*(t)$，其中，$i \in \mathcal{N}$ 是 G_s 的纳什均衡解，当且仅当：

$$Q_i^*(t) = \arg\min_{p_i(t)} \mathbb{E}\left[\int_0^T c_i\left(p_i(t), p_{-i}^*\right)dt + c_i(T) \right] \tag{4-15}$$

服从于：

$$\begin{cases} s_i(t) = \left[\mu_i(t), E_i(t) \right] \\ dE_i(t) = -p_i(t)dt \\ d\mu_i(t) = \varepsilon_i(t)dp_i(t) + p_i(t)\partial_t \varepsilon_i(t) \end{cases} \tag{4-16}$$

式中，$p_i^*(t)$ 表示除 D2D 通信链路 i 之外的 D2D 链路的发射功率矢量。

没有一个玩家可以通过单方面偏离当前的功率控制政策来降低成本。通过求解最优控制理论中与每个参与者相关的 HJB 方程，可以得到上述功率控制微分博弈的纳什均衡。该 HJB 方程将在后面进行推导。

结论：HJB 函数的光滑性间接保证纳什均衡解的有效性。因此，首先推导了 HJB 方程，然后证明了推导出的 HJB 方程的光滑性保证了公式化微分对策中纳什均衡的存在性。具体可见引理 4-2 和定理 4-1。

2. 分析

式 (4-14) 中的值函数满足偏微分方程。该偏微分方程是 HJB 方程。HJB 方程的解是价值函数，给出了给定动态系统的最小成本和相关的成本函数。

引理 4-2： HJB 方程可表示为

$$-\partial_t u_i\left(t,s_i(t)\right) = \min_{n(t)}\left[c_i\left(t,s_i(t),p_i(t)\right)+\partial_t s_i(t)\cdot\nabla u_i\left(t,s_i(t)\right)\right] \tag{4-17}$$

哈密尔顿量 $H\left(p_i(t),s_i(t),\nabla u_i\left(t,s_i(t)\right)\right)$ 定义为

$$H\left(p_i(t),s_i(t),\nabla u_i\left(t,s_i(t)\right)\right)=\min_{p_i(t)}\left[c_i\left(t,s_i(t),p_i(t)\right)+\partial_t s_i(t)\cdot\nabla u_i\left(t,s_i(t)\right)\right] \tag{4-18}$$

证明：上述微分游戏的纳什均衡可以通过求解给出的与每个玩家相关联的 HJB 方程来获得，即：

$$-\partial_t u_i\left(t,s_i(t)\right) = \min_{p_i(t\to T)}\left[c_i\left(t,s_i(t),p_i(t)\right)+\partial_t s_i(t)\cdot\nabla u_i\left(t,s_i(t)\right)\right] \tag{4-19}$$

对于定义 4-1 中定义的 G_s，关于纳什均衡存在性的定理如下所述。

定理 4-1： 微分对策 G_s 至少存在一个纳什均衡。

证明：HJB 方程的解的存在确保博弈 G_s 的纳什均衡的存在。众所周知，如果哈密尔顿函数是光滑的，则存在 HJB 方程的解。由于定义的成本函数的连续性，对于哈密尔顿量存在所有阶的导数，并且很容易导出哈密尔顿量相对于 $p_i(t)$ 的导数。由于导数的存在，哈密尔顿量是光滑的。证明结束。

获得具有 N 个玩家的系统游戏 G_s 的均衡包括求解 N 个偏微分方程。然而，对于密集的 D2D 网络，由于存在大量的联立偏微分方程，不可能求解所有偏微分方程获得纳什均衡。因此，对于密集 D2D 网络的建模和分析，应引入平均场博弈。定义平均场博弈仅需要两个耦合方程。

4.2.4 功率控制平均场博弈

D2D 网络中的功率控制是指当 D2D 链路的数量接近无穷大时的微分对策的特殊形式。功率控制 MFG 可以表示为 FPK 和 HJB 两个方程的耦合系统。一方面，FPK 方程在时间上向前发展，控制了代理的密度函数的发展。另一

方面，HJB 方程在时间上向后发展，控制了每个代理的最优路径的计算。

1. 平均场与平均场近似

基于普通 D2D 发射器对其他发射器的干扰和其他发射器对普通链路的干扰影响，下面首先引入平均场的概念，然后提出平均场近似方法。

1) 平均场

定义的功率控制 MFG 关键概念是二维状态的统计分布。

定义 4-2：给定功率控制 MFG 中状态空间 $s_i(t)=\left[\mu_i(t),E_i(t)\right]$，则平均场 $m(t,s)$ 定义为

$$m(t,s) = \lim_{N\to\infty}\frac{1}{N}\sum_{i=1}^{N}\mathbf{1}_{\{s_i(t)=s\}} \tag{4-20}$$

式中，$\mathbf{1}_{\{\cdot\}}$ 表示指示函数，如果给定条件为真，则返回 1；否则返回 0。

对于给定的时刻，平均场是玩家集合的状态概率分布。利用定义的平均场，功率控制微分博弈可以描述为新的功率控制 MFG。在超密集 D2D 网络下，充当玩家的 D2D 发射器具有以下特性。

(1) 合理性：每个 D2D 发射器可以单独采取合理的功率控制决策，以最小化成本函数。

(2) 连续性（即参与者连续存在）：在定义的功率控制游戏中，大量 D2D 对的存在确保了参与者的连续存在。

(3) 互换性（即玩家之间的状态排列不会影响游戏的结果）：通过干扰的平均场近似来导出成本函数，以便确保玩家之间动作的可互换性。

(4) 互动性：每个 D2D 玩家与平均场互动，而不是与其他玩家互动。

上面定义的平均场将基于下面描述的平均场近似来获得。

2) 平均场近似

假设每个干扰无穷小，并且干扰总表示贡献很小的干扰功率。当研究一个典型的玩家时，被称为平均场值的其他玩家的无限质量主导着干扰效应。首先通过平均场近似的特殊技术导出干涉平均场。这里以 $I_{\to i}(t)$ 为例，可得：

$$\hat{I}_{\to i}(t) = \sum_{j=1,j\neq i}^{N}p_j(t)g_{j,i}(t) \approx (N-1)\hat{p}_j(t)\hat{g}_{j,i}(t) \tag{4-21}$$

式中，$\hat{p}_j(t)$ 是已知的测试发射功率；$\hat{g}_{j,i}(t)$ 定义了超密集无限小 D2D 效应的

平均干扰信道增益。

假设博弈中的所有玩家都使用相同的测试发射功率。如果在 D2D 通信链路 i 的发射器的发射功率处使用 $\hat{p}_i(t)$，则在相应的接收器 i 处接收的功率为

$$p_i^R(t) = \hat{p}_i(t)g_{i,i}(t) + \hat{I}_{\rightarrow i}(t) \tag{4-22}$$

式中，$g_{i,i}(t)$ 表示有效信道增益；$\hat{p}_i(t)g_{i,i}(t)$ 表示有效接收功率；$\hat{I}_{\rightarrow i}(t)$ 表示来自其他信道的接收干扰功率。

同时，也可得到：

$$p_i^R(t) = \hat{p}_i(t)g_{i,i}(t) + (N-1)\hat{p}_j(t)\hat{g}_{j,i}(t) \tag{4-23}$$

结合式 (4-21) 和式 (4-22)，可以导出唯一的未知变量 $\hat{g}_{j,i}(t)$ 为

$$\hat{g}_{j,i}(t) = \frac{p_i^R(t) - \hat{p}_i(t)g_{i,i}(t)}{(N-1)\hat{p}_j(t)} \tag{4-24}$$

利用上述平均场近似，可得到：

$$\hat{\gamma}_i(t) = \frac{p_i(t)g_{i,i}(t)}{(N-1)\hat{p}_j(t)\hat{g}_{j,i}(t) + \sigma^2} \tag{4-25}$$

平均场成本函数被定义为

$$\hat{c}_i(t) = \left(\hat{\gamma}_i(t) - \gamma^{th}(t)\right)^2 + \lambda p_i(t) \tag{4-26}$$

接下来，使用平均场成本函数和平均场近似干扰可以得到 State_1 $I_{i\rightarrow}(t)$ 的平均场近似。

2. 平均场博弈

基于上述平均场的定义和平均场近似，导出 FPK 方程。

引理 4-3：MFG 的 FPK 方程由下式给出。

$$\partial_t m(t,s) + \nabla\left(m(t,s) \cdot \partial_t s(t)\right) = 0 \tag{4-27}$$

式中，s 表示状态。

FPK 方程描述了定义的平均场相对于时间和空间的演变。此时，利用导出的 HJB 和 FPK 方程，D2D MFG 可用如下定义表示。

定义 4-3：D2D MFG 被定义为导出的 HJB 和 FPK 方程的组合，其中，HJB 方程为

$$-\partial_t u(t,s(t)) = \min_{p(t)} \left[c(t,s(t),p(t)) + \partial_t s(t) \cdot \nabla u(t,s(t)) \right] \qquad (4\text{-}28)$$

HJB 方程主导玩家的最优控制路径的计算，而 FPK 方程主导玩家的平均场函数的演化。这里，HJB 和 FPK 方程分别被称为后向和前向函数。后向函数意味着函数的最终值是已知的，确定 $u(t)$ 在时间 $[0, T]$ 的值。因此，HJB 方程总是在时间上向后求解，即从 $t = T$ 开始，到 $t = 0$ 结束。当在整个状态空间中求解时，HJB 方程是最优解的必要和充分条件。FPK 方程随着时间向前发展。交互演化最终导致平均场均衡。

3. 平均场均衡

平均场均衡可以通过使用有限差分法实现。

定义 4-4：MFE 表示在图 4-2 中的任何时间 t 和状态 s，控制策略 $u(t, s)$ 和平均场 $m(t, s)$ 的稳定组合。在任何时间 t 和状态 s，控制策略 $u(t, s)$ 和平均场 $m(t, s)$ 相互作用，其中，$u(t, s)$ 也被称为价值函数，如图 4-2 所示。$u(t, s)$ 项是式 (4-28) 中 HJB 方程的解，$m(t, s)$ 是式 (4-27) 中 FPK 方程的解。控制策略 $u(t, s)$ 确定平均场 $m(t, s)$。$u(t, s)$ 项影响均值场的演化，$m(t, s)$ 决定最优策略 $u(t, s)$ 的决策。

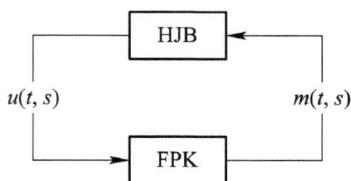

图 4-2　MFE 与 HJB 和 FPK 方程的关系

4.2.5　分布式最优功率控制

本小节采用有限差分法来获得分布式最优控制策略。其中，有三种不同的方案可离散平流方程，包括逆风、Lax-Friedrichs 和 Lax-Wendroff 方案。不同的方案具有不同的收敛速度。Lax-Friedrichs 方案可以保证平均场在时间和空间上都具有一阶精度的正性。

在有限差分法的框架中，时间间隔 $[0, T]$、能量状态空间 $[0, E_{max}]$ 和干扰状态空间 $[0, \mu_{max}]$ 被离散成 $X \times Y \times Z$ 空间。图 4-3 展示出了三维离散时间和空间中的时间、能量与干扰状态曲线。在离散化的平均场博弈框架中，最优控制策略涵盖了一段时间内的决策。

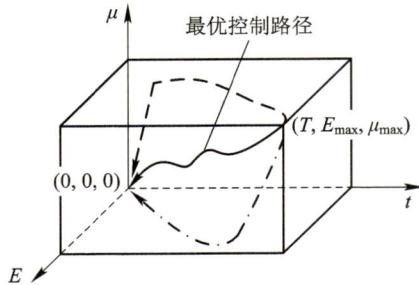

图 4-3   面向时间和空间的离散平均场博弈的最优控制

笔者设计 HJB 方程求解方法来找到图 4-3 所示的最优控制路径。因此，时间、能量和干扰空间的迭代步骤可定义为

$$\delta_t = \frac{T}{X}, \delta_E = \frac{E_{\max}}{Y}, \delta_\mu = \frac{\mu_{\max}}{Z} \tag{4-29}$$

因此，FPK 方程在 $(0, T) \times (0, E_{\max}) \times (0, \mu_{\max})$ 三维空间中分别以 δ_t、δ_E 和 δ_μ 的步长演化。同时，通过逆向求解 HJB 方程可以得到最优控制路径。然后，基于 Lax-Friedrichs 方案和拉格朗日松弛法开发联合有限差分法的算法，求解相应的耦合 HJB 和 FPK 方程，从而获得最优功率控制策略。

1. 基于 Lax-Friedrichs 方案的 FPK 方程求解

使用 Lax-Friedrichs 方案来求解 FPK 方程，求解 FPK 方程为

$$\partial_t m(t,s) + \nabla_E m(t,s)E(t) + \nabla_\mu m(t,s)\mu(t) = 0 \tag{4-30}$$

通过应用 Lax-Friedrichs 方案，得到如下表达式：

$$M(i+1,j,k) = \frac{1}{2}[M(i,j-1,k) + M(i,j+1,k) + M(i,j,k-1) + M(i,j,k+1)] +$$
$$\frac{\delta_t}{2\delta_E}[M(i,j+1,k)P(i,j+1,k) - M(i,j-1,k)P(i,j-1,k)] +$$
$$\frac{\delta_t}{2\delta_\mu}[M(i,j,k+1)P(i,j,k+1)\varepsilon(i,j,k+1) -$$
$$M(i,j,k-1)\varepsilon(i,j,k-1)P(i,j,k-1)] \tag{4-31}$$

式中，$M(i, j, k)$、$P(i, j, k)$ 和 $\varepsilon(i, j, k+1)$ 分别表示在时刻 i、在离散网格中的能量水平 j 和干扰状态 k 的情况下的平均场、功率和干扰增益的值。

2. 基于离散拉格朗日松弛方案的 HJB 方程求解

由于哈密尔顿量的存在，有限差分法不能用来求解 HJB 方程。这里，笔

者应用相应的最优控制问题来重新表述 HJB 方程，新定义的问题可表示为

$$\begin{cases} \min\limits_{p_i(t)} \mathbb{E}\left[\int_0^T c_i(t)dt + c_i(T)\right] \\ \text{s.t. } \partial_t m(t,s) + \nabla_E m(t,s)E(t) + \nabla_\mu m(t,s)\mu(t) = 0 \end{cases} \quad (4\text{-}32)$$

此时，通过引入拉格朗日乘子 $\lambda(t,s)$ 可得到拉格朗日 $L(m((t,s),\ p(t,s),\ \lambda(t,s))$，假设 $c(T) = 0$，则有

$$L(m((t,s),\ p(t,s),\ \lambda(t,s))$$

$$= \mathbb{E}\left[\int_0^T c_i(t)dt + c_i(T)\right] + \int_{t=0}^T \int_{E=0}^{E_{\max}} \int_{\mu=0}^{\mu_{\max}} \lambda(t,s)$$

$$\left(\partial_t m(t,s) + \nabla_E m(t,s)E(t) + \nabla_\mu m(t,s)\mu(t)\right)dtdEd\mu$$

$$= \int_{t=0}^T \int_{E=0}^{E_{\max}} \int_{\mu=0}^{\mu_{\max}} \left[c(t,s)m(t,s) + \lambda(t,s)\left(\partial_t m(t,s) + \nabla_E m(t,s)E(t) + \nabla_\mu m(t,s)\mu(t)\right)\right]$$

$$dtdEd\mu$$

$$(4\text{-}33)$$

类似于求解 FPK 方程的方法，本小节提出一种有限差分法来求解式 (4-34)。首先离散化拉格朗日以解决新定义的最优控制问题，离散化的拉格朗日可表示为

$$L_d = \delta_t \delta_E \delta_\mu \sum_{i=1}^{X+1}\sum_{j=1}^{Y+1}\sum_{k=1}^{Z+1}[M(i,j,k)C(i,j,k) + \lambda(i,j,k)(\Upsilon + \Phi + \Psi)] \quad (4\text{-}34)$$

式 (4-4) 中的 Υ、Φ 和 Ψ 分别为

$$\Upsilon = \frac{1}{\delta_t}\left[M(i+1,j,k) - \frac{1}{2}(M(i,j+1,k) + M(i,j-1,k) + M(i,j,k+1) + M(i,j,k-1))\right]$$

$$(4\text{-}35)$$

$$\Phi = \frac{1}{2\delta_\mu}[M(i,j,k+1)P(i,j,k+1)\varepsilon(i,j,k+1) - M(i,j,k-1)P(i,j,k-1)\varepsilon(i,j,k-1)]$$

$$(4\text{-}36)$$

$$\Psi = \frac{1}{2\delta_E}[M(i,j+1,k)P(i,j+1,k) - M(i,j-1,k)P(i,j-1,k)] \quad (4\text{-}37)$$

式中，$M(i,j,k)$、$P(i,j,k)$、$\lambda(i,j,k)$ 和 $C(i,j,k)$ 分别是离散化网格中瞬时 i、能量水平 j 和干扰状态 k 的平均场、功率、拉格朗日乘子及成本函数的值。

最优决策变量包括 P^*、M^* 和 λ^*。对于离散化网格中的任意点 (i,j,k)，

最优功率控制为

$$
\frac{\partial L_d}{\partial P(i,j,k)} = \sum_{j=1}^{Y+1} \sum_{k=1}^{Z+1} M(i,j,k) \frac{\partial C(i,j,k)}{\partial P(i,j,k)} +
$$

$$
\left[\frac{M(i,j,k)}{2\delta_E} + \frac{M(i,j,k)\varepsilon(i,j,k)}{2\delta_\mu} \right] [\lambda(i,j+1,k) - \lambda(i,j-1,k)] \qquad (4\text{-}38)
$$

此外，对于离散化网格中的任意点 (i, j, k)，通过引入 $\dfrac{\partial L_d}{\partial M(i,j,k)} = 0$，拉格朗日乘子 $\lambda(i, j, k)$ 为

$$
\lambda(i-1,j,k) = \frac{1}{2}[\lambda(i,j+1,k) + \lambda(i,j-1,k)] + \frac{1}{2}[\lambda(i,j,k+1) + \lambda(i,j,k+1)] -
$$

$$
\frac{1}{2}\delta_t P(i,j,k)\left[\frac{\varepsilon(i,j,k)}{\delta_\mu} + \frac{1}{\delta_E} \right][\lambda(i,j+1,k) - \lambda(i,j-1,k)] + \delta_t C(i,j,k)
$$

$$
(4\text{-}39)
$$

3. 分布式最优功率控制策略

根据上述推导，笔者提出了一种基于 Lax-Friedrichs 方案和拉格朗日松弛的联合有限差分法来分别求解耦合的 HJB 和 FPK 方程，并将该方法命名为分布式最优功率控制策略。

对于所提出的分布式最优功率控制策略有以下解释：

(1) 平均场受到能量动力学和干扰动力学的共同影响。基本上，能量动态函数是关于发射功率的线性函数。然而，干扰控制函数不是线性的。在每个时间步长，假设平均场近似方法估计的干扰链路增益不变。

(2) 选择算法终止条件作为最后两个平均场值之间的差值，并将间隙设置为 10^{-5}。

(3) 在迭代步骤 $i-1$ 和 $i+1$ 期间，以及对于所提出算法中的其他迭代步骤，引入了一种简单的计算方法。例如，当 $i \leqslant 1$ 时（$i-1$ 可能不是正的），此时需要进行特殊的参数设置，即 $\lambda(i-1,j,k) = 1/2\,[\lambda(i,j+1,k) + \lambda(i,j-1,k)]$。

该算法综合考虑了 $E_{\max}$ 和容许干扰 $\mu_{\max}$。因此，分布式最优功率控制策略很容易扩展为其他方案，如当 $E_{\max} \to +\infty$ 和 $\mu_{\max} \to 0$。对于 $E_{\max} \to +\infty$ 和 $\mu_{\max} \to 0$，在模拟过程中作出以下假设。如果最大能量设置为实际情况的能

量的 10 倍以上，则可以将其视为 $E_{\max} \to +\infty$。当正常设置为 $E_{\max} = 0.5$ 时，$E_{\max} = 5$ 的情况可以看作 $E_{\max} \to +\infty$ 的情况。

4.2.6　仿真验证及结果分析

本小节首先用仿真参数来说明模拟场景和基本设置，然后使用 Matlab 软件描述平均场分布特征和功率控制策略，最后通过仿真结果来说明频谱和能效性能。

1. 仿真参数设置

考虑正交频分多址 D2D 网络的下行链路传输，D2D 链路的半径均匀分布在 10 ~ 30 m 之间。设置系统参数带宽为 $w = 20$ MHz，背景噪声功率为 2×10^{-9} W，噪声功率谱密度为 $\kappa = -174$ dBm/Hz。在没有特殊说明的情况下，选择 500 个 LTE 帧的标准化情况，D2D 链路的数量设置为从 $N = 50$ 到 $N = 200$ 不等。D2D 链路的路径损耗指数为 3。一个 LTE 无线电帧的持续时间为 10 ms，对于 500 帧，$T = 5$ s。此外，$E_{\max}$ 为 0.5 J。假设每个播放器的可容忍干扰水平 $\mu_{\max}$ 为 5.8×10^{-6} W。

2. 平均场分布特征和功率控制策略

为了说明提出的功率控制策略的优先性，下面展示不同情况下的平均场分布特征和功率控制策略。

图 4-4 描述了三维平均场分布和功率控制策略在时间和空间上的变化。因为平均场和功率策略是四维向量，所以绘制了 6 种情况下的平均场和功率策略。图 4-4(a) 表示具有变化的干扰和能量但固定时间的平均场分布，(b) 表示具有变化的时间和能量但固定干扰的平均场分布，(c) 表示具有变化的时间和干扰但固定能量的平均场分布，(d) 表示具有变化的干扰和能量但固定时间的功率控制策略，(e) 表示具有变化的时间和能量但固定干扰的功率控制策略，(f) 表示具有变化的时间和干扰但固定能量的功率控制策略。

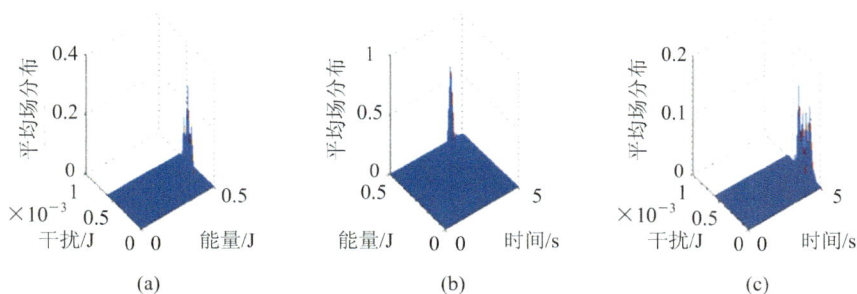

(a)　　　　　　　　　　(b)　　　　　　　　　　(c)

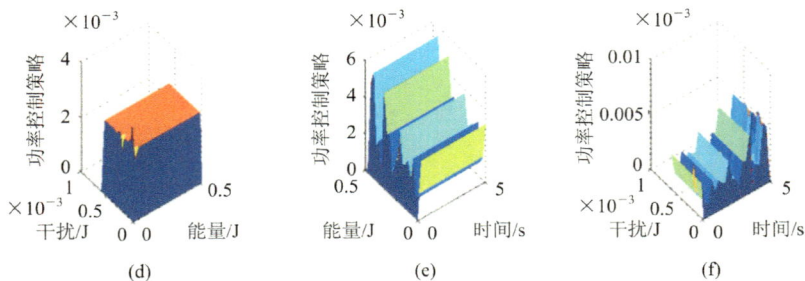

图 4-4　三维平均场分布和功率控制策略在时间和空间上的变化

由此可知，剩余能量和干扰动态都会影响平均场分布和功率控制策略。

为了进一步证明干扰感知功率控制策略的增益，图 4-5 描述了收敛后不同时间能量状态下平均场分布和功率控制策略的横截面。与前面的设置一样，将时间间隔、能量空间和干涉空间离散为 20×20×20 的网格。为了反映图 4-4 中平均场分布和功率控制策略是随机的，笔者给出图 4-5，图中首先显示了收敛后能量状态下平均场相对于干扰空间的分布。此外，笔者绘制了 6 种情况下的平均场分布和功率控制策略：图 4-5(a) 为时间间隔 13 处的干扰状态对平均场分布的影响；图 4-5(b) 为时间间隔 15 处的干扰状态对平均场分布的影响；图 4-5(c) 为时间间隔 20 处的干扰状态对平均场分布的影响；图 4-5(d) 为时间间隔 13 处的干扰状态对功率控制策略的影响；图 4-5(e) 为时间间隔 15 处的干扰状态对功率控制策略的影响；图 4-5(f) 为时间间隔 20 处的干扰状态对功率控制策略的影响。

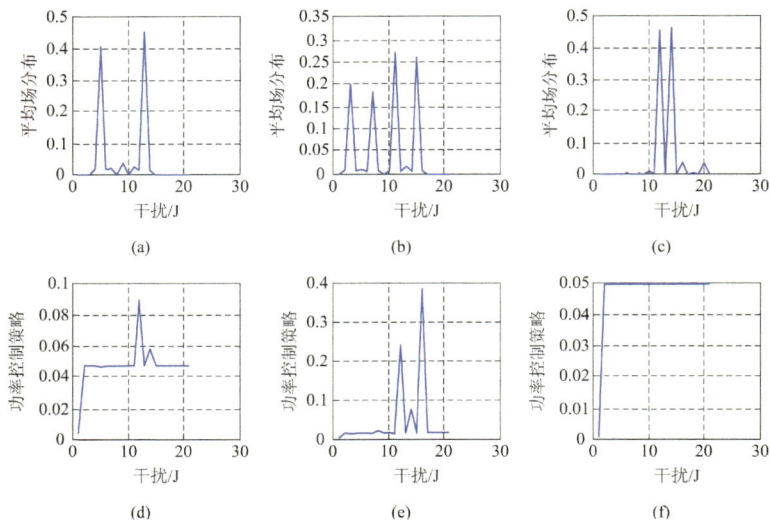

图 4-5　收敛后不同时间和能量状态下平均场分布和功率控制策略的横截面

　　对于平均场的分布，在不同的时隙有三种情况：图 (a)$T = 3.25$ s；图 (b)$T = 3.75$ s；图 (c)$T = 5$ s。类似地，对于功率控制策略，也有三种情况 (见不同的时隙图)，即图 (d)$T = 3.25$ s；图 (e)$T = 3.75$ s；图 (f)$T = 5$ s。

　　由图 4-5 可知，一方面，随机干扰空间引入了平均场和功率分布的随机性；另一方面，干扰感知功率控制策略可以实现图 4-5 所示的功率平衡，这是收敛后在最终能量和时间间隔状态下的最终功率控制策略。此外，无论干扰状态如何，干扰感知功率控制策略总能够实现平衡功率。

　　图 4-6 说明了收敛后平均场分布和功率控制策略的横截面变化。由图 4-6 可知，根据平均场分布，改变功率控制策略可以实现目标 SINR。图 4-6(a) 表明平均场分布随时间波动，整体在 0 附近波动，某些时间点 (如 5、10、15、20) 出现较大波动；图 4-6(b) 表明功率控制策略随时间波动，整体在 0.05 附近波动，某些时间点 (如 5、10、15、20) 出现较大波动；图 4-6(c) 表明 SINR 随时间波动，整体在 0.02 附近波动，某些时间点 (如 5、10、15、20) 出现较大波动。

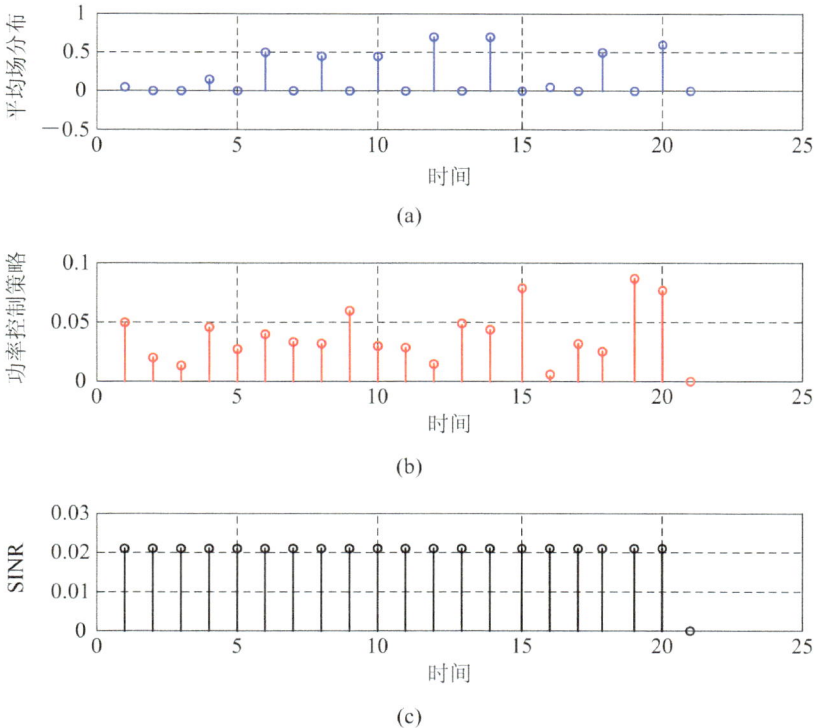

(a)

(b)

(c)

图 4-6　收敛后平均场分布和功率控制策略的横截面

3. 频谱效率和能量效率

1) 频谱效率

频谱效率 $\pi_{average}$（单位为 (b/s)/Hz）可以通过以下公式计算：

$$\pi_{average} = 1b\left(1 + \frac{p}{I + w \times \kappa}\right) \tag{4-40}$$

式中，κ 是噪声功率密度；w 是总带宽。

2) 能量效率

能量效率 $\eta_{average}$（单位为 bit/J）为总吞吐量与消耗能源之间的比率，即：

$$\eta_{average} = \frac{w\pi_{average}}{p_{total}} \tag{4-41}$$

式中，p_{total} 表示总能量。

为了说明各种干扰约束的影响，我们模拟了另外两种情况作为正常设置的基准，具体如下：

(1) $\mu_{max} \to +\infty$，意味着干扰容限非常大；

(2) $\mu_{max} \to 0$，意味着干扰容限非常小。

同时，为了说明各种能量约束的影响，除了正常设置之外，笔者还模拟了 $E_{max} \to +\infty$ 的情况，这意味着电池总是充满电的。

图 4-7 包括两种情况的频谱效率变化。图 4-7(a) 将 $\mu_{max} = 5.8 \times 10^{-6}$ 设置为正常设置。此外，$\mu_{max} \leqslant 10^{-5}$ 正常设置的情况视为 $\mu_{max} \to 0$ 的情况。图 4-7(b) $\mu_{max} \leqslant 10^2$ 正常设置的情况视为 $\mu_{max} \to +\infty$ 的情况。这里将正常情况设置为 $E_{max} = 0.5$，而 $E_{max} = 5$ 的情况可以看作 $E_{max} \to +\infty$ 的情况。

图 4-7 中说明了两种情况的频谱效率 π 性能。从图 4-7 中可以观察到：

(1) 频谱效率随着 D2D 链路数量的增加而降低。这主要是因为 D2D 链路数量的增加而增大了相互干扰的程度。

(2) 最小化可容忍干扰可以提高频谱效率，然而最大化可用能量（即 E_{max}）并不能一直提高频谱效率。最小化可容忍干扰意味着在每个状态下使用的功率不可以太大，这导致 SINR 降低。而最大化可容忍干扰意味着在每个状态下使用的功率可以很大，因此频谱效率得到了提高。

(3) 最大化可用能量有助于最大化有效接收能量。然而，在某些点上，增加能量也意味着增加干扰功率，从而降低频谱效率。

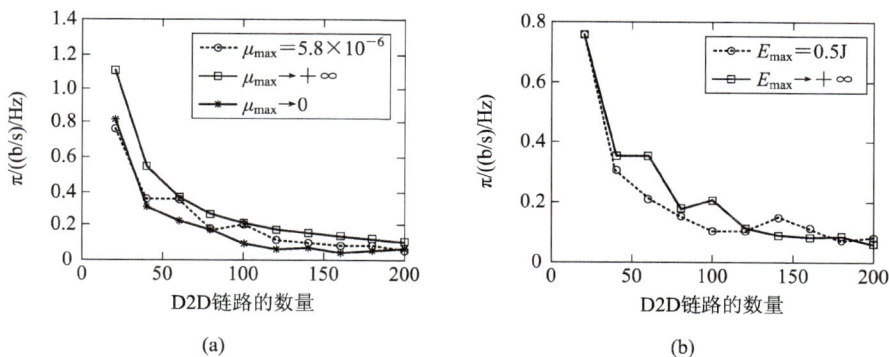

(a)　　　　　　　　　　　　　　　(b)

图 4-7　两种情况的频谱效率变化

　　与盲功率控制方案相比，图 4-8 提出了分布式最优功率控制策略的能量效率。这里，盲功率控制方案被视为 $E_{max} \rightarrow +\infty$ 的情况，是没有能量约束的方案。因此，盲功率控制方案中的 D2D 发射器可以单独增加发射功率，给其他 D2D 接收器带来干扰，并很快耗尽电池能量。从图 4-8 可以得出，与盲功率控制方案相比，笔者所提出的分布式最优功率控制策略可以实现更高的能量效率。同时，能量效率随着 D2D 链路数量的增加而减少，这主要是因为 D2D 链路的数量增加意味着引入的干扰增加，从而降低频谱效率。

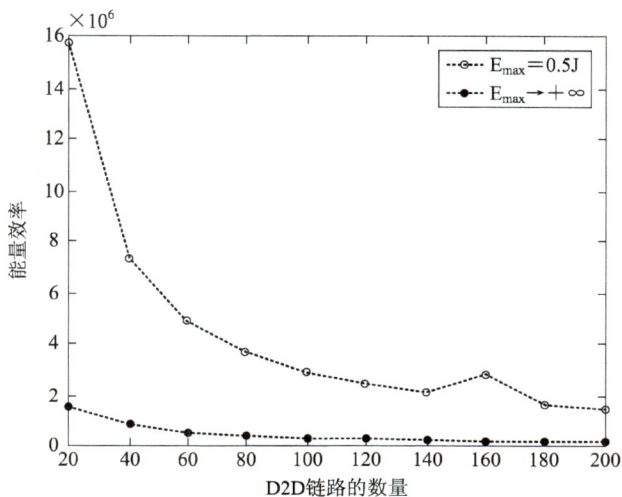

图 4-8　能量效率

4.3 面向主干扰源功率平均场博弈模型

针对地面蜂窝网络中存在宏基站与小基站等异构通信实体场景，复杂小蜂窝场景和多干扰类型导致高资源管控复杂度，传统平均场博弈不能刻画差异性，笔者提出具有主干扰源的平均场博弈建模多异构通信实体智能资源接入与分配关系，构建超密集异构通信实体的分布式智能资源管控框架。本节基于平均场博弈提出面向主干扰源的异构通信实体分布式智能资源接入与分配合作优化框架，兼顾不同网络性能指标，提升小区边缘用户吞吐量和频谱效率。

4.3.1 系统模型和问题描述

异构超密集小小区网络存在层内和层间干扰。本小节专注于 UDN 不同小小区之间层内干扰的缓解问题，忽略 MeNB 使用正交频率引入的层间干扰。本小节考虑全同信道利用情况，各种小小区 (如毫微微小区、微微小区和微小区) 共享一个信道。如图 4-9 所示，$N+1$ 个小小区 eNode 基站 (SeNB) 覆盖在由宏小区 eNode 基地台 (MeNB) 控制的现有宏小区的覆盖范围上。SeNB 和 MeNB 可能会因为层内和层间干扰而暴露出严重的性能衰落。例如，由于全频率重复使用，MeNB 的下行链路通信对之间可能会出现严重的相互干扰，如主干扰源→ MUE_1 和 $SeNB_2 \rightarrow SUE_2$。图中，MUE 和 SUE 分别表示宏小区用户设备和小小区用户设备。

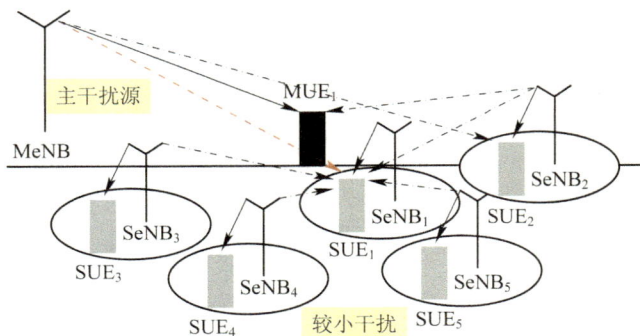

图 4-9 包含多 MeNB 和多 SeNB 的异构 UDN 场景

博弈论为处理多个代理之间的交互问题提供了理想的框架，如 SeNB 之间的相互干扰问题。因此，每个 SeNB 可以是博弈论框架内的玩家，即玩家

集 $\mathcal{N}^+ = \{o, \mathcal{N}\}$，其中，$\mathcal{N} = \{1, \cdots, N\}$，并且 N 的数量非常大。假设 $i \in \mathcal{N}$ 是普通玩家，而玩家 o 是普通玩家 i 的主导玩家，这归因于其位置传输功率和功率策略。需要注意的是，事实上，主导者 o 的符号应该是 $o(i)$，因为干扰者可能会因不同的普通玩家而从一个改变到另一个，但为了简单起见，将其记为 o。

在图 4-9 中，假设 $SeNB_1$ 是下行链路传输情况下大量 $SeNB_s$ 的通用参与者。SUE_1 由 $SeNB_1$ 服务，$SeNB_1$ 接收其他 SeNB 引入的层内干扰。这里，$SeNB_s$ 可能会对 $SeNB_1$ 引入最强的干扰，因此，由于其位置更近，$SeNB_1$ 是主要的干扰源。

为了简单起见，笔者研究了具有一个主要干扰源的场景，这会导致比其他干扰源更大的干扰，但在许多现实情况下，可能存在不止一个主要的干扰源。对于多个主要干扰源的问题，在下面给出了一般性的说明。为了解决这个问题，将其转换为本小节重点关注的一个具有主要干扰源的问题。具体来说，整个区域应该被划分为几个子区域（即簇），每个子区域中存在一个主要干扰源和许多通用干扰源。然后，通过考虑频率重用技术来假设簇之间没有干扰，同时仍然考虑一个簇中的同信道利用情况。最后，针对具有一个主要干扰源的问题所提出的分布式干扰感知流量卸载和功率控制 (Interference-Aware Traffic Offloading and Power Control，IATOPC) 策略来应用于每个集群。

除不同类型的干扰外，UDN 中的普通玩家 i 和主导玩家 o 之间也存在频繁的切换。例如，由于 $SeNB_s$ 的发射功率较大，$SeNB_s$ 可以是 $SeNB_1$ 的主导者，那么 $SeNB_1$ 服务的 SUE_1 会切换到 $SeNB_s$，而 SUE_1 从 $SeNB_s$ 接收的功率大于从 $SeNB_1$ 接收的功率。

4.3.2　干扰感知与功率控制

1. 干扰感知

干扰作为通信网络的重要特性之一，严重影响着网络的性能。一方面，诸如 SINR 的系统性能由接收功率和干扰两者决定。另一方面，干扰会影响通信中的切换，从而降低网络性能。在 D2D 网络中，干扰感知可通过检测和识别来自其他用户或设备的干扰信号，实时了解和分析干扰状况，以便采取相应措施减少或消除干扰的技术和过程。总之，由于复杂的干扰条件，干扰感知在超密集小小区网络中至关重要。因此，笔者提出了一种基于干扰感知的分布式算法设计框架，以提高网络性能。在图 4-9 中，假设 $SeNB_1$ 是一个被调查的普通玩家 i，那么 $SeNB_s$ 可能是它的主导者。为了分析交互并提高性能，首先需要来自其他 SeNB 的干扰信息，如 $SeNB_2$、$SeNB_3$、$SeNB_4$ 和 $SeNB_5$。

2. 主干扰源选择和流量卸载

由干扰感知获取的干扰信息（即总干扰），将依次执行主导者选择和业务卸载步骤。具体如下。

(1) 对主导者的选择，假设一个普通玩家 i，并计算来自其他基站到由假设的普通玩家 i 服务的用户的干扰。

(2) 选择造成最大干扰的基站作为主导玩家 o。

(3) 通过比较接收功率来考虑从假设的普通玩家 i 到其主导玩家 o 的流量卸载。如果普通玩家可以从其主导玩家那里获得更大的能量，则将其流量卸载给其主导玩家，否则不卸载。

3. 系统状态和动作空间

主导玩家 o 和普通玩家 i 的状态被定义为其感知的总干扰，并分别用 $\mu_o(t)$ 和 $\mu_i(t)$ 表示。具体而言，主导玩家 o 的状态可表示为

$$\mu_o(t) = \sum_{i=1}^{N} p_i(t)g_{i,o}(t) \tag{4-42}$$

式中，$p_i(t)$ 表示普通玩家 $i \in \mathcal{N}$ 在时间 t 的发射功率；$g_{i,o}(t)$ 代表信道增益。

普通玩家 i 的状态可表示为

$$\mu_i(t) = p_o(t)g_{o,i}(t) + \sum_{j=1,j\neq i}^{N} p_j(t)g_{j,i}(t) \tag{4-43}$$

式 (4-43) 由两项组成。第一项是由主导玩家引入的干扰，其具有发射功率 $p_o(t)$ 和干扰信道增益 $g_{o,i}(t)$。第二项是指来自其他普通玩家的层内干扰 $j \in \mathcal{N}, j \neq i$。

普通玩家 i 和主导玩家 o 的动作集包括所有可能的发射功率，分别表示为 $\mathcal{P}_i = [0, p_i^{max}]$ 和 $\mathcal{P}_o = [0, p_o^{max}]$，其中，$p_i^{max}$ 和 p_o^{max} 分别是普通玩家和主导玩家的最大允许发射功率。

状态（普通玩家和主导玩家的总干扰）随时间的演变分别由普通玩家和主导玩家的控制策略决定。在本小节中，控制策略对应于 $p_i(t) \in \mathcal{P}_i$ 和 $p_o(t) \in \mathcal{P}_o$ 给出的幂。此外，本小节还考虑了通道的不确定性和动力学。因此，采用 Ornstein Uhlenbeck 动力学理论来建立信道动态，即：

$$dg_{i,o}(t) = \frac{1}{2}\left[\kappa - g_{i,o}(t)\right]dt + \sigma^2 d\mathcal{B}(t) \tag{4-44}$$

式中，κ 和 σ^2 是 Ornstein Hulenbeck 动力学中的常数系数，其物理解释分别是信道增益的平均值和方差，并且是非负实值。通过调整它们可以捕获不同的信道统计信息。

此外，在式 (4-44) 中引入布朗运动 $\mathcal{B}(t)$ 的无穷小系数作为不确定性项。为了满足 DSG 的可交换性要求，假设所有通道动力学方程都应具有相同的 κ 和 σ^2。

对于恒定的时刻 t，假设发射功率 $p_i(t)$ 是恒定的，则获得 $\mathrm{d}p_i(t) = 0$，由此可得：

$$\mathrm{d}\mu_o(t) = p_i(t)\sum_{i=1}^{N}\mathrm{d}g_{i,o}(t) \tag{4-45}$$

此外，将式 (4-44) 代入式 (4-45) 可以得到主导玩家的状态动力学方程，即

$$\mathrm{d}\mu_o(t) = p_i(t)\sum_{i=1}^{N}\left\{\frac{1}{2}\Big[\kappa - g_{i,o}(t)\Big]\mathrm{d}t + \sigma^2\mathrm{d}\mathcal{B}(t)\right\} \tag{4-46}$$

主导玩家和普通玩家的状态动力学变量可以分别表示为 $s_o(t)$ 和 $s_i(t)$。类似地，普通玩家 i 的状态动力学变量可表示为

$$\mathrm{d}\mu_i(t) = p_o(t)\mathrm{d}g_{o,i}(t) + p_j\sum_{j=1,j\neq i}^{N}\frac{1}{2}\Big[\kappa - g_{j,i}(t)\Big]\mathrm{d}t + \sigma^2\mathrm{d}\mathcal{B}(t) \tag{4-47}$$

4. 成本函数和控制策略

通常，通信性能与 SINR 定义有关。普通玩家的 SINR 可表示为

$$\gamma_i(t) = \frac{p_i(t)g_{i,i}(t)}{\mu_i(t) + \sigma^2(t)} \tag{4-48}$$

式中，$\mu_i(t)$ 为普通玩家的感知总干扰。

同理，主导玩家的 SINR 可表示为

$$\gamma_o(t) = \frac{p_o(t)g_{o,o}(t)}{\mu_o(t) + \sigma^2(t)} \tag{4-49}$$

式中，$\mu_o(t)$ 为主导玩家的感知总干扰。

此外，主导玩家和普通玩家的 SINR 分别引入了相同的 SINR 阈值 γ_{th}。这里，γ_{th} 是预定义的，以满足通信要求，即 $\gamma_i(t) \geqslant \gamma_{\mathrm{th}}$ 和 $\gamma_o(t) \geqslant \gamma_{\mathrm{th}}$。式 (4-48) 和式 (4-49) 可以分别改写为

$$p_i(t)g_{i,i}(t) - \gamma_{th}\Big[\mu_i(t) + \sigma^2(t)\Big] \geqslant 0 \tag{4-50}$$

$$p_o(t)g_{o,o}(t) - \gamma_{th}\left[\mu_o(t) + \sigma^2(t)\right] \geqslant 0 \tag{4-51}$$

为方便起见，定义 $f_i(t)$ 和 $f_o(t)$ 如下：

$$f_i(t) = p_i(t)g_{i,i}(t) - \gamma_{th}\left[\mu_i(t) + \sigma^2(t)\right] \tag{4-52}$$

$$f_o(t) = p_o(t)g_{o,o}(t) - \gamma_{th}\left[\mu_o(t) + \sigma^2(t)\right] \tag{4-53}$$

接下来，笔者设计了结合主导玩家和普通玩家的总干扰及其所获得的 SINR 性能的成本函数，然后主导玩家 o 和普通玩家 i 进行交互，以最小化感知干扰，同时满足 SINR 要求。系统成本函数可以表示为

$$c(t) = \mu_o^2(t) + \mu_i^2(t) + \omega_o f_o^2(t) + \omega_i f_i^2(t) \tag{4-54}$$

式中，$\mu_i(t)$ 和 $\mu_o(t)$ 分别是普通玩家和主导玩家的感知总干扰；系数 ω_o 和 ω_i 是将上述四项纳入一个尺度的偏置因素。

为了便于分析线性干扰平均场动力学，笔者设计了式 (4-54) 中的系统成本函数。根据定义的成本函数可知，无论是主导玩家的感知总干扰变大，还是普通玩家的感知总干扰变大，成本函数都会变大。因此，当 SINR 性能满足 SINR 阈值时，可以使用成本函数来减轻干扰。

本小节提出了用于干扰缓解的最优功率控制策略，每个参与者将确定其最优功率控制策略 $Q^*(t)$，在有界时间间隔 $[0, T]$ 期间，以获得由式 (4-53) 给出的成本函数 $c(t)$ 的最小值，该最优功率控制策略可以表示为

$$Q^*(0 \to T) = \underset{p_o(t), p_i(t)}{\arg\min} \mathbb{E}\left[\int_0^T c(t)\mathrm{d}t + u(T)\right] \tag{4-55}$$

式中，$u(T)$ 是指时间 T 的最终成本。

4.3.3 干扰缓解的随机博弈

在干扰平均场计算过程中，存在主干扰源。主干扰源的影响更大，甚至接近平均场，因此笔者引入了干扰主导玩家的概念。此外，由于实际信道中总是存在噪声，主导玩家还考虑了干扰的不确定性和动态性。综上所述，具有主导玩家的动态随机博弈可以公式化表示。

定义 4-5：具有超密集 SeNB 对的主导玩家的干扰缓解动态随机博弈可以表示为

$$G_s = \left(\mathcal{N}^+, \{p_i\}, \{\mathcal{S}_i\}, \{Q\}, \{c_i\}\right), i \in \mathcal{N} \tag{4-56}$$

式中，每个要素的定义如下：

(1) 玩家集合 $\mathcal{N}^+$，$\mathcal{N}^+ = \{o, \mathcal{N}\}$，其中，$\mathcal{N} = \{1, \cdots, N\}$ 表示 SeNB 通信对的通用玩家集合，o 是主导玩家。他们都是游戏的理性决策者。用户数量 N 足够大，认为是无限的。

(2) 动作空间：通用玩家 $\{p_i\} \in \mathcal{P}_i$ 和主导玩家的 $p_o \in \mathcal{P}_o, i \in \mathcal{N}$，为了共同减轻干扰和节省能量，动作空间被定义为任何时间 $t, t \in [0, T]$ 的功率控制策略 $p_o(t)$ 和 $p_i(t)$。任何时间 $t, t \in [0, T]$，普通玩家 i 和主导玩家 o 都确定了使成本函数最小化的传输功率。

(3) 状态空间：通用玩家 μ_o 和主导玩家的 $\mu_i, i \in \mathcal{N}$，系统状态被定义为普通玩家和主导玩家的感知总干扰。

(4) 控制策略：通用玩家 $\{\mathcal{Q}_i\}$ 和主导玩家的 $\mathcal{Q}_o, i \in \mathcal{N}$，为了在超密集 SeNB 网络中实现时间间隔 $[0, T]$ 和二维状态空间上的最小平均成本，将功率控制策略表示为 $\mathcal{Q}_i(t)$ 和 $\mathcal{Q}_o(t)$，其中，$t \in [0, T]$。

(5) 成本函数：通用玩家 {ci} 和主导玩家的 $c_o, i \in \mathcal{N}$，定义了一个成本函数，同时考虑了实现的 SINR 性能和对普通玩家和主导玩家的总干扰。

干扰缓解动态随机博弈可以描述各种参与者的复杂交互和战略行为，并有助于分布式干扰缓解算法的设计。此外，干扰缓解动态随机博弈模型将充分考虑干扰动态性和随机性及其对最优控制策略的影响。

对于公式化的博弈 G_s，值函数 $u(t, s(t))$ 可表示为

$$u(t, s(t)) = \min_{p_o(t), p_i(t)} \mathbb{E}\left[\int_t^T c(t)\mathrm{d}t + u(T, s(T))\right], t \in [0, T] \tag{4-57}$$

式中，$u(T, s(T))$ 是时间 T 和状态 $s(t)$ 的函数值。

根据贝尔曼的最优性原理，最优控制策略应该具有这样的性质，即无论初始状态和初始决策是什么，剩余的决策都必须来自与第一个决策产生的状态相关的最优策略。因此，对于任何 $t \in [0, T]$，可以得出结论，如果：

$$\mathbb{E}\left[\int_t^T c\left(p^\star(\tau)\right)\mathrm{d}\tau + u(T, s(T))\right] = u(t, s(t)) \tag{4-58}$$

则功率分布 $p^\star(t \to T)$ 是最优功率控制策略。

定义 4-6（博弈 G_s 的纳什均衡）：对于主导玩家 o 和普通玩家 $i \in \mathcal{N}$，功率控制策略为 $Q^\star(0 \to T) = \{p_o^\star(0 \to T), p_i^\star(0 \to T)\}$ 则 G_s 的纳什均衡解为

$$Q^\star(0 \to T) = \operatorname*{arg\,min}_{p_o(t), p_i(t)} \mathbb{E}\left[\int_0^T c\left(p(t), p_{-i}^\star\right)dt + u(T)\right] \tag{4-59}$$

式中，$p_{-i}^{\star}$表示除普通玩家 i 之外的其他玩家的发射功率向量。

结论：任何玩家都不能通过单方面违反从纳什均衡解中获得的最优功率控制策略而获得更小的成本。然而，通过解决 N 个耦合的 HJB 方程，很难获得 G_s 的纳什均衡解。因此，通过将 DSG 转换为 MFG，将大量的最优控制问题从 N 个耦合问题转换为大量的局部最优控制问题，解决最优功率控制问题。其中，每个参与者能够通过利用一些全局信息和本地信息来执行其策略。

4.3.4 主干扰源平均场博弈

1. 平均场博弈及其物理意义

MFG 是一种特殊的微分博弈。MFG 系统中的每个玩家都与许多其他玩家交互。MFG 的解决方案可表示为一个二元组 (u,m)，其中，$u=u(t,s)$ 表示普通玩家的值函数，而 $m=m(t,s)$ 是在时间 t 和状态 s 时所有玩家的密度分布。后者是 FPK 方程的解，其中，u 是漂移。

给定系统状态动力学 $s(t)=\left[s_o(t),s_i(t)\right]$，则平均场 $m=m(t,s)$ 可以表示为

$$m(t,s) = \lim_{N\to\infty} \frac{1}{N} \sum_{i=1}^{N} \mathbf{1}_{\{s(t)=s\}} \tag{4-60}$$

式中，$\mathbf{1}_{\{\cdot\}}$ 是指示函数，如果给定条件为真，则返回 1；否则返回 0。

对于给定的时刻，平均场是玩家集合中状态的概率分布。具体来说，假设系统中有 100 个玩家，定义五个状态 $\{s_1、s_2、s_3、s_4、s_5\}$，15、20、30、20 和 15 分别是每个定义状态中的玩家数量。最后，通过式 (4-60) 获得每个状态的平均场分别为 0.15、0.20、0.30、0.20 和 0.15。

2. 干扰平均场的推导

在 UDN 中，主导玩家 o 和普通玩家 i 都针对对手的群体行为设计最优控制策略。在本小节中，笔者分别为主导玩家 o 和普通玩家 i 设计了最优功率控制策略 p_o 和 p_i。为了最大化干扰感知偏好，笔者考虑了感知干扰聚合的各自时空动态。以普通玩家 i 的感知总干扰为例，为了估计 $\mu_i(t)$，应该知道干扰信道增益 $g_{o,i}(t)$ 和 $g_{j,i}(t)$，并且还可以获得功率 $p_o(t)$ 和 $p_i(t)$ 的信息。当普通玩家数量增加时，情况会更糟。

为了减少信息交换和信令开销，笔者提出了平均场近似方法来逼近普通玩家 i 和主导玩家 o 的感知总干扰。因此，主导玩家 o 的干扰平均场可以定义为

$$\mu_o(t) \approx p_i(t)h_{i,o}(t) \tag{4-61}$$

式中，$h_{i,o}(t)$ 通过平均场近似方法而导出。

为了获得 $h_{i,o}(t)$ 的近似值，在博弈之前存在一个训练过程。在训练过程中，每个 SeNB 发送预定义的测试功率 p_{com}。因此，SeNB 服务 SUE 的接收功率为

$$
\begin{aligned}
p_o^r &= p_{com}g_{o,o} + \sum_{i=1}^{N} p_{com}g_{i,o} \\
&\approx p_{com}g_{o,o} + Np_{com}\overline{g}_{i,o} \\
&\approx p_{com}g_{o,o} + p_{com}h_{i,o}
\end{aligned} \tag{4-62}
$$

式中，$g_{i,o}$ 是普通玩家和主导玩家之间的平均信道状态。

然后，得到

$$h_{i,o} = \frac{p_o^r - p_{com}g_{o,o}}{p_{com}} \tag{4-63}$$

式中，p_o^r 是测量得到的，$g_{o,o}$ 是先前已知的，p_{com} 是预定义的，N 是普通玩家的数量。

普通玩家 i 的干扰平均场可表示为

$$\mu_i(t) \approx p_o(t)g_{o,i}(t) + p_j(t)h_{j,i}(t) \tag{4-64}$$

式中，$h_{j,i}(t)$ 与 $h_{i,o}(t)$ 相似，也是通过平均场近似方法导出的。

3. 平均场动力学和成本函数的推导

在考虑动态干扰的情况下，确定了普通玩家 $i, i \in \mathcal{N}$ 的功率控制策略 $Q_i(t)$ 和主导玩家 o 的 $Q_o(t)$，其中，$t \in [0,T]$，以满足具有最小总干扰的 SINR 性能。

依据信道链路动力学，总干扰信道状态将符合 Ornstein Uhlenbeck 动力学。此外，假设所有信道动态应具有相同的 k 和 σ 值，以满足 DSG 的互换性要求。因此，$h_{i,o}(t)$ 应表示为

$$dh_{i,o}(t) = \frac{1}{2}\left[\kappa - h_{i,o}(t)\right]dt + \sigma^2 d\mathcal{B}_m(t) \tag{4-65}$$

式中，平均值 k 和方差 σ^2 为非负实值。

此外，Ornstein Uhlenbeck 动力学将用于获得线性二次系统，这有助于 HJB 和 FPK 方程的推导。$\mathcal{B}_m(t)$ 是无穷小布朗运动，其中，已知 $\dfrac{d\mathcal{B}_m(t)}{dt} = 0$ 和 $d^2\mathcal{B}_m(t) = dt$，这是伊藤公式中布朗运动的特性。同时，假设发射

功率 $p_i(t)$ 在时间 t 是恒定的，因此 $\mathrm{d}p_i(t) = 0$。此时，MFG 系统的主导玩家 o 的状态动力学推导如下：

$$\mathrm{d}\mu_o(t) = p_i(t)\mathrm{d}h_{i,o}(t) \tag{4-66}$$

此外，将式 (4-65) 代入式 (4-66)，得到：

$$\mathrm{d}\mu_o(t) = p_i(t)\left\{\frac{1}{2}\Big[\kappa - h_{i,o}(t)\Big]\mathrm{d}t + \sigma^2\mathrm{d}\mathcal{B}_m(t)\right\} \tag{4-67}$$

为了方便起见，主导玩家 o 的平均场状态动力学定义如下：

$$s_o(t) = p_i(t)\varpi_{i,o}(t)\mathrm{d}t + \sigma^2(t)\mathrm{d}\mathcal{B}_m(t) \tag{4-68}$$

式中，$\varpi_{i,o}(t) = 1/2\Big[\kappa - h_{i,o}(t)\Big]$。

类似地，普通玩家 i 的平均场状态动力学表示为

$$s_i(t) = p_o(t)\mathrm{d}g_{o,i}(t) + p_j(t)\varpi_{j,i}(t)\mathrm{d}t + \sigma^2(t)\mathrm{d}\mathcal{B}_m(t) \tag{4-69}$$

式中，$\varpi_{j,i}(t) = 1/2\Big[k - h_{j,o}(t)\Big]$。

此外，可以通过将干扰平均场方程式 (4-61) 和式 (4-64) 代入由方程式 (4-54) 表示的系统成本函数来导出 MFG 系统的成本函数。

综上所述，可知：

(1) 平均场博弈分别为主导玩家 o 和普通玩家 i 定义 MFG 系统状态动力学表示 $s(t) = \big[s_o(t), s_i(t)\big]$。它们将在优化控制的分布式实施过程中单独更新动态。

(2) 主导玩家 o 和普通玩家 i 之间存在着战略互动和交互影响。例如，主导玩家 o 的状态动态在很大程度上取决于普通玩家 i 的功率控制。普通玩家 i 的状态动力学表示 s_i 由主导玩家 o 的功率控制和其他玩家的干扰平均场决定。

(3) 引入随机无穷小布朗运动来描述不完全信息的影响。

(4) 传统方案中只存在必要的战略信息交换，如信道状态信息。通过让玩家只交换一次他们的战略行动，然后独立维护他们的动态更新，战略信息交换会减少得更多。

4. 平均场方程

基于最优控制理论和贝尔曼最优性原理，HJB 方程的解是式 (4-57) 中的值函数，它表示动态系统的相应成本函数的最小值。HJB 方程可表示为

$$\partial_t u(t,s) + \frac{\sigma_o^2}{2}\frac{\partial^2 u(t,s)}{\partial^2 s_o} + \frac{\sigma_i^2}{2}\frac{\partial^2 u(t,s)}{\partial^2 s_i} = H\big(c, \nabla_s u(t,s)\big) \tag{4-70}$$

式中，平均场的优化函数 $H\big(c, \nabla_s u(t,s)\big)$ 是哈密尔顿量，其表示为

$$-H\left(c,\nabla_s u(t,s)\right) = \min_{p_0(t),p_i(t)}\left[c(t,s,p) + \frac{\partial s_o}{\partial t}\nabla_{s_o}u(t,s) + \frac{\partial s_i}{\partial t}\nabla_{s_i}u(t,s)\right] \quad (4\text{-}71)$$

通常，HJB 方程的推导如下所示。

已知 $u(t,s)$ 是功率 $p(t)=\left[p_o(t),p_i(t)\right]$ 和状态 $s(t)=\left[s_o(t),s_i(t)\right]$ 的定义值函数。根据贝尔曼最优性原理，将时间 t 增加到 $t+\mathrm{d}t$，可以得到：

$$u(t,s) = \min_{p_o(t),p_i(t)}\left[c(t,s,p) + u(t+\mathrm{d}t,s(t+\mathrm{d}t))\right] \quad (4\text{-}72)$$

然后计算 $u(t+\mathrm{d}t,s(t+\mathrm{d}t))$ 的泰勒展开式，得到：

$$u(t+\mathrm{d}t,s(t+\mathrm{d}t)) = u(t,s) + \partial_t u(t,s)\mathrm{d}t + \frac{\partial s_o}{\partial t}\nabla_{s_o}u(t,s) + \frac{\partial s_i}{\partial t}\nabla_{s_i}u(t,s) +$$

$$\frac{\sigma_o^2}{2}\frac{\partial^2 u(t,s)}{\partial^2 s_o}\mathrm{d}t + \frac{\sigma_i^2}{2}\frac{\partial^2 u(t,s)}{\partial^2 s_i}\mathrm{d}t \quad (4\text{-}73)$$

式中，$\partial_t u$ 是值函数 u 关于时间 t 的微分函数；$\nabla_{s_o}u$ 和 $\nabla_{s_i}u$ 是值函数 u 的梯度；$\dfrac{\partial^2 u(t,s)}{\partial^2 s_o}$ 和 $\dfrac{\partial^2 u(t,s)}{\partial^2 s_i}$ 是值函数 u 与 s 的二阶偏导数。

同时，使用伊藤公式启发式 $\mathrm{d}\mathcal{B}(t)=O\left(\mathrm{d}t^{1/2}\right)$。此外，随着时间 $\mathrm{d}t$ 变化的布朗运动 $\mathrm{d}\mathcal{B}(t)$ 具有零期望。将式 (4-71) 代入式 (4-70)，当 $\mathrm{d}t$ 趋于 0 时，取极限即可得到 HJB 方程。

此外，基于平均场理论，平均场 $m(t,s)$ 应该是控制平均场演化的 FPK 偏微分方程的解，即：

$$\partial_t m(t,s) + \frac{\sigma_o^2}{2}\frac{\partial^2 u(t,s)}{\partial^2 s_o} + \frac{\sigma_i^2}{2}\frac{\partial^2 u(t,s)}{\partial^2 s_i} - \frac{\partial s_o}{\partial t}\nabla_{s_o}m(t,s) - \frac{\partial s_i}{\partial t}\nabla_{s_i}m(t,s) = 0 \quad (4\text{-}74)$$

这里有不同的方法来导出干涉状态动力学的平均场。从分布角度出发，通过任意测试函数 $g(s)$ 导出平均场 $m(t,s)$，该函数是状态空间（即本小节指出的干涉状态空间）的两次连续可微且紧支撑的函数。通过引入状态 $s(t)=\left[s_o(t),s_i(t)\right]$ 的详细定义来获得特定干扰平均场。$m(t,s)g(s)\mathrm{d}s$ 的积分可以被视为 $g(s(t))$ 的连续极限，即

$$\int m(t,s)g(s)\mathrm{d}s \approx \frac{1}{N}\sum_{i=1}^{N}g(s(t)) \quad (4\text{-}75)$$

在时间 t 内，导出关于时间 t 的一阶微分函数，并检查该积分如何随时间变化。通过使用链式规则，可以导出启发式公式为

$$\int \partial_t m(t,s)g(s)\mathrm{d}s \approx \frac{1}{N}\sum_{i=1}^{N}\partial_t s(t)\nabla g(s(t)) + \partial_t^2 s(t)\Delta g(s(t)) \tag{4-76}$$

当 N 趋于无穷大时，取式 (4-74) 右侧的极限，得到：

$$\int\left[\partial_t m(t,s) + \frac{\sigma^2}{2}\Delta_s m(t,s) - \frac{\partial s}{\partial t}\nabla_s m(t,s)\right]g(s(t))\mathrm{d}s = 0 \tag{4-77}$$

对于通过部件集成的任何测试函数 $g(s(t))$，可以得出平流方程为

$$\partial_t m(t,s) + \frac{\sigma^2}{2}\Delta_s m(t,s) - \frac{\partial s}{\partial t}\nabla_s m(t,s) = 0 \tag{4-78}$$

通过本小节中定义的状态 $s(t) = \left[s_o(t), s_i(t)\right]$，获得了相应的 FPK 方程。

5. 干扰平均场博弈及其均衡

定义 4-7：MFG 的定义可以表示为相应的 FPK 和 HJB 方程的组合。

根据 MFG 理论，HJB 方程控制用于响应平均场轨迹和状态随机微分方程的最优功率策略，而 FPK 方程允许计算平均场轨迹，如果所有的普通玩家都执行 HJB 方程求得的最优功率控制策略。然后，设计乒乓算法来交替更新 HJB 和 FPK 方程，直到观察到收敛。

只要哈密尔顿量的解是平滑的，迭代算法就可以收敛到 MFE，并得到哈密尔顿量的一阶、二阶和三阶导数 w.r.t.$p_o(t)$ 和 $p_i(t)$。然后，对于任何 $n > 3$ 的情况，可以得出 $\frac{\partial^n H}{\partial p_o^n(t)} = 0$ 和 $\frac{\partial^n H}{\partial p_i^n(t)} = 0$。哈密尔顿量具有所有阶的导数，因此它是光滑的。所以，存在最优功率控制问题的 MFE。

定义 4-8：MFE 表示在任何时间 t 和状态 s，值函数 $u(t,s)$ 和平均场 $m(t,s)$。

值函数 $u(t,s)$ 和平均场 $m(t,s)$ 在任何状态 s 和时间 t 相互作用。干扰平均场 $m(t,s)$ 是给定时间 t 内所有玩家的干扰分布。因此，$m(t,s)$ 是稳定状态下的最终干扰分布。$u(t,s)$ 影响平均场 $m(t,s)$ 的演化，而 $m(t,s)$ 决定值函数 $u(t,s)$ 的计算。

4.3.5 分布式干扰感知策略

事实上，在定义的 MFG 中获得 FPK 和 HJB 方程的解并不容易。通常，采用有限差分法从离散化的角度来解 FPK 和 HJB 方程。有三种具有不同收敛速度的不同方案来离散平流方程，包括 Lax Wendrof、Lax Friedrichs 和

Upwind 方案。本小节选择了收敛速度更快的 Upwind 方案。

基于有限差分法，将研究的时间间隔 $[0,T]$ 和干涉状态空间 $[0,I_{o,\max}]$ 和 $[0,I_{i,\max}]$ 离散为 $X \times Y \times Z$ 空间。因此，时间的迭代步骤、支配玩家的干扰状态空间和一般玩家的干扰态空间可表示为

$$\delta_t = \frac{T}{X}, \delta_o = \frac{I_{o,\max}}{Y}, \delta_i = \frac{I_{i,\max}}{Z} \tag{4-79}$$

1. Upwind 方案求解 FPK 方程

FPK 方程的解是通过使用 Upwind 方案获得的。利用 Upwind 算法可得到以下方程。

$$\frac{m_{o,i}^{t+1} - m_{o,i}^{t}}{\delta_t} - s_o \frac{m_{o,i}^{t} - m_{o-1,i}^{t}}{\delta_o} + \frac{\sigma_o^2}{2} \frac{m_{o+1,i}^{t} - 2m_{o,i}^{t} + m_{o-1,i}^{2}}{\delta_o^2} -$$

$$s_i \frac{m_{o,i}^{t} - m_{o,i-1}^{t}}{\delta_i} + \frac{\sigma_i^2}{2} \frac{m_{o,i+1}^{t} - 2m_{o,i}^{t} + m_{o,i-1}^{2}}{\delta_i^2} = 0 \tag{4-80}$$

$$s_o = \frac{\partial s_o}{\partial t} = p_i(t)\varpi_{i,o}(t) \tag{4-81}$$

$$s_i = \frac{\partial s_i}{\partial t} = \frac{p_o(t)\big(k - g_{o,i}(t)\big)}{2} + p_j(t)\varpi_{j,i}(t) \tag{4-82}$$

式 (4-80) 还可以表示为

$$\frac{m_{o,i}^{t+1}}{\delta_t} = m_{o,i}^{t}\left(\frac{1}{\delta_t} + \frac{\sigma_o^2}{\delta_o^2} + \frac{\sigma_i^2}{\delta_i^2} + \frac{s_o}{\delta_o} + 2\frac{s_i}{\delta_i} \right) - m_{o+1,i}^{t}\frac{\sigma_o^2}{2\delta_o^2} -$$

$$m_{o,i+1}^{t}\frac{\sigma_i^2}{2\delta_i^2} - m_{o-1,i}^{t}\left(\frac{\sigma_o^2}{2\delta_o^2} + \frac{s_o}{\delta_o} \right) - m_{o,i-1}^{t}\left(\frac{\sigma_i^2}{2\delta_i^2} + \frac{s_i}{\delta_i} \right) \tag{4-83}$$

2. 拉格朗日松弛方案求解 HJB 方程

由于哈密尔顿量的存在，不能直接利用有限差分法获得 HJB 方程的解。因此 HJB 方程被改写为其相应的最优控制问题，即：

$$\begin{cases} \min\limits_{p_o, p_i} E\left[\int_0^T c(t,s,p,m)dt + c(T) \right] \\ \text{s.t. } \partial_t m(t,s) + \frac{\sigma_o^2}{2}\frac{\partial^2 u(t,s)}{\partial^2 s_o} + \frac{\sigma_i^2}{2}\frac{\partial^2 u(t,s)}{\partial^2 s_i} - \frac{\partial s_o}{\partial t}\nabla_{s_o} m(t,s) - \frac{\partial s_i}{\partial t}\nabla_{s_i} m(t,s) = 0 \end{cases} \tag{4-84}$$

同时，引入拉格朗日乘子 λ 以获得拉格朗日函数 $L(t,s,p,m,\lambda)$ 为

$$L(t,s,p,\lambda) = \int_{t=0}^{T}\int_{s_o=0}^{s_o^{\max}}\int_{s_i=0}^{s_i^{\max}} c(t,s,p,m)m(t,s) + \lambda\left[\partial_t m(t,s) + \frac{\sigma_o^2}{2}\Delta_{s_o} m(t,s) + \right.$$

$$\left. \frac{\sigma_i^2}{2}\Delta_{s_i} m(t,s) - \frac{\partial s_o}{\partial t}\nabla_{s_o} m(t,s) - \frac{\partial s_i}{\partial t}\nabla_{s_i} m(t,s)\right]\mathrm{d}t\mathrm{d}s_o\mathrm{d}s_i \tag{4-85}$$

式中，假设 $c(t)=0$ 。

然后，将拉格朗日函数离散化以重新定义最优控制问题，即：

$$L_d = \sum_{t=1}^{X+1}\sum_{o=1}^{Y+1}\sum_{i=1}^{Z+1} c_{o,i}^t m_{o,i}^t + \lambda_{o,i}^t\left(\frac{m_{o,i}^{t+1} - m_{o,i}^t}{\delta_t} + \frac{\sigma_o^2}{2}\frac{m_{o+1,i}^t - 2m_{o,i}^t + m_{o-1,i}^t}{\delta_o^2} + \right.$$

$$\left. \frac{\sigma_i^2}{2}\frac{m_{o,i+1}^t - 2m_{o,i}^t + m_{o,i-1}^t}{\delta_i^2} - s_o\frac{m_{o,i}^t - m_{o-1,i}^t}{\delta_o} - s_i\frac{m_{o,i}^t - m_{o,i-1}^t}{\delta_i}\right) \tag{4-86}$$

此外，对于离散化网格中的任意点 (t,o,i) ，拉格朗日乘子 $\lambda_{o,i}^{t-1}$ 通过计算 $\frac{\partial L_d}{\partial m_{o,i}^t}$ 更新功率控制策略。得到以下方程式：

$$\frac{\lambda_{o,i}^{t-1}}{\delta_t} = \lambda_{o,i}^t\left(\frac{1}{\delta_t} + \frac{\sigma_o^2}{\delta_o^2} + \frac{\sigma_i^2}{\delta_i^2} + \frac{s_o}{\delta_o} + \frac{s_i}{\delta_i}\right) - \lambda_{o+1,i}^t\left(\frac{\sigma_o^2}{2\delta_o^2} + \frac{s_o}{\delta_o}\right) -$$

$$\lambda_{o,i+1}^t\left(\frac{\sigma_i^2}{2\delta_i^2} + \frac{s_i}{\delta_i}\right) - \lambda_{o-1,i}^t\frac{\sigma_o^2}{2\delta_o^2} - \lambda_{o,i-1}^t\frac{\sigma_i^2}{2\delta_i^2} - c_{o,i}^t \tag{4-87}$$

式 (4-85) 确定了拉格朗日乘子 $\lambda_{o,i}^{t-1}$ 由 $\lambda_{o,i}^t$、$\lambda_{o+1,i}^t$、$\lambda_{o,i+1}^t$、$\lambda_{o-1,i}^t$、$\lambda_{o,i-1}^t$ 和在时间 t 的实现成本 $c_{o,i}^t$ 确定。这里通过使用上述反向函数迭代更新所涉及的拉格朗日乘子 $\lambda_{o,i}^t$ 。

对于离散化网格中的任意点 (t,o,i) ，通过分别设置 $\frac{\partial L_d}{\partial p_o^t} = 0$ 和 $\frac{\partial L_d}{\partial p_i^t} = 0$ ，得到：

$$m_{o,i}^t\frac{\partial c_{o,i}^t}{\partial p_o^t} - \frac{\partial s_i}{\partial p_o^t}\lambda_{o,i}^t\frac{m_{o,i}^t - m_{o,i-1}^t}{\delta_i} = 0 \tag{4-88}$$

$$m_{o,i}^t\frac{\partial c_{o,i}^t}{\partial p_i^t} + \frac{\sigma_m^2}{2}\lambda_{o,i}^t\frac{m_{o+1,i}^t - 2m_{o,i}^t + m_{o-1,i}^t}{\delta_o^2} - \frac{\partial s_o}{\partial p_i^t}\lambda_{o,i}^t\frac{m_{o,i}^t - m_{o-1,i}^t}{\delta_o} = 0 \tag{4-89}$$

通过求解式 (4-87) 和式 (4-88) 可获得 p_o^t 和 p_i^t 的闭式解，并分别表示为

$$p_o^t = \frac{\dfrac{(k-g_{o,i})\lambda_{o,i}^t\left(m_{o,i}^t - m_{o,i-1}^t\right)}{2m_{o,i}^t\delta_i}}{2\left(g_{o,i}^2 + \omega_o g_{o,o}^2 + \omega_i \gamma_{th}^2 g_{o,o}^2\right)} -$$

$$\frac{2p_i^t\left(h_{j,i}g_{o,i} + \omega_i\gamma_{th}^2 h_{j,i}g_{o,i} - \omega_o\gamma_{th}h_{i,o}g_{o,o} - \omega_i\gamma_{th}g_{i,i}g_{o,i}\right)}{2\left(g_{o,i}^2 + \omega_o g_{o,o}^2 + \omega_i\gamma_{th}^2 g_{o,o}^2\right)} \tag{4-90}$$

$$p_i^t = \frac{\dfrac{(k-h_{i,o})\lambda_{o,i}^t\left(m_{o,i}^t - m_{o-1,i}^t\right)}{2\delta_o} - \dfrac{\sigma_m^2}{2}\lambda_{o,i}^t\dfrac{m_{o+1,i}^t - 2m_{o,i}^t + m_{o-1,i}^t}{\delta_o^t}}{2m_{o,i}^t\left(h_{i,o}^2 + \omega_o\gamma_{th}^2 h_{i,o}^2 + \omega_i g_{i,i}^2 - \omega_i\gamma_{th}h_{j,i}g_{i,i}\right)} +$$

$$\frac{2\gamma_{th}m_{o,i}^t p_o^t\left(\omega_o g_{o,o}h_{i,o} + \omega_i g_{o,i}g_{i,i}\right)}{2m_{o,i}^t\left(h_{i,o}^2 + \omega_o\gamma_{th}^2 h_{i,o}^2 + \omega_i g_{i,i}^2 - \omega_i\gamma_{th}h_{j,i}g_{i,i}\right)} \tag{4-91}$$

3. 分布式 IATOPC 算法

分布式 IATOPC 算法流程如下：

(1) 干扰感知过程，即统计初始干扰分布，假设为高斯分布。然后是主导玩家选择过程，在该过程中，应为所研究的普通玩家选择主导玩家。

(2) 新的流量关联被实现，这使得普通玩家是否将流量卸载给其支配者。该算法的其余部分执行功率控制过程，初始干扰平均场分布、拉格朗日参数和功率电平相互适应。

(3) 分别根据式 (4-89) 和式 (4-90)，拉格朗日乘子以及主导玩家和普通玩家的功率水平来再次迭代干扰平均场。

(4) 算法在多次迭代后收敛到平均场均衡解。

4.3.6　仿真验证及结果分析

根据一个实际的 LTE-A 场景，本小节通过仿真结果来说明笔者提出的分布式 IATOPC 算法的有效性和收敛性。假设 MeNB 配备了全向天线，将 500 m × 500 m 的矩形区域设置为宏小区的覆盖范围，并且小小区被超密集地部署，覆盖在宏小区边缘周围 p_i^{max} =20 dBm。这里采用的阴影标准偏差和路径损耗模型是基于 3GPP-TR 36.81 的 5 × 5 网格模型中的毫微微小区系统仿真参数见表 4-1。在仿真实验中，选择 Femto 作为 SeNB 的代表。具体而言，对于 2 GHz，从毫微微或小小区到同一集群内 UE 的路径损耗模型为 $L = 37 +$

$30\lg R$，其中，R 的单位为 m。同时，考虑 SeNB 和 SUE 之间链路的阴影标准偏差。此外，考虑到超密集网络中可能存在多个支配者，整个区域还可划分为几个较小的区域。对于每一个较小的区域，运行设计的算法，然后计算系统性能指标。

表 4-1　系统仿真参数

仿 真 参 数	数　值
部署场景	500 m × 500 m 范围的密集 SeNBs
带宽和载波	10 MHz 和 2 GHz
小小区数量	63
一个小小区服务的用户数量	2
BS 和 UEs 的距离	5 m，31.25 m
p_o^{max}，p_i^{max}	0.2 W，0.1 W
宏小区站点间距离	500 m
X，Y，Z	50，10，10
T	0.5 s
ω_o，ω_i	1×10^{-6}，4×10^{-6}

1. 性能指标

能量效率 (Energy Efficiency，EE) 和频谱效率 (Spectrum Efficiency，SE) 为本仿真实验中的性能指标。在给出指标之前，主导玩家和一般玩家的 SINR 分别为

$$\gamma_o = \frac{\overline{p}_o g_{o,o}}{\overline{p}_i h_{i,o} + \sigma^2} \tag{4-92}$$

$$\gamma_i = \frac{\overline{p}_i g_{i,i}}{\overline{p}_o g_{o,o} + \overline{p}_j h_{j,i} + \sigma^2} \tag{4-93}$$

式中，$\overline{p}_o$ 和 $\overline{p}_i$ 分别表示在时间间隔 $[0,T]$ 内支配玩家和一般玩家的平均功率；σ^2 是噪声功率。

假设 $\overline{p}_j = \overline{p}_i$，因为在超密集场景中都是普通玩家之间的干扰之和，所以

可以计算 SE 和 EE。支配玩家的 SE 用 $\mathrm{lb}(1+\gamma_o)$ 表示，主导玩家的 EE 用 $\dfrac{B\mathrm{lb}(1+\gamma_o)}{\overline{p}_o}$ 表示。普通玩家的 SE 用 $\mathrm{lb}(1+\gamma_i)$ 表示，普通玩家的 EE 用 $\dfrac{B\mathrm{lb}(1+\gamma_i)}{\overline{p}_i}$ 表示，其中，B 是总带宽。

2. MFE 的平均场行为

本小节从不同角度展示了 MFE 平均场的行为。假设初始干扰分布为高斯分布。

图 4-10(a) 显示了给定恒定时间时，平均场相对于主导玩家的干扰状态空间和普通玩家的干扰状态空间的分布。可以看出，干涉的分布是二维高斯的。这是因为假设高斯分布是初始分布。此外，在收敛时，当干扰态的值在中间水平附近时，平均场的值更大。根据组合成本函数，一方面，需要更大的播放器发射功率来满足 SINR 要求；另一方面，成本函数会限制发射功率的持续增加。

图 4-10(b) 显示了具有恒定干扰状态空间的普通玩家的干扰平均场分布。如图 4-10(b) 所示，当时间恒定时，SBS 的数量随着主导玩家的干扰状态先增加后减少。

为了进一步说明，图 4-10(c) 还显示了 MFE 处的干扰平均场的分布，其中主导玩家处于恒定干扰状态空间。由图 4-10(c) 可知，当时间固定时，SBS 的数量随着普通玩家的干扰状态的增加先增加后减少。

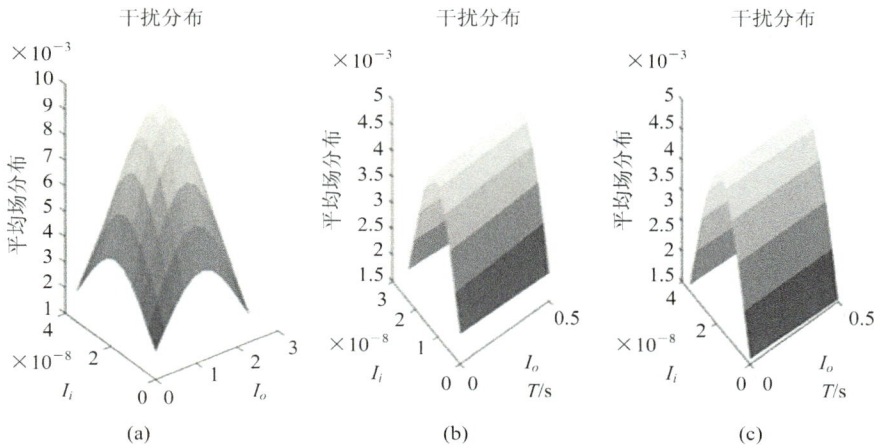

图 4-10　在 MFE 的平均场分布

3. MFE 的性能结果

下面介绍 MFE 的性能。图 4-11 中 x 轴是每平方千米 SBS 的密度，y 轴是 EE 或 SE。此外，本小节比较了两种不同方案下的性能，即无流量卸载 (Without Traffic Offloading，WOTO) 和有流量卸载 (With Traffic Offloading，WTO)。

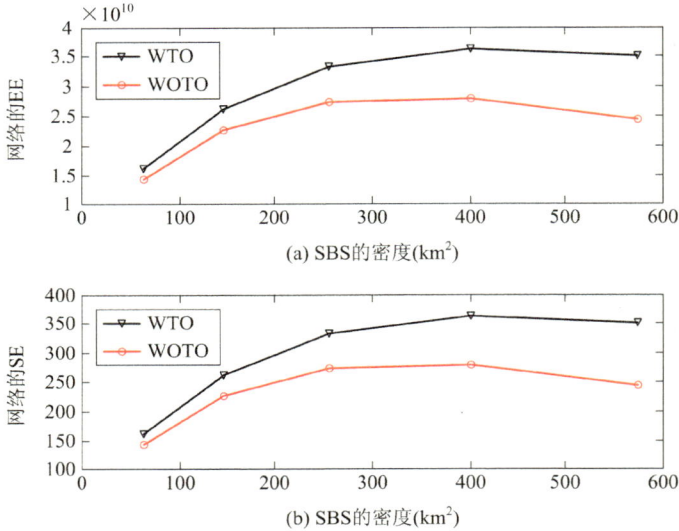

(a) SBS的密度(km²)

(b) SBS的密度(km²)

图 4-11　SBS 的 EE 和 SE

图 4-11 显示了不同 SBS 密度下网络的 EE 和 SE。可以看出，与 WOTO 方案相比，WTO 方案下的 SE 和 EE 性能更高。其次，对于两种方案，随着 SBS 密度的增加，网络的 SE 和 EE 首先增加，然后由于 SBS 密度过大 (400/km²) 时网络环境的急剧减少而降低。

4. 能量效率和频谱效率的累积密度函数

本小节给出了 EE 和 SE 的累积密度函数 (Cumulative Density Functions，CDF)。例如，主导玩家的能量效率和频谱效率的 CDF 分别在图 4-12(a) 和图 4-12(b) 中给出。可以注意到，在 WTO 和 WOTO 方案下，支配者的能量效率和频谱效率相近。

此外，普通玩家的能量效率和频谱效率的 CDF 分别在图 4-13(a) 和图 4-13(b) 中给出。对于任意固定的概率，与 WOTO 方案相比，WTO 方案的一般参与者的 EE 和 SE 总是更高。例如，当概率低于 0.6 时，与 WOTO 方案下的 SE(大约 4.2b/s/Hz) 相比，通用播放器在 WTO 方案下实现了更高的 SE(大约 5.2 (b/s)/Hz)。由此可知，WTO 方案可以进一步提高 EE 和 SE 的绩效。

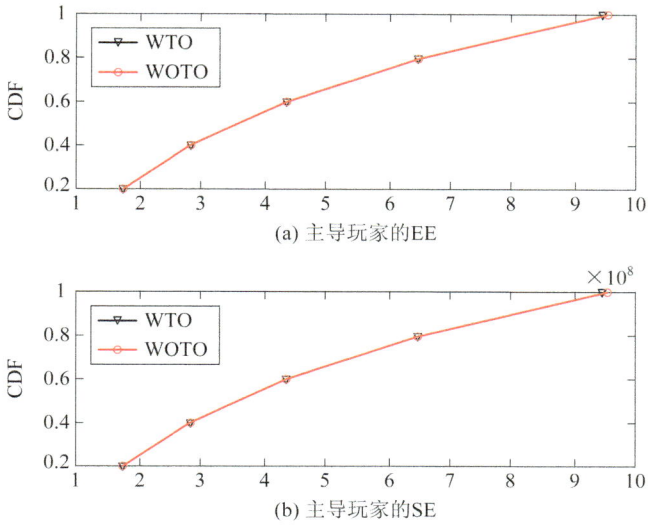

(a) 主导玩家的EE

(b) 主导玩家的SE

图 4-12　主导玩家的 EE 和 SE 的 CDF

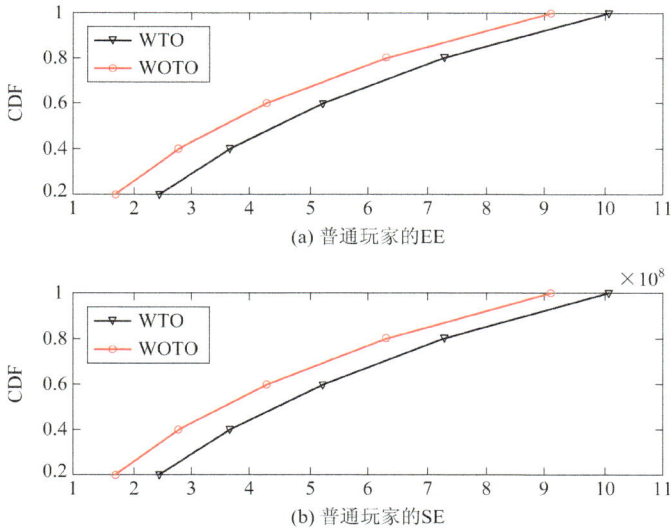

(a) 普通玩家的EE

(b) 普通玩家的SE

图 4-13　普通玩家的 EE 和 SE 的 CDF

(1) 本小节所提出的 IATOPC 算法可以实现 MFE。此外，当干扰状态的值接近中间水平时，平均场的值更大。这是因为需要更大的发射功率来满足 SINR 要求，并且设计的成本函数限制了发射功率的连续增加。

(2) 在 WTO 方案下，频谱效率和能量效率有所改善。从图 4-12 和图 4-13 中可以看出，与 WTO 方案相比，WTO 方案下的 SE 和 EE 性能明显改善。

本章参考文献

[1] ZHANG S，LIU J，GUO H，et al. Envisioning Device-to-Device Communications in 6G[J]. IEEE Network，2020，34(3): 86-91.

[2] CHEN Y，AI B，NIU Y，et al. Resource Allocation for Device-to-Device Communications in Multi-Cell Multi-Band Heterogeneous Cellular Networks[J]. IEEE Transactions on Vehicular Technology，2019，68(5): 4760-4773.

[3] LÓPEZ-PÉREZ D，DING M，CLAUSSEN H，et al. Towards 1 Gbps/UE in Cellular Systems: Understanding Ultra-Dense Small Cell Deployments[J]. IEEE Communications Surveys & Tutorials，2015，17(4): 2078-2101.

[4] LEE W，SCHOBER R. Deep Learning-Based Resource Allocation for Device-to-Device Communication[J]. IEEE Transactions on Wireless Communications，2022，21(7): 5235-5250.

[5] MACH P，BECVAR Z. Device-to-Device Relaying: Optimization，Performance Perspectives，and Open Challenges Towards 6G Networks[J]. IEEE Communications Surveys & Tutorials，2022，24(3): 1336-1393.

[6] WANG L，YANG C，HU R Q. Autonomous Traffic Offloading in Heterogeneous Ultra-Dense Networks Using Machine Learning[J]. IEEE Wireless Communications，2019，26(4): 102-109.

[7] YANG C，LI J，NI Q，et al. Interference-Aware Energy Efficiency Maximization in 5G Ultra-Dense Networks[J]. IEEE Transactions on Communications，2016，65(2): 728-739.

[8] XIAO J，YANG C，ANPALAGAN A，et al. Joint Interference Management in Ultra-Dense Small-Cell Networks: A Multi-Domain Coordination Perspective[J]. IEEE Transactions on Communications，2018，66(11): 5470-5481.

[9] YANG C，LI J，SHENG M，et al. Mean Field Game-Theoretic Framework

for Interference and Energy-Aware Control in 5G Ultra-Dense Networks[J]. IEEE Wireless Communications，2017，25(1): 114-121.

[10]　YANG C，DAI H，LI J，et al. Distributed Interference-Aware Power Control in Ultra-Dense Small Cell Networks: A Robust Mean Field Game[J]. IEEE Access，2018，6: 12608-12619.

[11]　BENSOUSSAN A，SUNG K C J，YAM S C P，et al. Linear-Quadratic Mean Field Games[J]. Journal of Optimization Theory and Applications，2016，169(1): 496-529.

[12]　YANG C，LI J，SEMASINGHE P，et al. Distributed Interference and Energy-Aware Power Control for Ultra-Dense D2D Networks: A Mean Field Game[J]. IEEE Transactions on Wireless Communications，2017，16(2): 1205-1217.

[13]　ACHDOU Y，CAPUZZO-DOLCETTA I. Mean Field Games: Numerical Methods[J]. SIAM Journal on Numerical Analysis，2010，48(3): 1136-1162.

[14]　BENSOUSSAN A，CHAU M H M，YAM S C P. Mean Field Games with A Dominating Player[J]. Applied Mathematics & Optimization，2016，74(1): 91-128.

[15]　LASRY J M，LIONS P L. Mean-Field Games with A Major Player[J]. Comptes Rendus Mathematique，2018，356(8): 886-890.

[16]　YANG C，ZHANG Y，LI J，et al. Power Control Mean Field Game with Dominator in Ultra-Dense Small Cell Networks[C]//2017 IEEE Global Communications Conference，Singapore，2017: 1-6.

[17]　ZHANG Y，YANG C，LI J，et al. Distributed Interference-Aware Traffic Offloading and Power Control in Ultra-Dense Networks: Mean Field Game With Dominating Player[J]. IEEE Transactions on Vehicular Technology，2019，68(9): 8814-8826.

第5章 空中无人机通信博弈

5.1 研究背景及意义

　　无人机是指利用无线电设备遥控或自身预载程序操纵的无人驾驶飞机，最早应用于军事领域。为了提高军事实力，各个国家正在积极筹划无人机军事应用的项目。美国在《无人机系统路线图 (2005-2030)》中明确规划了无人机的研究路线，并且给出了无人机任务能力的应用场景，如图 5-1 所示。无人机适用于多种战争形式，具有重要研究价值。

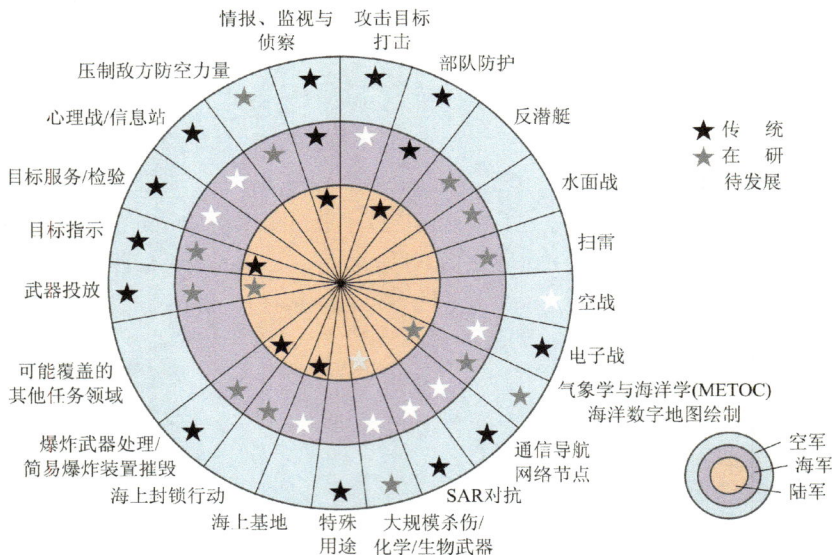

图 5-1 无人机任务能力示意图

单个无人机虽然可以高效地执行简单、时间较短的任务，但是在执行复杂任务时，由于自身的续航能力和监测范围有限，其作业能力明显不足。将多个不同功能的无人机互联成一个任务灵活分配、信息融合共享的有机整体，能够大大提升无人机的作业（甚至作战）能力。因此，多无人机协同的超密集无人机自组织网络是无人机发展的一个必然趋势。

无线网络中的无线资源非常有限，特别是在集群化情况下，空中无人机通信网络中的多个节点共享通信资源，进一步造成了无线资源的不足，因此如何充分利用有限的无线资源来满足不同 QoS 的通信服务，成为实现超密集无人机自组织网络要解决的关键问题。

空中无人机通信网络资源管理旨在节点高动态移动、超密集部署、立体化分布、链路频变和资源受限等情况下动态调整和分配网络资源，在兼顾公平性的前提下提高无线资源利用率，实现网络效用最大化，提高网络吞吐量和系统性能，增强网络的稳定性和可扩展性。

空中无人机通信网络资源管理可以分为：速率分配、带宽分配、功率控制、路由选择、接入控制和拥塞控制等。空中无人机通信网络资源管理的目标如下：

(1) 资源分配兼顾公平性。由于无人机通信信道是多跳共享的多点信道，存在多用户共同竞争同一无线信道的情况，因此在资源分配时应兼顾公平性。其中，资源分配的公平性是指当多用户信道发生竞争时，必须按照某种公平性准则将无线资源分配给用户。

(2) 提升网络资源利用率。在空中无人机通信网络中，稀缺的无线信道资源非常重要，尤其是在无人机驱动下的超密集无人机自组织网络中。日益增加的通信业务需求和有限的无线带宽资源之间的矛盾日益严峻。除此之外，实际环境中的干扰、噪声、信道衰落和路径损耗等因素导致无人机节点实际上获得的带宽远小于理论值。由此可见，在设计资源管理策略时，应该充分利用有限的无线频谱资源，以提高网络资源利用率。

(3) 最大化能量效率。未来，无人机发展的趋势是小型化、智能化、集群化。在空中无人机通信网络中，小型化无人机节点主要由电池提供能量，因此超密集无人机自组织网络是一种能量受限网络。而无人机节点无论是发送数据还是转发其他无人机节点的数据都需要消耗节点的能量。如果不对能量进行管理，当无人机节点能量耗尽时，轻则导致节点损坏，影响网络性能；重则导致整个网络瘫痪。因此，在资源分配的同时应该最大化能量效率，以延长网络的生命周期。

(4) 提高网络吞吐量。一方面，用户对 QoS 需求日益提升。另一方面，无人机集群驱动下的超密集无人机自组织网络中，节点超密集部署极大地增加了网络业务量。有限的无线带宽资源成为了限制用户服务质量提升的一个瓶颈，因此有效提升网络吞吐量显得非常重要。因此，应该设计高效的资源管理策略以获取更大的网络吞吐量，最大化网络效益。

(5) 需求驱动资源分配。提供 QoS 保证是空中无人机通信网络资源管理的必然趋势。然而，不同的用户和业务可能会有不同的服务质量需求，如丢包率、端到端时延等。例如，语音业务对时延要求很高，但对丢包率要求不是很高。因此，在资源分配时，可以根据不同的业务类型设计不同的资源管理策略，以提供特定业务的服务质量保证。

传统的基于理想反馈信息的资源分配方法很难满足实际的系统需求，在设计资源分配策略时应考虑这些不确定因素的影响，使得设计的策略更具有鲁棒性，能够适应复杂的实际环境。

5.2　多维跨层资源管理博弈模型

随着无人机自组网的迅速发展，如何高效利用有限的网络资源成为了重要的问题。在这样的网络环境中，资源管理和路由协议的设计需要同时考虑多个维度的问题，包括网络层、链路层和物理层的参数，这称之为跨层设计。跨层设计能够有效地提升自组网的资源利用率，尤其是在动态和复杂的网络环境中。

跨层设计能够有效提升超密集无人机自组织网络的资源利用率，而平均场博弈理论则能在大规模网络中兼顾本地和全网资源的优化。针对无人机自组网中资源管理的复杂性和挑战，跨层设计通过在物理层、链路层和网络层之间共享信息，实现动态调整和联合优化，从而更好地适应频繁变化的网络环境。

平均场博弈作为一种分布式决策机制，能够在大规模多智能体系统中引导各节点在独立决策时兼顾全局效益，减少控制开销，提高系统的扩展性和鲁棒性。通过这种多维资源管理策略，不仅可以在多维度上进行公平高效的资源分配，还能在保障网络安全和隐私的同时显著提升网络的整体性能，为空中无人机自组网的应用提供强有力的支持。

5.2.1　系统模型和问题描述

1. 系统模型

如图 5-2 所示，无人机集群驱动下的超密集无人机自组织网络，存在大量源节点（如节点 i）和目的节点（如节点 j）对。

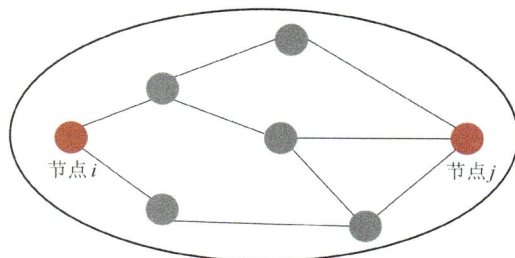

图 5-2　超密集无人机自组织网络

基于图 5-2 构建的场景图，作出如下假设：

(1) $\mathcal{G} = (\mathcal{V}, \mathcal{E})$：由于超密集无人机自组织网络中可能存在不对称链路，故定义为有向图。其中，$\mathcal{V} = \{1, 2, \cdots, M\}$ 是顶点（即无人机节点）的集合，$\mathcal{E}$ 是边（即无线链路）的集合；

(2) $A^G = \{a_{ij}\}_{i,j \in V}$：网络拓扑，当 $(i, j) \in \mathcal{E}$ 时，$a_{ij} = 1$；否则 $a_{ij} = 0$。其中，i 和 j 是两个无人机节点；

(3) $\mathcal{V} = \mathcal{S} \cup \mathcal{R} \cup \mathcal{D}$：由一系列的发送节点、接收节点和中继节点构成。其中，$\mathcal{S}$ 是发送节点集合，$\mathcal{R}$ 是接收节点集合，$\mathcal{D}$ 是中继节点集合；

(4) $\mathcal{F} = \{f_{\min}, f_{\min+1}, \cdots, f_{\max-1}, f_{\max}\}$：超密集无人机自组织网络可用的无线频谱资源，并定义相邻频谱间带宽为 w；

(5) $E^{\max}$：无人机节点可利用的最大能量；

(6) $\mathcal{Q} = \{q_1, \cdots, q_M\}$：无人机节点的队列长度集合；

(7) $\mathcal{X} = \{x_1, \cdots, x_M\}$：无人机节点的位置集合；

(8) $q_i \in \mathcal{Q}$ 和 $x_i \in X$，$i \in \{1, \cdots, M\}$：时间 t 上的向量，分别记 $q_{i,t}$ 和 $x_{i,t}$ 为无人机节点在时刻 t 的队列长度和位置。

基于上述假设，分别定义相应的无人机节点能量模型，队列模型和移动性模型。

(1) 无人机节点能量模型定义为

$$E_{j,t+1} = E_{j,t} - \delta \cdot p_{j,t} \tag{5-1}$$

式中，δ 指时间维度上的步长；$p_{j,t}$ 表示节点 j 在 t 时刻的功率。

(2) 无人机节点队列模型定义为

$$q_{j,t+1} = \left[q_{j,t} - D_j \mathbf{1}_{\text{success}}(t,s) \right]_+ + A_{j,t+1} \tag{5-2}$$

式中，$D_j \mathbf{1}_{\text{success}}(t,s)$ 表示离开过程；$A_{j,t+1}$ 表示到达过程。

(3) 无人机节点移动性模型定义为

$$x_{j,t+1} = x_{j,t} + \delta \cdot v(t,x_{j,t}) + \sigma_x w_{j,t+1} \tag{5-3}$$

式中，$w_{j,t+1}$ 是均值为零、方差有限的维纳过程；σ_x 是大于零的权衡因子；$v(t,x_{j,t})$ 是漂移函数，指无人机节点的速度；δ 指时间维度上的步长。

干扰是无线通信网络中必不可少的影响因子，处理好干扰就能够有效提升网络资源利用率，改善网络性能。假设在频率 f 上，无人机节点 i 和 j 正在通信，对于无人机节点 j 来说，其邻居节点 k 在频率 f 上的传输就会对节点 j 产生干扰。信号经过无线链路进行传递要经历路径损耗和信道衰落。

(1) 路径损耗模型定义为

$$l_{ij}^f = \min\left(1, \|z_i - z_j\|^{-\alpha(f)}\right) \tag{5-4}$$

式中，$a(f) > 2$ 是路径损耗指数；z_i 表示无人机节点 i 的地理位置；$\|z_i - z_j\|$ 表示节点 i 和节点 j 之间的距离。

(2) 信道衰落模型定义为

$$\mathrm{dg}_{ij}^f(t) = \frac{1}{2}\left(\mu^f - g_{ij}^f(t)\right)\mathrm{d}t + \eta^f \mathrm{d}W_{ij}^f(t) \tag{5-5}$$

式中，μ^f 是非负常数；η^f 表示权衡因子；$W_{ij}^f(t)$ 是相互独立的维纳过程。

基于路径损耗模型和信道衰落模型，定义链路 (i,j) 之间的信道增益为

$$\left| h_{ij}^f(t) \right|^2 = l_{ij}^f \times \left| g_{ij}^f(t) \right|^2 \tag{5-6}$$

由此可知，链路 (k,j) 对链路 (i,j) 在频率 f 上造成的干扰为

$$I_j^f(t) = \sum_{k \neq i, k \in V} p_k^f(t) \left| h_{kj}^f(t) \right|^2 \tag{5-7}$$

至此，超密集无人机自组织网络模型构建完成。

2. 问题描述

1) 问题建模

为了降低链路间的干扰，实现能量效率最大化，多维跨层资源管理问题

可以构建为一个随机博弈模型，定义 $\mathcal{G} = \{\mathcal{N}, \mathcal{X}, \mathcal{A}, \mathcal{T}\}$，其中：

(1) $\mathcal{N}$ 为决策者集合，定义 $\mathcal{N} = \mathcal{S}$，即博弈中决策者集合为发送节点集合。在超密集无人机自组网场景中，假设发送节点数目很大。

(2) $\mathcal{X}$ 为决策者状态集合，考虑超密集无人机自组织网络节点高动态移动、超密集部署、立体化分布、网络拓扑和链路频变等特征，定义决策者状态包括无人机节点能量、队列长度、位置以及干扰。

(3) $\mathcal{A}$ 为动作集合，具体包括无人机节点功率选择、频谱分配以及下一跳节点选择。

(4) $\mathcal{T}$ 为代价函数集合，联合考虑物理层功率资源、MAC 层频谱资源以及网络层路由资源，设计多维资源跨层管理代价函数。

为了实现不大量增加网络开销的同时，使网络节点兼顾本地和全网的能力，实现能量效率最大化的目标，定义链路 (i, j) 上的代价函数如下所示。

$$T_{ij}^{f}(t) = \frac{1}{c_{ij}^{f}(t) \cdot \left[Q_i(t) - Q_j(t)\right]^{+} e^{-v_{ij}^{t}\beta}} \tag{5-8}$$

式中，$Q_i(t)$ 和 $Q_j(t)$ 分别为节点 i 和节点 j 处的队列长度；v_{ij}^{t} 为节点 i 和节点 j 在 t 时刻的相对速度；β 表示相对速度的权衡因子。

链路 (i, j) 上的能量效率为

$$c_{ij}^{f}(t) = \frac{w \cdot \mathrm{lb}\left[1 + \dfrac{P_i(f)\left|h_{ij}^{f}(t)\right|^2}{N_j(f) + I_j(f)}\right]}{P_i(f)} \tag{5-9}$$

式中，$P_i(f)$ 表示节点 i 在频率 f 上的发射功率；$N_j(f)$ 表示节点 j 在频率 f 上的噪声功率；$h_{ij}^{f}(t)$ 表示链路 (i, j) 在频率 f 上的信道增益。

假设 K_i 为决策者 S_i 传输路径中经过的中继个数，进而定义决策者 S_i 的代价函数如下所示。

$$T_i = \sum_{j=0}^{K_i+1} T_{j,j+1}^{f} \tag{5-10}$$

式中，$j = 0$ 和 $j = K_i + 1$ 分别表示决策者本身以及决策者对应的接收节点；$j = 1, 2, \cdots, K_i$，分别表示第 j 个中继；节点 $j + 1$ 是节点 j 的可行下一跳节点。当且仅当节点 $j + 1$ 到接收节点的距离比节点 j 到接收节点的距离近时，定义节点 j 的可行下一跳节点集合为 $\mathrm{next}(j)$。

基于此，定义跨层优化问题如下所示。

$$p \leqslant p^{\max} \tag{5-11}$$

2) 问题分解

联合考虑物理层功率控制、MAC 层频谱分配以及网络层路由选择，设计如式 (5-8) 所示的跨层代价函数，并定义跨层优化问题如式 (5-11) 所示。然而，跨层优化问题复杂度较高，不利于直接求解。因此，采用问题分解法将原跨层优化问题分解为更简单的子问题，然后进行求解。

如图 5-3 所示，跨层优化问题可以分解为能量效率最大化子问题和中继选择子问题。更进一步，链路能量效率最大化子问题中优化变量为功率和频率。考虑 $[0 \to T]$ 内的最优化问题，频率调度是一个慢过程。相比而言，功率控制是一个快过程，在 $[0 \to T]$ 内进行功率控制。由此可见，频率调度和功率控制是两个可分离的过程。因此，能量效率最大化子问题可以进一步分解为功率控制子问题和频率调度子问题。

(1) 能量效率最大化子问题：给定链路 (i, j)，通过优化频率和功率，最大化链路能量效率。

① 功率控制子问题：给定频率 $f \in F$，通过 MFG 理论设计功率控制算法。

② 频率调度子问题：对于频率 $f \in F$，调用功率控制算法，通过比较不同频率下频率调度子问题的解，可以得到最优频率调度策略，即 $f^* = \arg \max c_{ij}^f$。

(2) 中继选择子问题：最大化 $[Q_i(t) - Q_j(t)]^+ e^{-v_{ij}'\beta}$。对于任意节点 $j \in \text{next(i)}$，执行能量效率最大化算法，并根据 $j^* = \arg \min T_{ij}$ 得到最优中继节点。

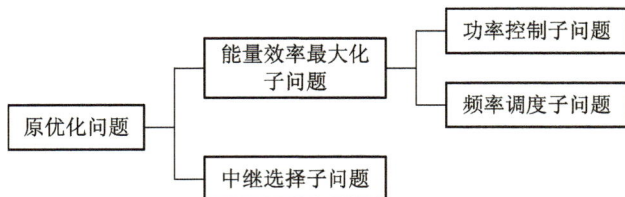

图 5-3 跨层优化问题分解结构示意图

5.2.2 功率控制平均场博弈

在无人机集群驱动下的超密集无人机自组织网络中，对于功率控制子问题，传统的参与者由于严重的交互开销和复杂的数学计算并不适用。因此，功率控制子问题可以建模为一种适合于描述与分析大规模密集场景下的决策者交互行为的 MFG 模型。

1. 平均场博弈建模

在功率控制的 MFG 模型中，决策者集合为发送节点集合，行为空间包括所有可行功率，状态空间定义为节点能量状态空间和节点所受干扰状态空间，定义效用函数为

$$c_{ij}^{f}(t) = \frac{w \cdot \mathrm{lb}\left[1 + P_i(f)\left|h_{ij}^{f}(t)\right| \middle/ N_j(f) + I_j(f)\right]}{P_i(f)} \tag{5-12}$$

定义值函数为

$$u_{ij}(t) = \max E\left[\int_t^T c_{ij}^{f}(\tau)\mathrm{d}\tau + c_{ij}^{f}(T)\right], \quad t \in [0, T] \tag{5-13}$$

式中，$c_{ij}^{f}(T)$ 是最终时刻 T 时的效用函数。

根据贝尔曼最优性原则，一个最优控制策略应该满足：无论过去的状态和决策如何，对前面的决策形成的状态而言，余下的决策也必须构成最优策略，即最优策略的任何一部分子策略也必须是最优的。因此，功率控制子问题的最优功率控制策略定义如下。

对于任意一条链路 (i, j)，$p_i^*(t \to T)$ 是最优功率策略，在任意时间 $t \in (0, T)$，都有

$$E\left[\int_t^T c_{ij}^{f}\left(p_i^*(\tau)\right)\mathrm{d}\tau + c_{ij}^{f}(T)\right] = u_{ij}(t), \quad t \in [0, T] \tag{5-14}$$

定义平均场为

$$m(t, x) = \lim_{N \to \infty} \frac{1}{N}\sum_{i=1}^{N} I_{\{x(t)=x\}} \tag{5-15}$$

式中，N 是决策者数量；$I_{\{\cdot\}}$ 是指示函数，当条件为真时返回 1，否则返回 0。

接下来，推导 MFG 系统 HJB 方程和 FPK 方程。假设 $\mathrm{d}t$ 是一个无穷小的时间量，根据贝尔曼最优性原则，当 $t \to t + \mathrm{d}t$ 时，可以得到 t_0 时刻的贝尔曼函数为

$$u(t_0, x_0) = \min_p\left\{\mathbb{E}u(t_0 + \mathrm{d}t, x_0 + \mathrm{d}x + \sigma\mathrm{d}B_t) + c(t_0, x_0)\mathrm{d}t\right\} \tag{5-16}$$

式中，$\sigma = (0, \sigma_\mu)$；$B_t = (0, B_t^\mu)$。

使用泰勒公式展开式 (5-16)，并且利用 Ito 规则，可以得到：

$$u\left(t_0 + \mathrm{d}t, x_0 + \mathrm{d}x + \sigma \mathrm{d}B_t\right) = u\left(t_0, x_0\right) + \partial_t u\left(t_0, x_0\right)\mathrm{d}t + \nabla_e u\left(t_0, x_0\right)\mathrm{d}e +$$

$$\nabla_\mu u\left(t_0, x_0\right)\left(\mathrm{d}\mu + \sigma_\mu \mathrm{d}B_t^\mu\right) + \frac{1}{2}\sigma_\mu^2 \frac{\partial^2 u\left(t_0, x_0\right)}{\partial \mu^2}\mathrm{d}t + o \quad \text{(5-17)}$$

式中，o 表示高阶无穷小；$\mathrm{d}e = -p\left(t_0, x_0\right)\mathrm{d}t$ ；$\mathrm{d}\mu = \partial_t \mu\left(t_0, x_0\right)\mathrm{d}t$ 。

　　忽略高阶无穷小，并对式 (5-17) 两边求期望，可以得到：

$$\mathbb{E}u\left(t_0 + \mathrm{d}t, x_0 + \mathrm{d}x + \sigma \mathrm{d}B_t\right) = u\left(t_0, x_0\right) + \partial_t u\left(t_0, x_0\right)\mathrm{d}t + \nabla_e u\left(t_0, x_0\right)\mathrm{d}e +$$

$$\nabla_\mu u\left(t_0, x_0\right)\mathrm{d}\mu + E\left[\nabla_\mu u\left(t_0, x_0\right)\sigma_\mu \mathrm{d}B_t^\mu\right] + \quad \text{(5-18)}$$

$$\frac{1}{2}\sigma_\mu^2 \Delta_\mu u\left(t_0, x_0\right)\mathrm{d}t$$

　　由于布朗运动 $\mathrm{d}B_t^\mu$ 在时间 $\mathrm{d}t$ 上的期望为零，$\Delta_\mu u\left(t_0, x_0\right) = \dfrac{\partial^2 u\left(t_0, x_0\right)}{\partial \mu^2}$，移

项整理可得：

$$\partial_t u\left(t_0, x_0\right) + \frac{1}{2}\sigma_\mu^2 \Delta_\mu u\left(t_0, x_0\right) = -\min_p \Big[c\left(t_0, x_0\right) - p\left(t_0, x_0\right)\nabla_e u\left(t_0, x_0\right) +$$

$$\nabla_\mu u\left(t_0, x_0\right)\partial_t \mu\left(t_0, x_0\right)\Big] \quad \text{(5-19)}$$

　　不失一般性，HJB 方程可表示为

$$\partial_t u\left(t, x\right) + \frac{1}{2}\sigma_\mu^2 \Delta_\mu u\left(t, x\right) = -\min_{p(t)} \Big[c\left(t, x\right) - p\left(t, x\right)\nabla_e u\left(t, x\right) +$$

$$\partial_t \mu\left(t, x\right)\nabla_\mu u\left(t, x\right)\Big] \quad \text{(5-20)}$$

式中，$H\left(c, p, \nabla_x u\left(t, x\right)\right) = -\min\limits_{p(t)}\left\{c\left(t, x\right) - p\left(t, x\right)\nabla_e u\left(t, x\right) + \partial_t \mu\left(t, x\right)\nabla_\mu u\left(t, x\right)\right\}$，
表示哈密尔顿量。

　　进一步，采用测试函数的方法对 FPK 方程进行推导。推导出的 FPK 方程为

$$\partial_t m\left(t, x\right) + \nabla\left(a\left(x, \alpha\right)\cdot m\left(t, x\right)\right) - \nabla\left(p\left(t, x\right)\cdot m\left(t, x\right)\right) - \frac{\sigma^2}{2}\Delta m\left(t, x\right) = 0 \quad \text{(5-21)}$$

式中，$a\left(x, \alpha\right) = \partial\mu/\partial t$ ；∇ 表示梯度算子；Δ 指拉普拉斯算子，即二阶偏导求和。

　　至此，HJB 方程和 FPK 方程推导完毕，接下来需要对 HJB 方程和 FPK
方程进行求解。

2. 平均场博弈求解

　　本小节采用有限差分法对 MFG 系统方程进行求解，其本质是通过反复迭

代的步骤达到 MFE。如果最优控制问题的目标函数是凸函数，则算法收敛点为 MFE。具体步骤如下。

（1）在有限差分法中，将时间轴 $[0，T]$、能量状态空间 $[0，E^{\max}]$、干扰状态空间 $[0，I^{\max}]$ 在 $X×Y×Z$ 空间进行离散化。定义迭代步长为

$$\delta_t = \frac{T}{X}，\quad \delta_e = \frac{E^{\max}}{Y}，\quad \delta_\mu = \frac{I^{\max}}{Z} \tag{5-22}$$

（2）采用 Lax-Friedrichs 方法来求解 FPK 方程。对于 Lax-Friedrichs 方法，假设函数 $f(t，x)$ 的迭代步长分别为 δ_t 和 δ_x。进一步假设 $f(t，x) = f_i^j$，其中，$t = j\delta_t$，$x = i\delta_x$，可以得到 Lax-Friedrich 算子为

$$\partial_t f_i^j = \frac{f_i^{j+1} - \frac{1}{2}\left(f_{i+1}^j - f_{i-1}^j\right)}{\delta_t} \tag{5-23}$$

$$\partial_x f_i^j = \frac{f_{i+1}^j - f_{i-1}^j}{2\delta_x} \tag{5-24}$$

$$\Delta_x f_i^j = \nabla_x\left(\nabla_x f_i^j\right) = \frac{f_{i+2}^j - 2f_i^j + f_{i-2}^j}{4\delta_x^2} \tag{5-25}$$

至此，针对推导出的 FPK 方程，应用 Lax-Friedrichs 方法求解，平均场迭代公式为

$$\frac{m_{i,j}^{t+1}}{\delta_t} = \frac{m_{i+1,j+1}^t + m_{i-1,j-1}^t}{2\delta_t} + p(t,x)\frac{m_{i+1,j}^t - m_{i-1,j}^t}{2\delta_e} -$$

$$a(x,\alpha)\frac{m_{i,j+1}^t - m_{i,j-1}^t}{2\delta_\mu} + \frac{\sigma^2}{2}\frac{m_{i+2,j}^t - 2m_{i,j}^t + m_{i-2,j}^t}{4\delta_e^2} \tag{5-26}$$

（3）求解 HJB 方程。由于哈密尔顿量的存在，不能直接运用有限差分法求解 HJB 方程。因此，重新将 HJB 方程构建为其对应的最优控制问题，定义的新跨层优化问题为

$$\begin{cases} \max_{p_i} \ E\left[\int_0^T c_{ij}^f(t,x,p,m)d\tau + c_{ij}^f(T)\right] \\ \text{s.t.} \quad \partial_t m(t,x) + \nabla\big(a(x,\alpha)\cdot m(t,x)\big) - \\ \quad\quad \nabla\big(p(t,x)\cdot m(t,x)\big) - \frac{\sigma^2}{2}\Delta m(t,x) = 0 \end{cases} \tag{5-27}$$

此时，引入拉格朗日乘子 λ，可以得到新跨层优化问题对应的拉格朗日函

数如下所示。

$$
\left(t,x,p,m,\lambda\right)=\int_{t=0}^{T}\int_{e=0}^{E}\int_{\mu=0}^{\mu^{\max}}\left\{c\left(t,x,p,m\right)m\left(t,x\right)+\lambda\left[\partial_{t}m\left(t,x\right)+\nabla\left(a\left(x,\alpha\right)\cdot m\left(t,x\right)\right)-\right.\right.
$$
$$
\left.\left.-\nabla\left(p\left(t,x\right)\cdot m\left(t,x\right)\right)-\frac{\sigma^{2}}{2}\Delta m\left(t,x\right)=0\right]\right\}dtded\mu
$$

(5-28)

对式 (5-28) 进行离散化，可以得到离散化拉格朗日函数如下所示。

$$
L_{d}\left(t,x,p,m,\lambda\right)=\sum_{t=1}^{X+1}\sum_{i=1}^{Y+1}\sum_{j=1}^{Z+1}\left[c_{i,j}^{t}m_{i,j}^{t}+\lambda_{i,j}^{t}\left(\frac{m_{i,j}^{t+1}-\frac{1}{2}(m_{i+1,j+1}^{t}+m_{i-1,j-1}^{t})}{\delta_{t}}-p_{i,j}^{t}\frac{m_{i+1,j}^{t}-m_{i-1,j}^{t}}{2\delta_{e}}+\right.\right.
$$
$$
\left.\left.a\left(x,\alpha\right)\frac{m_{i,j+1}^{t}-m_{i,j-1}^{t}}{2\delta_{\mu}}-\frac{\sigma^{2}}{2}\frac{m_{i+2,j}^{t}-2m_{i,j}^{t}+m_{i-2,j}^{t}}{4\delta_{e}^{2}}\right)\right]
$$

(5-29)

对于任意一个点 (i,j,t)，通过求解 $\dfrac{\partial L_{d}}{\partial m_{i,j}^{t}}=0$，可以得到如下拉格朗日乘子迭代：

$$
\frac{\lambda_{i,j}^{t-1}}{\delta_{t}}=\frac{\left(\lambda_{i+1,j+1}^{t}+\lambda_{i-1,j-1}^{t}\right)}{2\delta_{t}}+\frac{p_{i-1,j}^{t}\lambda_{i,j-1}^{t}-p_{i+1,j}^{t}\lambda_{i+1,j}^{t}}{2\delta_{e}}-
$$
$$
\frac{a_{i,j-1}^{t}\lambda_{i,j-1}^{t}-a_{i,j+1}^{t}\lambda_{i,j+1}^{t}}{2\delta_{\mu}}+\frac{\sigma^{2}}{2}\frac{\lambda_{i-2,j}^{t}-2\lambda_{i,j}^{t}+\lambda_{i+2,j}^{t}}{4\delta_{e}^{2}}-c_{i,j}^{t}
$$

(5-30)

对于任意一个点 (i,j,t)，通过求解 $\dfrac{\partial L_{d}}{\partial p_{i,j}^{t}}=0$ 可以得到：

$$
m_{i,j}^{t}\frac{\partial c_{i,j}^{t}}{\partial p_{i,j}^{t}}-\lambda_{i,j}^{t}\frac{m_{i+1,j}^{t}-m_{i-1,j}^{t}}{2\delta_{e}}+\frac{\partial a_{i,j}^{t}}{\partial p_{i,j}^{t}}\lambda_{i,j}^{t}\frac{m_{i,j+1}^{t}-m_{i,j-1}^{t}}{2\delta_{\mu}}-
$$
$$
\frac{\sigma_{e}^{2}}{2}\lambda_{i,j}^{t}\frac{m_{i+2,j}^{t}-2m_{i,j}^{t}+m_{i-2,j}^{t}}{4\delta_{e}^{2}}=0
$$

(5-31)

求解式 (5-31) 可得功率迭代公式。至此，MFG 系统求解完毕。

5.2.3　多维跨层资源管理算法

本小节主要针对分解结构设计跨层资源管理算法，主要包含基于平均场博弈的功率控制算法、频率调度算法以及中继选择算法。

1. 功率控制算法设计

功率控制算法如下：

输入：链路 (i, j)，频率 f，区间 $[0, T]$，X, Y, Z

输出：最优功率控制策略 $p_{ij,f}^{*}$

初始化平均场分布 m^0；

初始化拉格朗日乘子 λ^T；

初始化功率水平 p^0；

While 达到算法收敛条件

　For $t = 1{:}1{:}X + 1$ do

　　For $i = 1{:}1{:}Y + 1$ do

　　　For $j = 1{:}1{:}Z + 1$　do

　　　　更新平均场：

　　　　使用平均场迭代公式 (5-26) 以及平均场初始化条件进行更新。

　　　　更新拉格朗日乘子：

　　　　使用拉格朗日乘子迭代公式 (5-30) 以及初始化条件进行更新。

　　　　更新功率水平：

　　　　根据公式 (5-31) 对功率水平进行更新。

　　　End

　　End

　End

End

算法结束，返回最优功率控制策略 $p_{ij,f}^{*}$。

2. 频率调度算法设计

频率调度算法设计如下：

输入：链路 (i, j)

输出：f^{*}，c_{ij}^{*}

初始化，令 $c_{ij}^{*} = 0$，$f^{*} = 0$

For $k = 0; k < \max - \min; k++$

给定链路 (i, j) 和频率 $f_{\min+k}$，调用功率控制算法，可以得到 $c_{ij}^{f_{\min+k}}$。

If $c_{ij}^{f_{\min+k}} > c_{ij}^*$

$c_{ij}^* = c_{ij}^{f_{\min+k}}$

$f^* = f_{\min+k}$

End

End

算法结束，返回 f * 和 c_{ij}^*

3. 中继选择算法设计

中继选择算法如下：

输入：当前节点 i，可行下一跳节点集合 next(i)

输出：最优下一跳节点 j^*，最优代价 T_{ij}^*

初始化，令 $j^* = $ NULL

While $j \in$ next(i)! = NULL

在链路 (i, j) 上调用频率调用算法，可以得到最优 c_{ij}^*

进一步计算可以得到最优 T_{ij}^*

If $T_{ij}^* < T^*$

令 $T^* = T_{ij}^*$

$j^* = j$

End

$j \rightarrow j \rightarrow$ next

End

算法结束，返回最优中继 j * 及其对应的最优代价 T *。

5.2.4 自适应路由协议设计

1. 动态源路由协议

动态源路由 (Dynamic Source Routing，DSR) 协议是一种基于源路由概念的典型的按需自适应路由协议。当源节点需要向目的节点发送数据分组时，首先通过路由发现功能找到一个合适的路由，然后发送数据分组结果至目的节点。所谓的源路由，就是在每个数据分组的头部都携带目的节点必须经过的节点序列的列表，通过在每个数据分组头部包含该分组的传输源路由。DSR 协议可以使得任何转发节点或者旁听节点能够较为容易地将这些路由信息存储下来。

　　DSR 协议主要有路由发现和路由维护两个机制。这两个机制配合使用，使得每个节点都能够建立到达网络中其他任意节点的可用路由。DSR 协议具有完全的按需特性，节点不需要周期性地在全网广播路由更新信息。当所有节点相对静态，且当前通信环境需要的路由信息都已经被获取时，降低 DSR 协议产生的路由分组开销。当节点移动或者通信业务发生变化时，DSR 协议的路由分组开销只根据当前正在使用的路由所需的那些操作自动确定，而和当前正在使用的路由且没有产生影响的网络拓扑无关。DSR 协议的路由发现过程如图 5-4 所示。

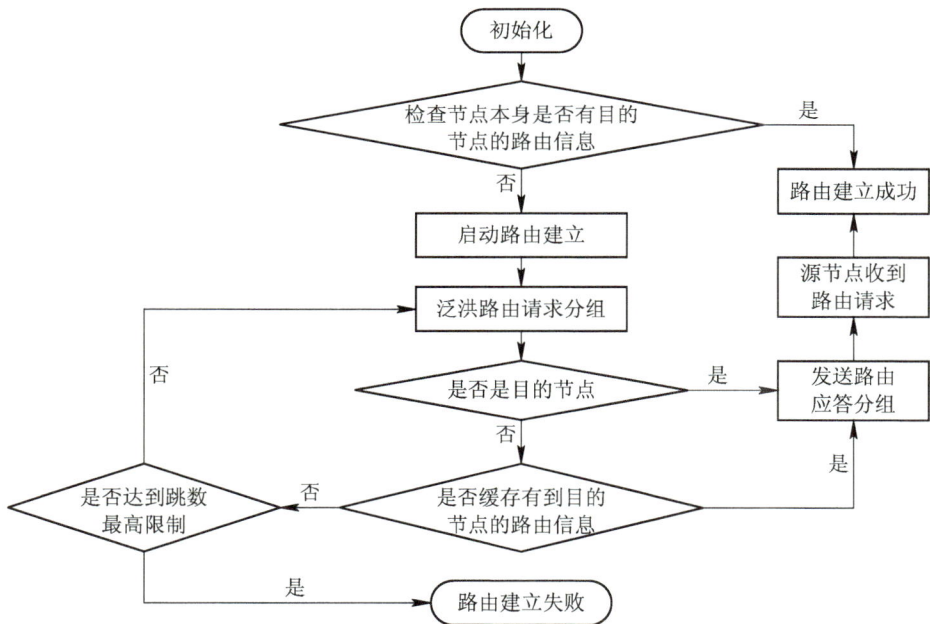

图 5-4　DSR 协议的路由发现过程

　　(1) 路由发现。DSR 协议通过源节点广播路由请求包来发现路由，当目的节点或中间节点收到请求时，DSR 协议会生成路由回复包沿原路返回，建立路径。数据包携带完整的路径信息进行传输。在数据传输过程中，若检测到链路故障，中间节点会发送路由错误包回源节点，触发新的路由发现过程。

(2) 路由维护。当数据分组沿着源路由中的节点依次转发时，转发数据分组的每个节点都需要保证数据是否正确地到达了下一跳。通过应答机制来保证数据分组的到达。应答机制可以分为主动应答和被动应答。

当某个节点通过应答机制发现某条活动的路由的下一跳已经断开，则该节点首先会考虑从本地进行恢复，即该节点查找在本地缓存中有没有达到目的节点的其他可用路由，如果有，则直接改新的可用路由，并向源节点发送路由请求包；若没有，则在本地发起 DSR 协议的路由发现过程。

DSR 协议的优势在于无需周期性广播路由信息来维护本地路由表，而是当且仅当节点有数据需要发送时，DSR 协议才会发起路由查找过程。因此 DSR 协议在一定程度上能够降低路由开销。然而，DSR 协议的劣势在于，路由数据包发送之前存在一个路由查找过程，增加了端到端时延。最重要的是，DSR 协议面向高动态移动，网络拓扑和链路频变的无人机自组织网络，由于没有对链路质量进行预测，因而导致性能较差，尤其是包交付率。因此需要针对无人机自组网高动态特征导致的网络拓扑快速变化问题，对 DSR 协议进行改进。

2. 改进的 DSR 协议方案

无人机集群驱动下的超密集无人机自组网具有的超密集部署、高动态移动、立体化分布、网络拓扑和链路频变等特征，这给路由设计带来了严峻的挑战。DSR 协议是一个典型的 MANET 路由协议，但是在超密集无人机自组网中未能表现出很好的网络性能。这主要是因为无人机节点的高速移动带来网络拓扑和链路质量频变，而 DSR 协议仅在有数据发送时进行数据路由发现过程，没有对无人机节点间的链路质量进行预测，从而导致 DSR 协议在无人机自组网中的应用效果不好。因此本小节对 DSR 协议展开详细的研究，并根据超密集无人机自组网特征以及 DSR 协议在无人机自组网中存在的应用问题，引入跨层代价函数作为链路质量的度量标准，对 DSR 协议进行改进。

DSR 协议的路由请求报文和路由应答报文格式分别如图 5-5 和图 5-6 所示。

路由请求	源节点	目的节点	Hop	TTL	路径缓存记录

图 5-5 路由请求报文格式

路由应答	源节点	目的节点	Hop	TTL	路径记录

图 5-6　路由应答报文格式

路由请求报文格式中的源节点指需要发送数据的节点，目的节点指接收数据的节点。路由应答报文格式中的源节点指发送路由应答的节点，目的节点指需要发送数据的节点。由图 5-5 和图 5-6 可知，路由请求报文格式中和路由应答报文格式中均没有考虑链路质量的因素。在无人机自组网中，由于节点高速移动导致网络拓扑变化迅速，有可能通过原 DSR 协议找到的路由已经不存在，从而表现出很差的性能。因此，需要在寻找路由时，考虑并预测节点间的链路质量。

众所周知，路由请求报文是广播发送的，而路由应答报文一般是单播回送的。为了减轻路由开销，在改进的 DSR 协议方案中，保持路由请求报文格式不变，在路由应答报文格式中加入链路质量项。该链路质量指的是通过跨层资源管理算法中得到的最优代价函数。

改进后的基于链路质量的 DSR 协议请求报文格式保持不变，如图 5-5 所示。基于链路质量的 DSR 协议路由应答报文格式如图 5-7 所示。

路由应答	源节点	目的节点	Hop	TTL	链路质量	路径记录

图 5-7　基于链路质量的 DSR 协议路由应答报文格式

当通过单播方式送回路由应答报文时，DSR 协议每经过一个中间节点，就会调用跨层资源管理算法得到链路质量度量值 $T_{ij}^{\min}$，将链路质量度量值作为链路质量与报文中链路质量项进行求和并替换，通过比较链路质量项度量值大小选择最优路径。

5.2.5　仿真验证及结果分析

1. 仿真参数和性能指标

本小节说明仿真场景及参数设置，并使用 Matlab 软件实现多维跨层资源管理算法以及改进的 Cross-Layer DSR 协议算法仿真。

1) 仿真场景及参数设置

超密集部署、立体化分布是无人机集群驱动下的超密集无人机自组网特征，因此仿真实验采用如图 5-8 所示的无人机自组网节点空间分布仿真场景。表 5-1 所示为无人机自组网仿真参数设置。

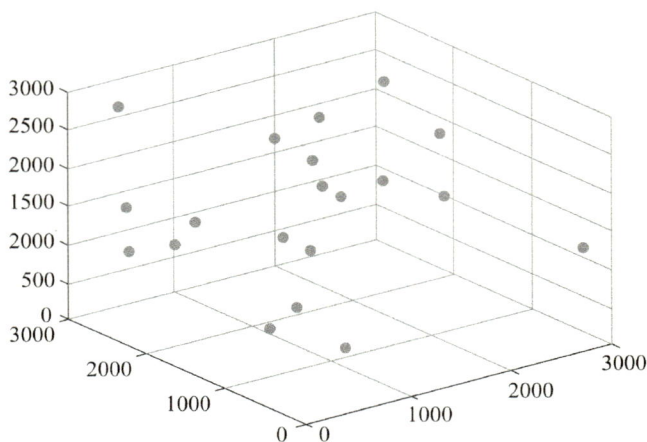

图 5-8   无人机自组网节点空间分布仿真场景

表 5-1   无人机自组网仿真参数设置

仿真参数	值
无人机类型	固定翼无人机
仿真区域	3 km × 3 km × 3 km
速度	60 m/s ～ 100 m/s
节点通信半径	1 km
通信最大功率	0.2 W
通信频段	2.4 GHz
节点最大能量	6 J
节点个数	10 ～ 60 个
通信节点对数	3 ～ 18 对
应用层业务	恒定比特流 (Constant Bit Rate，CBR)
数据包长度	512 Byte
仿真时间 / 一次仿真间隔	32 s/1 ms

2) 网络性能指标

对路由协议, 尤其是无人机自组网路由协议来讲, 数据包交付率、端到端传输时延以及路由开销等指标是设计算法时必须要考虑的因素。因此, 仿真方案将基于上述指标, 分别研究无人机速度、无人机数量对上述指标的影响, 以及 DSR 协议和 Cross-Layer DSR 协议的性能对比。

(1) 数据包交付率 (Packet Delivery Ratio, PDR): 目的节点成功接收的数据包数目占源节点发送数据包总数目的百分比。数据包交付率越大, 说明路径质量越好, 对应的路由协议性能越高。

(2) 端到端传输时延 (End-to-End Delay, EED): 从源节点发送数据包开始到目的节点成功接收数据包所花费的时间。

(3) 路由开销: 路由协议发送控制报文的总字节数。在 DSR 协议与 Cross-Layer DSR 协议中, 控制报文主要包括路由请求包 rreq_pkt 和路由回复报文 rrep_pkt。路由开销越大, 占用的无线带宽资源越多, 浪费的能量也越多。

2. 仿真结果及结果分析

基于无人机自组网仿真平台, 笔者分别研究 DSR 协议以及 Cross-Layer DSR 协议下, 数据包交付率、端到端传输时延、路由开销随着无人机节点移动速度和无人机节点数目的变化趋势, 并进行仿真结果分析。

1) 无人机节点移动速度对网络性能指标的影响

本小节主要分析无人机节点移动速度对 DSR 协议和 Cross-Layer DSR 协议性能带来的影响。固定网络节点数量为 30 个, 通信节点对为 8 对, 网络仿真时间为 32 s, 统计不同的无人机节点的移动速度 (60 m/s、70 m/s、80 m/s、90 m/s、100 m/s) 设定下的数据包交付率、端到端传输时延、路由开销等性能指标。

图 5-9 所示为不同无人机节点的速度设定下 DSR 协议与 Cross-Layer DSR 协议的数据包交付率性能曲线。从总体上看, 随着无人机节点移动速度的上升, 这两种协议的数据包交付率都呈现下降趋势。这是因为无人机节点速度的提升导致网络拓扑变化加剧、节点间的链路频断, 从而导致数据包交付率变低。对比来看, Cross-Layer DSR 协议表现出更好的数据包投递率性能, 这主要是因为 Cross-Layer DSR 协议通过引入多维跨层资源管理策略结果, 适当地对链路质量进行了预测, 缓解了链路频断带来的反复路由请求, 从而减弱了无人机节点的移动速度提升对包交付率带来的影响。

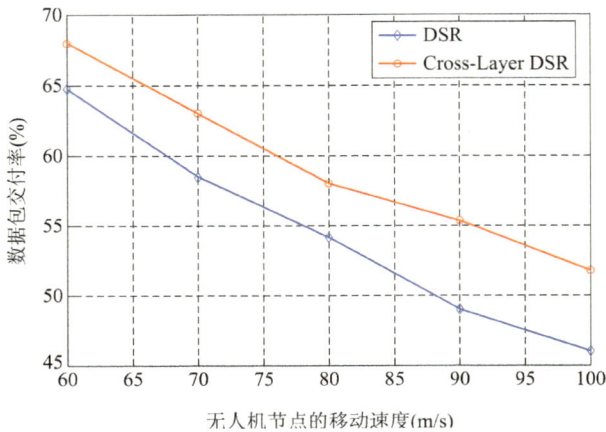

图 5-9　无人机节点移动速度——数据包交付率

图 5-10 所示为不同无人机节点的移动速度设定下 DSR 协议与 Cross-Layer DSR 协议的端到端传输时延性能曲线。由于节点的高速移动会导致剧烈的网络拓扑变化和愈发不稳定的链路质量，导致 DSR 协议缓存，甚至新建的路由信息出错，从而需要重新发起路由查找过程，增加端到端时延。随着无人机节点的移动速度增大，路由查找的出错概率逐渐增加，而频繁查找路由也会造成更大的端到端传输时延。Cross-Layer DSR 协议则基于链路质量选择路由，降低了路由出错的概率，有效地降低了因频繁的路由查找过程而带来的额外时延，因此表现出低于 DSR 协议的端到端传输时延的性能优势。

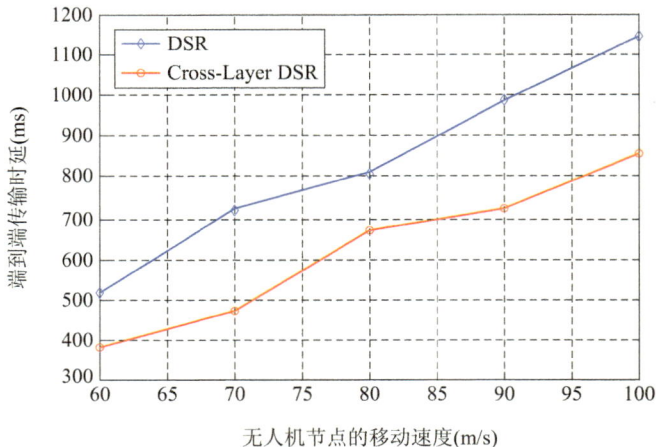

图 5-10　无人机节点的移动速度——端到端传输时延

　　图 5-11 所示为不同无人机节点的移动速度设定下 DSR 协议与 Cross-Layer DSR 协议的路由开销性能曲线。对于 DSR 协议而言，随着无人机速度的迅速提升，链路频断导致路由频繁出错。作为一种典型的按需路由协议，DSR 协议重新发起路由查找过程，带来了大量的路由请求包 rreq_pkt 和路由回复包 rrep_pkt，从而使得路由开销急剧上升。然而，受限于网络容量，当速度达到一定程度时，路由开销增加的趋势会趋于平缓。对于 Cross-Layer DSR 协议而言，该协议减弱了节点移动对链路质量带来的影响，降低了网络中控制数据包的发送数目，从而表现出较小的路由开销。

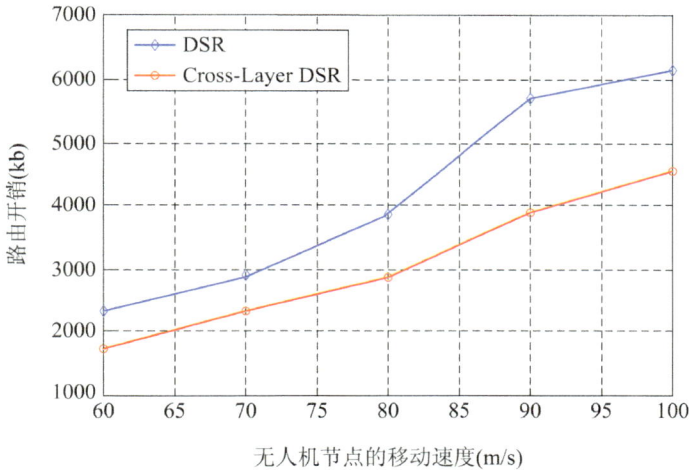

图 5-11　无人机节点的移动速度——路由开销

2) 无人机节点数目对网络性能指标的影响

　　本小节主要分析无人机节点数目对 DSR 协议和 Cross-Layer DSR 协议性能带来的影响。固定网络节点移动速度为 100 m/s，网络仿真时间为 32 s，统计不同无人机节点数目 (10，20，30，40，50) 下的数据包交付率、端到端传输时延、路由开销性能指标。

　　图 5-12 所示为不同无人机节点数量设定下 DSR 协议与 Cross-Layer DSR 协议的数据包交付率性能曲线。当超密集无人机自组织网络中节点数量比较少时，无人机呈稀疏分布。一方面，导致从源节点到目的节点之间的路径非常有限，很大可能只有一条路径，此时 Cross-Layer DSR 协议没有差别。另一

方面，发送节点很可能找不到路由。因此在节点个数为 10 时，两种协议的交付率相同，而且都很低。随着无人机节点数量的增加，存在多条路由的可能性也就越大，此时 Cross-Layer DSR 协议自然表现出比 DSR 协议更好的性能。对于 DSR 协议来说，当无人机节点数量增加时，网络中可能存在的干扰和冲突就会越严重。因此，当节点数量超过 20 时，数据包交付率随之降低。而对于 Cross-Layer DSR 协议来说，当节点数量不是特别多（小于或等于 50）时，协议带来的增益大于网络规模增加带来的影响，因此性能有一定的提升。当节点数量等于 60 时，可能因为网络干扰、拥塞状况过于严重，因此数据包交付率开始下滑。

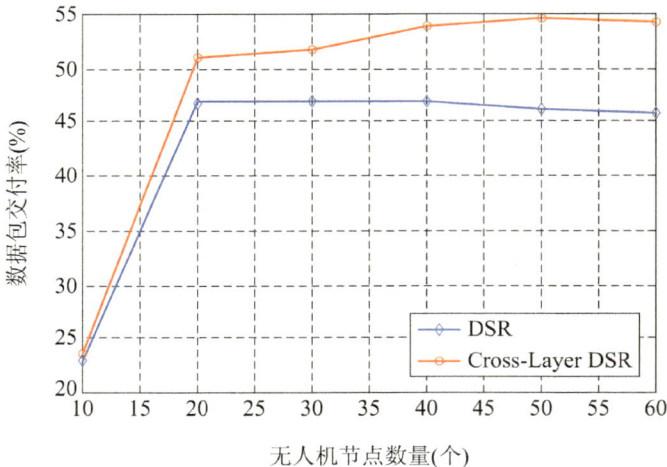

图 5-12　无人机节点数量——数据包交付率

图 5-13 所示为不同无人机节点数量设定下 DSR 协议与 Cross-Layer DSR 协议的端到端传输时延性能曲线。节点数量过低，导致网络中某些节点可能处于未连通状态或者只有一条可用路由，因此表现出很高的端到端传输时延。从整体上来看，Cross-Layer DSR 协议表现出明显的优势。这是因为随着节点数量的增加，节点间路径随之增加。DSR 协议由于链路频繁断开，需要不断地重新寻找路由。而 Cross-Layer DSR 协议能够缓解链路频断现象，避免了因寻找路由所带来的额外时延。当节点数量过大时，网络过于拥挤，干扰、冲突等现象严重，因此两种路由协议的传输时延均有所上升。

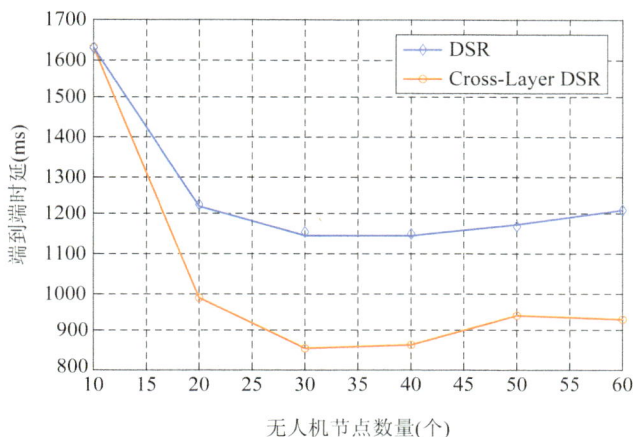

图 5-13 无人机节点数量——端到端传输时延

图 5-14 所示为不同无人机节点数量设定下 DSR 协议与 Cross-Layer DSR 协议的路由开销性能曲线。节点数量过低，导致网络中某些节点可能处于未连通状态或者只有一条可用路由，因此表现出很高的路由开销。从整体上来看，Cross-Layer DSR 协议表现出明显的优势。这是因为随着节点数量的增加，节点间路径随之增加。DSR 协议由于链路频繁断开，需要不断地重新寻找路由。而 Cross-Layer DSR 协议能够缓解链路频断现象，避免了因寻找路由所带来的额外开销。当节点数量过大时，网络过于拥挤，干扰、冲突等现象严重，因此两种路由协议的路由开销均有所上升。

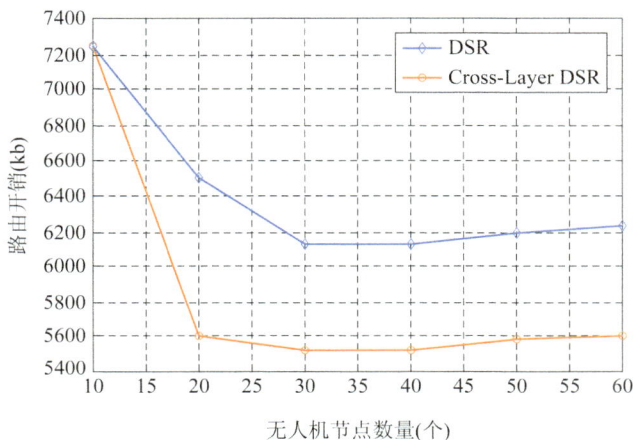

图 5-14 无人机节点数量——路由开销

5.3　鲁棒动态资源分配博弈模型

　　针对无人机多跳网络中节点高速移动、数量庞大带来的拓扑频变和干扰复杂等问题，本节联合物理层和 MAC 通信资源设计具有鲁棒性的资源分配方案。利用物理层提供的位置和速度等信息辅助进行时隙调度提出动态位置预测时隙分配方案，在调度方案的基础上，利用鲁棒动态资源分配博弈模型设计节点鲁棒功率控制方案，有效提升网络性能，增强网络鲁棒性。

5.3.1　系统模型和问题描述

1. 系统模型

　　如图 5-15 所示，假设无人机多跳网络拓扑结构用有向图 $\mathcal{G} = (\mathcal{V}, \mathcal{E})$ 表示，图的顶点 $\mathcal{V} = \{v_1, v_2, \cdots, v_N\}$ 表示网络中节点的集合。如果节点 u 和 v 之间存在一条边 $e_{u,v} \in \mathcal{E}$，表示这两个节点能够相互通信；$\mathcal{E}$ 为链路的集合，不考虑非对称链路的情况。假设所有节点都在 f 频率上通信，且频带宽度为 w。

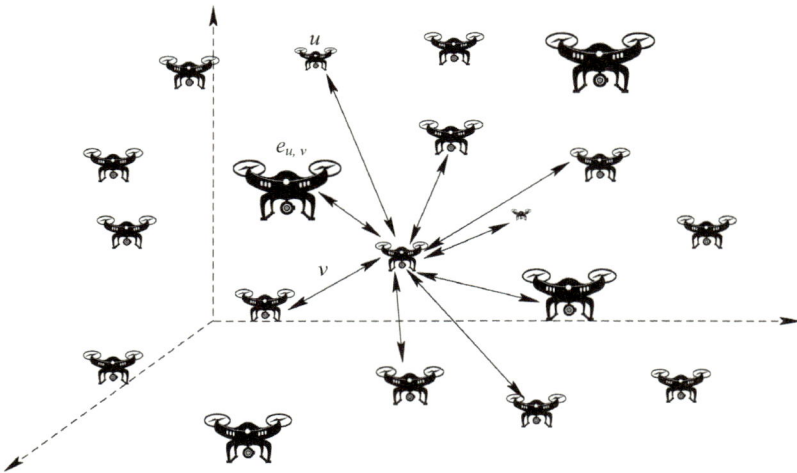

图 5-15　无人机多跳网络场景示意图

　　时间可被划分为重复的帧，帧的长度为 T(单位为 s)，每一帧等分为 $\tau^1, \tau^2, \cdots, \tau^M$ 共 M 个时隙，每一个时隙的长度为 T/M，其中，τ^m 表示一帧中的第 m 个时隙。每个节点会分配一个或几个时隙，节点只有在被分配的时隙内才能够发送数据，在其他时隙内保持接收状态。网络中所有节点都在半双工的方式下工作，即一个收发器在同一时刻只能发送或者接收数据，不能同时发送和接收数据。为了避免冲突和隐藏节点等问题，一般时隙分配的基本原则是两跳范围以内的节点需要分配不同的时隙，两跳以外的节点可以复用相同时隙。因此 M 的大小至少需要满足两跳范围内节点对时隙的需求，一般可以看作两跳范围内节点的数量。

每个节点的节点最大发射功率为 $p^{\max}$，接收节点处的 SINR 要大于门限值 γ^{th} 才能正确地解调信号。MAC 层时隙调度的目的是规避网络内可能存在的冲突。当全网所有节点分配的时隙都不相同时，网络内不存在冲突，但这时的时隙的利用率低，节点接入信道的周期长，通信效率并不高。为了增加网络的空间复用度，提高通信效率，节点两跳范围之外的节点可以使用分配给该节点的时隙，则相距两跳范围之外的两个节点在相同时隙内发送数据时，这两个节点会互相干扰，但是由于节点相距两跳的距离，因此干扰程度较弱。当网络内节点数量庞大时，一个节点的两跳范围外可能存在多个并发节点，此时造成的累积干扰不容忽视。每个传输节点可以通过提高发射功率来保障传输的可靠性，但同时也会对其他链路产生干扰。当网络中的数据流较多时，网络中的复杂干扰可能使节点不能正确接收到数据分组。$\mathcal{X} = \{x_1, x_2, \cdots, x_N\}$ 是节点位置的集合，$x_{i,t}$ 表示节点 i 在 t 时刻的位置。

1) 时隙冲突约束

为了避免冲突，网络中两跳范围以内的节点不能使用相同时隙。假设 $\mathcal{V}_\tau$ 表示在时隙 τ 中发射节点的集合，$D(\mathcal{V})$ 表示节点集合 $\mathcal{V}$ 中任意两个节点间跳数的最小值，则时隙冲突约束可以表示为 $D(\mathcal{V}_\tau) \geqslant 2$。

2) 干扰交互模型

为了更好地建模信道的动态性，利用 OU 动态方程建模节点 i 与节点 j 之间的信道动态方程，即：

$$\mathrm{d}h_{i,j}(t) = \frac{1}{2}\big(\kappa_h - h_{i,j}(t)\big)\mathrm{d}t + \sigma_h \mathrm{d}B(t) \tag{5-32}$$

式中，κ_h 和 σ_h 都是有限的非负实数；$B(t)$ 是布朗运动，则 $h_{i,j}(t)$ 的静态分布是均值为 κ_h 方差为 σ_h 的高斯分布。

节点 i 与节点 j 之间的路径损耗模型为

$$l\big(d_{i,j}\big) = l\big(\| x_i - x_j \|\big) = \big(\varepsilon^2 + \| x_i - x_j \|^2\big)^{\frac{\alpha}{2}} \tag{5-33}$$

式中，$\|x_i - x_j\|$ 是节点 i 与节点 j 之间的距离；$\varepsilon > 0$；$\alpha \geqslant 2$ 是路径损耗指数。

节点 i 与节点 j 之间的链路 $e_{i,j}$ 的信道增益 $g_{i,j}(t)$ 为

$$g_{i,j}(t) = \frac{|h_{i,j}(t)|^2}{l(d_{i,j})} \tag{5-34}$$

为了避免冲突，这里规定每个节点和其两跳范围内的其他节点不能使用相同的时隙。当节点 i 给节点 j 发送数据时，假设 $V_i \in V$ 表示和节点 i 使用相同时隙发送数据的节点集合，可以得到节点 j 处受到的干扰 $I_j(t)$ 为

$$I_j(t) = \sum_{k \in V_i \backslash i} p_k(t) g_{k,j}(t) \tag{5-35}$$

式中，$p_k(t)$ 是节点 k 的发射功率；$g_{k,j}(t)$ 是节点 k 和节点 j 之间的信道增益。

至此，无人机自组网系统模型构建完成。

2. 问题描述

1) 问题建模

由于网络中存在大量高速移动节点，如果利用传统博弈模型建模节点资源分配过程，节点需要根据博弈中的其他节点的状态和策略来作出下一步的决策，这涉及节点间大量的信息交互，大量的控制开销会严重占用信道资源，影响数据业务的通信。因此本节利用平均场博弈能够有效建模大量群体动态特性的特点，通过将其他节点对自身状态的影响构建为平均场，节点只需和平均场进行信息交互从而作出决策，这大量减少节点间的信息交互，有效提升通信效率。

由于网络中的节点具有高移动性，并且设备本身测量会出现误差，因此节点所获得的决策信息可能具有不确定性，如节点干扰状态信息的不确定性等。如果不考虑这种不确定性，会造成节点作出的决策在当前环境中不适用的问题，即网络鲁棒性较差。为了减轻节点获得信息不确定性带来的影响，并提高网络鲁棒性，在节点的动态状态方程中引入不确定性因子来刻画不确定性对系统的影响。

为了更好地刻画系统随时间变化的规律，跨层资源分配问题可构建为一个微分博弈模型，将博弈定义为三元组 $\{\mathcal{N}, \mathcal{S}, \mathcal{A}\}$，其中：

(1) $\mathcal{N}$ 表示参与者集合，参与者表示一对发射接收节点，参与者的数量是 $|N|$，在超密集节点环境下，$|N|$ 的值很大；

(2) $\mathcal{S}$ 表示参与者的状态集合，其中，$\mathcal{S} = \{I\}$，I 是干扰状态；

(3) $\mathcal{A}$ 表示参与者的行动集合，主要代表节点的发射功率。

假设源节点到目的节点的路径 l 已经选择完成，路径 l 上的所有节点分别使用 $1,2,\cdots,i,j,\cdots,K$ 来表示，路径 l 上任意两个节点间的代价函数为

$$c_{i,j}^{\tau_i}(t) = \frac{p_i(t)}{w_{11}\mathrm{lb}(1+\gamma_{i,j})} \cdot \frac{\mathrm{e}^{\alpha v_{i,j}}}{\mathbf{1}_{\left(d_{i,j}^{\tau_i+\Delta\tau} \geq R_i\right)}} \tag{5-36}$$

式中，τ_i 表示分配给节点 i 的数据时隙；$\gamma_{i,j}$ 是接收节点 j 处的 SINR，其大小和当前时刻网络中同传链路的数量及其发射功率大小有关；$v_{i,j}$ 表示节点 i 和节点 j 之间的相对速度；$d_{i,j}^t$ 表示时刻 t，节点 i 与节点 j 之间的距离；R_i 表示节点 i 的通信范围；$\mathbf{1}_{(\cdot)}$ 是指示函数，如果 $(\cdot)$ 中的条件成立则为 1，否则为 0。

假设 $V_\tau \in V$ 表示所有使用时隙 τ 的节点集合，则可以得到节点 j 处的 SINR 为

$$\gamma_{i,j} = \frac{p_i(t)g_{i,j}(t)}{\sum\limits_{k \in V_\tau \setminus i} p_k(t)g_{k,j}(t) + \mathcal{N}_0} \tag{5-37}$$

优化问题可以表示为

$$\begin{cases} \min \quad c_{i,j}^{\tau}(t) \\ \mathrm{s.t.} \quad 0 < p_i(t) \leqslant p^{\max}, \\ D(V_\tau) \geqslant 2, \\ \gamma_{i,j} \geqslant \gamma^{\mathrm{th}} \end{cases} \tag{5-38}$$

式中，第一个约束条件表示节点的发射功率大于零并且小于等于节点最大发射功率 $p^{\max}$；第二个约束条件表示网络中两跳范围以内的节点不能使用相同时隙；第三个约束条件表示接收节点处的 SINR 大于某个门限值 γ^{th} 时才能够正确接收数据。

可以看出，如果在未来时刻节点 i 与节点 j 之间的距离大于节点 i 的通信范围，则节点 i 与节点 j 之间的链路断开，则 $1/\mathbf{1}_{\left(d_{i,j}^{\tau_i+\Delta\tau} \geq R_i\right)}$ 为无穷大，说明节点 i 与节点 j 之间不能正常通信，需要重发数据包。这会消耗额外的能量，尤其在高动态无人机场景中的这种消耗是较大的。为了减少这种能量的消耗，此时需要寻找相应的中间节点进行中继来维持通信的持续性。

2) 问题分解

为了方便求解，设计资源分配策略可以将原最优化问题通过原始分解法分解为两个子问题。原始分解法是分解理论的常用分解技术之一，其基本思想是将复杂的问题分解为若干易于解决的子问题。原始分解法适用于拥有耦合变量的问题，即当固定某些变量时，剩余的最优问题可以分解为子问题。

通过资源分配策略建模可以得到面向能量效率的联合功率和时隙资源的最优化问题，但实际协议运行时的功率分配是在时隙分配的基础上进行的，即在网络时隙分配完成的情况下，在某一时间间隔中进行功率控制，以最大化能量效率为目标，为同时接入相同时隙的各传输链路分配功率。考虑到节点在通信时，节点的 MAC 层资源分配和物理层功率分配在时间上有先后顺序，物理层的资源分配依赖于 MAC 层资源分配的结果，因此设计适用于高动态场景的时隙分配策略，降低高动态场景中的数据丢包率从而降低重传概率，大大提升能量效率。在得到时隙分配策略的基础上，通过求解优化问题得到最优化功率控制策略，更进一步，将原优化问题分解为 MAC 层时隙分配子问题和物理层功率控制子问题。

5.3.2 基于预测的时隙分配

1. 协议帧结构设计

传统的统一时隙分配 (Unifying Slot Assignment，USA) 协议在选择空闲时隙时是随机选择的，没有考虑节点移动性导致链路中断带来通信质量下降的影响，因此考虑重新设计节点时隙调度策略，跨层利用物理层全球定位系统 (Global Position System，GPS) 提供的节点位置坐标来辅助 MAC 层进行时隙调度决策。一方面，节点能够根据一跳邻居节点位置预测的结果，通知中间节点分配预先时隙资源，从而在原先链路断开时可以马上重新连接到中间节点，有效提高通信质量；另一方面，节点分配好时隙后，由于网络拓扑变化，原先无冲突的时隙分配可能产生冲突，因此考虑利用节点位置预测信息提前预防潜在冲突，减少冲突概率。针对上述协议功能，协议中主要使用的帧结构为 NMOP 广播帧和数据帧。

1) NMOP 广播帧

如图 5-16 所示，节点 ID 是节点在网络中的标识；类型域表示发送帧的类型；发送时刻是当前发送该帧的时刻；地理位置是从节点中 GPS 模块获取的节点当前的经度、纬度、高度信息；速度信息是节点的当前速率和方向；一跳邻居节点时隙分配信息是节点在本地构建的其一跳邻居节点申请和使用时隙的情况；预约时隙位用来通知需要提前预约时隙的节点，一共 17 bit，第一个 bit 置为 0 时表示不需要节点预约时隙，第一个 bit 置为 1 时表示有节点被选为中间节点，需要预约时隙，中间八个 bit 表示被通知节点的 ID，节点如果发现被通知节点并非自身，则跳过此预约时隙信息，如果是自己则继续读取最后八个 bit 得到发出通知的节点 ID 作为自己的目的节点。

　　CRC 校验首先选择一个标准的 CRC 生成多项式，然后对数据流按位进行除法运算，计算得到余数作为 CRC 校验码，并将其附加在数据帧末尾，最后发送端将附有 CRC 码的数据帧发送出去后，接收端用相同的多项式和算法重新计算 CRC 校验码，并将计算结果与接收到的 CRC 码进行比较。MOP 广播帧中的预留位是一段未被特定功能占用的位字段，其主要目的是协议扩展和功能增加预留空间。

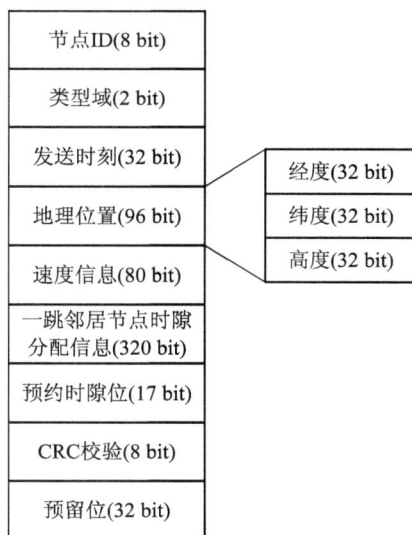

图 5-16　NMOP 广播帧结构

2）数据帧

　　数据帧长度为 4000 bit，主要用于传输业务数据，数据帧基本结构如图 5-17 所示。其中，节点 ID 标识业务源节点地址，目的节点地址标识业务的目的节点地址。

节点ID(8 bit)
类型域(2 bit)
发送节点地址(8 bit)
目的节点地址(8 bit)
下一跳节点地址(8 bit)
数据域(3952 bit)
CRC校验(8 bit)
预留位(6 bit)

图 5-17　数据帧基本结构

2. 节点移动导致系统性能下降的解决方案

本节介绍在无人机自组网中由于节点高速移动带来通信质量下降的两种典型场景。

1) 场景一

如图 5-18 所示，节点 A 向节点 C 发送数据包，在 t_1 时刻，节点 A、C 可以一跳直接通信，但是在到达 t_2 时刻之前，由于节点间的快速相对移动，节点 A、C 间的通信链路断开。最坏的情况是在 Frame2 广播子帧结束后和 t_2 时刻之前断开链路，此时节点 A 由于拓扑信息更新已经完毕，无法发现 AC 间链路已经断开，导致丢包率增大；如果是在 Frame2 开始之前链路断开，则节点 A 通过更新拓扑信息发现链路断开，此时可以修改数据包中的下一跳节点地址字段为 B，然后通过 B 进行转发，这时节点 B 需要在 Frame3 中预约时隙资源，即使预约时隙成功，也要在 Frame4 的相应数据时隙中才能发送数据。时隙预约过程增加了数据包的端到端传输时延。

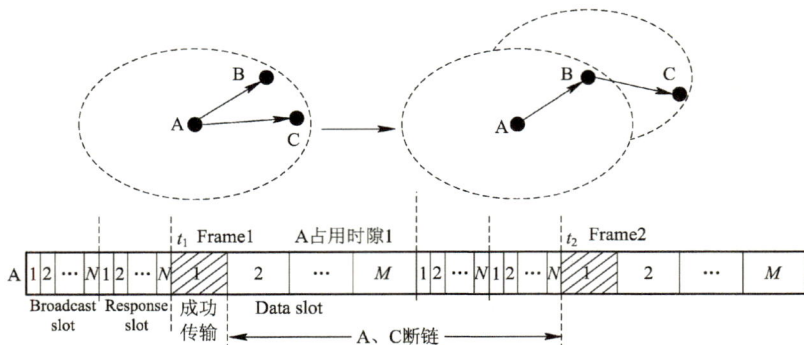

图 5-18　场景一的数据分发过程

　　节点 A 在每次发送数据包前都预测下两个时帧中 AC 链路的状态，如果下一帧链路状态为连接，下两帧链路状态为断开，此时节点 A 执行中继节点选择算法，根据对周边节点的位置预测结果，判断周边节点和自己的链路保持链接时间，选择链路保持链接时间较长以及剩余空闲时隙较多的节点，如选择中继节点为 B，则修改数据包中的时隙预约通知字段并发送数据包，此时由于节点 A、C 仍旧保持连接，因此节点 B、C 都能够收到节点 A 的数据包。节点 B 收到数据包后，根据包中的时隙预约通知字段得到需要预约时隙的信息，则在下一帧预约时隙，由于下一帧中 AC 间的链路没有断开，因此仍然能够成功通信。在下两帧中，节点 B 可以开始使用预约的数据时隙，此时 AC 间的链路断开，因此节点 A 修改数据包中的下一跳地址字段为 B，则发送数据包给节点 B，节点 B 收到数据包可以直接利用预约的时隙进行转发。

　　节点之间数据分发流程如下：

　　(1) 在每一帧的广播子帧中，节点 A 根据节点间交互的 NMOP 帧更新拓扑、两跳邻居节点时隙分配表和邻居节点位置坐标速度表 (经度、纬度、高度和速度)；

　　(2) 在 Frame1 中的数据时隙到来前，节点 A 根据本地保存的邻居节点位置坐标速度表来预测节点 C 在 Frame2、Frame3 中相应时刻的位置，判断 A 和 C 间链路的通断，如果链路在 Frame2、Frame3 中都保持连接，则回到步骤 (1)；如果链路在 Frame2 中保持连接，在 Frame3 中连接断开，则执行步骤 (3)；

　　(3) 节点 A 开始执行中继节点选择算法。根据邻居节点位置坐标速度表预测邻居节点 Frame2、Frame3 中相应时刻的位置，得出所有邻居节点和节点 A 的链路保持时间，根据链路保持时间和邻居节点剩余空闲时隙度和节点间的相对速度的函数 $e^{\alpha_{i,j}}$ 的加权选出最优的中继节点。然后，节点 A 更新数据包中的时隙预约通知字段，将通知字段中的预约时隙目的地址设置为 B，然后将数据包发出；

　　(4) 在 Frame1 中，由于节点 A、C 依然保持连接，因此节点 B 和节点 C 都能够接收到节点 A 发送的数据包。节点 B 收到数据包后，发现数据包中时隙预约通知字段中的预约时隙目的地址设置是自己，则知道自己被选为中继节点，准备在下一帧中预约时隙；

　　(5) 在 Frame2 中，节点 B 在广播子帧中预约时隙，节点 A、C 依然保持连接，因此节点 C 能够正常接收数据包；

　　(6) 在 Frame3 中，节点 A 将下一跳节点地址字段修改为 B，则节点 B 接收数据包，并在申请的数据时隙中转发数据包。

2) 场景二

如图 5-19 所示，t_1 时刻，节点 A、C 互为两跳范围外的节点，节点 A、C 分别向节点 B、C 发送数据。在传统时隙分配模型下，节点 A 和 C 可以分配相同的时隙且不引起冲突。但是在无人机多跳网络中，由于节点具有高移动性，在 t_2 时刻前，节点 A、C 移动到对方的两跳范围之内，最坏的情况是在 Frame2 广播子帧结束后和 t_2 时刻之前断开链路，此时由于节点拓扑更新已经完毕，链路 AC 已经位于彼此的两跳范围以内，因此节点 A、C 正常发送数据时会在节点 D 处产生冲突，造成丢包，导致丢包率增大。如果是在 Frame2 开始之前链路断开，则节点 A、C 通过更新拓扑信息发现链路 AC 的时隙分配存在冲突，此时节点 A、C 停止发包。一个节点准备在下一帧中预约新的时隙，上述过程会增加数据包的端到端传输时延。

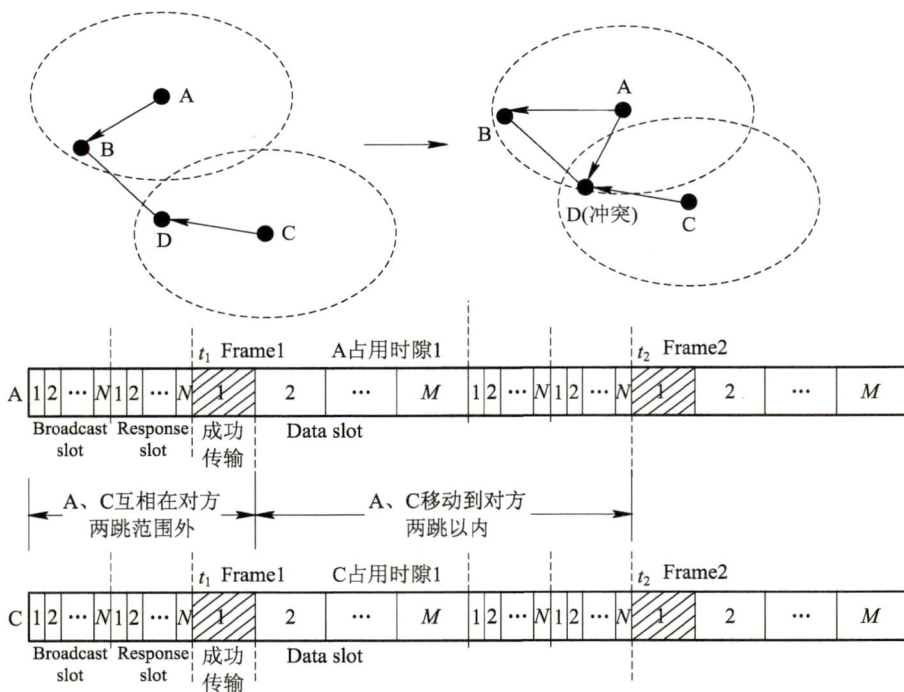

图 5-19 场景二的数据分发过程

每个节点可以通过一跳邻居节点的信息推断出自身两跳以内的邻居节点时隙分配情况，由于缺少对两跳外节点时隙分配情况的信息，容易造成上述冲突。如果直接考虑通过使每个节点能够获取两跳以上（如三跳）邻居节点的信息，则每个节点在自身广播时隙时需要广播包含所有两跳邻居节点时隙分配信息的广播帧，这会增加广播帧的长度。当网络内节点数量较多时，会造成大量的通信开销。因此可以考虑利用节点 A、C 间的中间节点 B、D 进行潜在冲突检测。由于中间节点 B、D 是节点 A、C 的一跳或两跳邻居节点，因此具有节点 A、C 的时隙分配情况信息，从而可以判断出节点 A、C 是否使用相同时隙，即是否具有潜在冲突可能性，进一步利用节点位置预测模型可以预测两个节点是否会发生冲突。

假设节点 A、C 使用相同时隙，通过节点位置预测避免潜在冲突的算法流程（这里假设节点网络中两跳范围内的节点使用的时隙不同）如下：

(1) 节点 A、B、C、D 在每一帧的广播子帧中根据节点间交互的 NMOP 帧更新拓扑信息、两跳邻居节点时隙分配表和三跳邻居节点位置坐标速度表；

(2) 在 Frame1 中的应答子帧结束后，节点 B 和 D 根据自身维护的两跳邻居节点时隙分配表，发现其一跳和两跳邻居节点 A 和 C 使用相同的时隙。下面以节点 B 为例进行介绍，节点 D 可以相似类比。节点 B 进一步发现自己的一跳邻居节点 D 是节点 C 的目的节点，因此开始执行链路 AC 的潜在冲突可能性检测算法，判断节点 A、C 是否会产生冲突。

(3) 节点 B 根据自身维护的三跳邻居节点位置坐标速度表预测节点 A 和 C 在 Frame2 和 Frame3 中相应时刻的位置，从而判断节点 A、C 是否会进入到彼此两跳范围内，如果不会，则不做处理；如果会，则节点 B 根据两跳邻居节点剩余空闲时隙度，选择节点 A、C 中剩余空闲时隙度较大的节点作为重新预约时隙的节点。由于节点 D 也会执行上述过程，因此如果节点 A 的节点剩余空闲时隙度较大，则节点 B 负责在下一帧的广播子帧中通知节点 A 预约新的时隙；如果节点 C 的节点剩余空闲时隙度较大，则节点 D 同理。

3. 三维空间移动预测模型

1) 节点传输范围模型

如图 5-20 所示，移动多跳自组织网络中节点的无线传输范围可以分为 3 个域，分别是稳定域、缓冲域和警示域。节点传输范围是 R。当相邻节点间距离小于或等于 $0.9R$ 时，链路的有效性几乎为 1。当距离逐渐增加到 R 时，链路状态急剧恶化，即当节点间距离大于 $0.9R$ 时，链路几乎不可用，此时应该及时寻找新路由，给新路由上的节点提前分配通信资源（如时隙），避免通信中断。由于无人机节点动态性较高，因此需要设置一个具有保护作用的缓冲区，这里取缓冲域的范围为 $0.8R \leq r \leq 0.9R$。以这种节点传输范围划分模型作为移动预测的基础。

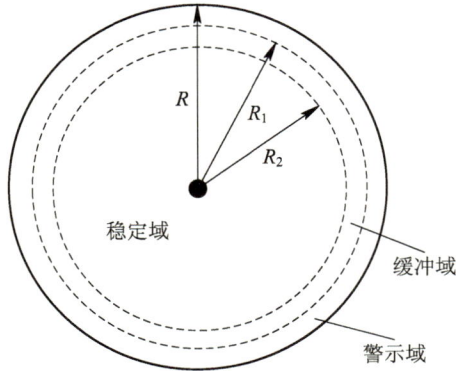

图 5-20　节点传输范围模型

2) 节点位置预测模型

时隙分配算法的核心就是根据位置预测来相应地判断应该如何调度时隙，所以节点位置预测的精度对算法性能有较大影响。为了能够提高位置预测的准确性，首先应该研究无人机集群的运动模型。只有掌握无人机集群的运动规律和特征，才能更好地进行位置预测。

无人机多跳网络中，无人机的移动模型可以使用高斯 - 马尔可夫移动模型来代替仿真中的随机点移动模型。需要强调的是，无人机在移动过程中由于任务分配可能随时更新，因此存在随时调整运动方向的可能性。但是由于惯性，在移动过程中，无人机不会出现急停急转，移动轨迹通常较为平滑，这也就给无人机节点的位置预测提供了可能性。

准确建模无人机的运动方程是无人机节点位置预测的基础，任何系统运动方程的建立，都需要参考某一特定的坐标系，考虑到无人机自带的 GPS 产生的位置信息 (经度、纬度、高度) 的参考坐标系是地球，因此选用地面坐标系作为构建无人机运动方程的参考坐标系。

(1) 地球坐标系。如图 5-21 所示，地球坐标系是一种固定在地球表面的坐标系。首先在地面上选定一个原点 O，并在地球表面选择任一方向作为 X 的方向，Z 轴从原点 O 出发沿铅直方向指向天空，Y 轴在水平面内与 X 轴垂直，方向通过右手定则来确定。地球坐标系用于研究无人机相对于地面的运动状态，确定节点的空间位置坐标。地球坐标系成立的前提是忽略地球表面曲率，将地球表面假设成平面。由于无人机能量有限，活动范围相对地球表面来说很小，因此这种假设是合理的。

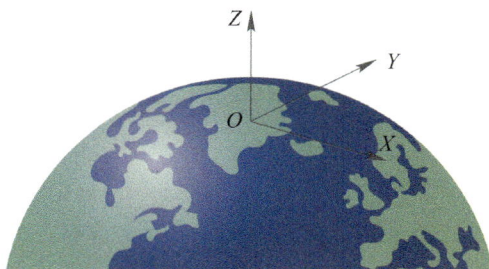

图 5-21 地球坐标系示意图

(2) 节点位置预测。假设有两个无人机节点 A 和 B 互相在对方的一跳通信范围 (相邻) 内，无人机的通信范围是 R，即 t 时刻，节点 A、B 间的距离 $\text{dist}_t(A, B) \leqslant 0.9R$。每个节点根据自身 GPS 以及接收到的广播帧中能够得到自身及其周边节点的位置信息 (经度、纬度和高度) 以及速率方向等速度信息。

将节点位置和速度信息分别对应到三维坐标系中的 x、y、z 中的坐标，即节点 A 在 t 时刻的位置坐标与速度矢量分别为

$$L_t(A) = \left(x_{t,l}(A), y_{t,l}(A), z_{t,l}(A)\right) \tag{5-39}$$

$$V_t(A) = \left(x_{t,v}(A), y_{t,v}(A), z_{t,v}(A)\right) \tag{5-40}$$

节点 B 在 t 时刻的位置坐标和速度矢量分别为

$$L_t(B) = \left(x_{t,l}(B), y_{t,l}(B), z_{t,l}(B)\right) \tag{5-41}$$

$$V_t(B) = \left(x_{t,v}(B), y_{t,v}(B), z_{t,v}(B)\right) \tag{5-42}$$

假设节点在 Δt 时间内速度保持不变，则可以预测 $t + \Delta t$ 时刻，节点 A、B 的位置 $L_{t+\Delta t}(A)$、$L_{t+\Delta t}(B)$ 分别为

$$
\begin{aligned}
L_{t+\Delta t}(A) &= \left(x_{t+\Delta t,l}(A), y_{t+\Delta t,l}(A), z_{t+\Delta t,l}(A)\right) \\
&= \left(x_{t,l}(A) + \left|V_t(A)\right|\Delta t \frac{x_{t,l}(A)}{\left|L_t(A)\right|}, y_{t,l}(A) + \left|V_t(A)\right|\Delta t \frac{y_{t,l}(A)}{\left|L_t(A)\right|}, z_{t,l}(A) + \right. \\
&\quad \left. \left|V_t(A)\right|\Delta t \frac{z_{t,l}(A)}{\left|L_t(A)\right|}\right)
\end{aligned}
\tag{5-43}
$$

式中，$\left|V_t(A)\right| = \sqrt{x_{t,v}^2(A) + y_{t,v}^2(A) + z_{t,v}^2(A)}$；$\left|L_t(A)\right| = \sqrt{x_{t,l}^2(A) + y_{t,l}^2(A) + z_{t,l}^2(A)}$。

$$L_{t+\Delta t}(B) = \left(x_{t+\Delta t,l}(B), y_{t+\Delta t,l}(B), z_{t+\Delta t,l}(B) \right)$$

$$= \left(x_{t,l}(B) + |V_t(B)| \Delta t \frac{x_{t,l}(B)}{|L_t(B)|}, y_{t,l}(B) + |V_t(B)| \Delta t \frac{y_{t,l}(B)}{|L_t(B)|}, z_{t,l}(B) + \right.$$

$$\left. |V_t(B)| \Delta t \frac{z_{t,l}(B)}{|L_t(B)|} \right) \tag{5-44}$$

则在 $t + \Delta t$ 时刻节点 A 和 B 的距离 $\mathrm{dist}_{t+\Delta t}(A,B)$ 为

$$\mathrm{dist}_{t+\Delta t}(A,B)$$
$$= \sqrt{\left(x_{t+\Delta t,l}(A) - x_{t+\Delta t,l}(B) \right)^2 + \left(y_{t+\Delta t,l}(A) - y_{t+\Delta t,l}(B) \right)^2 + \left(z_{t+\Delta t,l}(A) - z_{t+\Delta t,l}(B) \right)^2} \tag{5-45}$$

5.3.3　鲁棒动态的功率控制

当得到时隙分配的分配策略后，当前博弈者代价函数中的 $\dfrac{e_{av_{i,j}}}{1_{(d_{i,j}^{t^{i}+\Delta \tau} \geq R_i)}}$ 部分

取得了最小值，节点在预约的时隙内利用功率控制算法来控制节点的发送功率大小。在该时隙 $[0 \rightarrow T]$ 内，节点需要根据节点的当前状态以及其他节点的策略来选择自身的功率控制策略。由于网络中节点数量众多，如果使用传统的博弈模型建模，则节点间需要大量的信令交互，因此这里使用平均场博弈模型来构建其他节点给自身决策带来的影响。节点的状态是接收节点受到的干扰状态。由于节点处于高速移动的环境中，环境中干扰情况复杂以及接收节点的估计测量等误差，导致发送节点获取的干扰状态存在不确定性。这部分不确定性是不能被忽视的。

1. 平均场博弈建模

当节点 i 向节点 j 发送数据时，首先推导出链路 $e_{i,j}$ 上的包含不确定性的鲁棒代价函数。链路 $e_{i,j}$ 上受到的干扰等于节点 j 受到的干扰为

$$\mu_i(t) = I_j(t) = \sum_{k \in V_i} p_k(t) g_{k,j}(t) \tag{5-46}$$

当系统中存在大量干扰节点时，不同干扰信道的扰动可以通过期望进行消除，这里引入干扰平均场近似变量 $\varpi_{i,j}(t)$，FPK 方程可以解耦博弈者之间的干扰耦合关系，令 $\mu_i(t) \approx \bar{p} \varpi_{i,j}(t) - p_i(t) g_{i,j}(t)$，$\bar{p}$ 是当前时刻所有发射节

点的平均发射功率，则干扰平均场可定义为

$$\mu_i(t) = \sum_{k \in V_i} p_k(t) g_{k,j}(t) = N\mathbb{E}\big[p_k(t)g_{k,j}(t)\big] \tag{5-47}$$

由于所有节点的信道增益之间相互独立，因此 $\varpi_{i,j}(t)$ 的表达形式和 $g_{i,j}(t)$ 的表达形式类似，干扰平均场近似变量可表示为

$$d\varpi(t) = \frac{1}{2}\big(\kappa_\varpi - \varpi(t)\big)dt + \sigma_\varpi^2 dB(t) \tag{5-48}$$

式中，κ_ϖ 和 σ_ϖ 都是有限的非负实数；$B(t)$ 是布朗运动。

在博弈者的状态动态方程中，引入了不确定因子 $\xi_i(t)$ 表示状态中的不确定性，此时的博弈者的动态状态方程 $ds_i(t)$ 为

$$\begin{aligned}
ds_i(t) = d\mu_i(t) &= \bar{p}d\varpi_{i,j}(t) - p_i(t)dg_{i,j}(t) + \xi_i(t)dt \\
&= \bar{p}\left(\frac{1}{2}\big(\kappa_\varpi - \varpi(t)\big)dt + \sigma_\varpi^2 dB(t)\right) - p_i(t)\left(\frac{1}{2}\big(\kappa_g - g(t)\big)dt + \sigma_g^2 dB(t)\right) + \xi_i(t)dt \\
&= -\frac{1}{2}\big(\bar{p}\varpi(t) - p_i(t)g(t)\big)dt + \bar{p}\sigma_\varpi^2 dB(t) - p_i(t)\sigma_g^2 dB(t) + \frac{1}{2}\bar{p}\kappa_\varpi dt - \\
&\quad \frac{1}{2}p_i(t)\kappa_g dt + \xi_i(t)dt \\
&= -\frac{1}{2}\mu_i(t)dt - \frac{1}{2}\kappa_\varpi p_i(t)dt + f_i(t)\mu_i(t)dB + f_i(t)\xi_i(t)dt + \frac{1}{2}\bar{p}\kappa_\varpi dt \\
&= \big[\alpha(t)\mu_i(t) + \beta(t)p_i(t) + f_i(t)\xi_i(t)\big]dt + f_i(t)\mu_i(t)dB + \frac{1}{2}\bar{p}\kappa_\varpi dt
\end{aligned} \tag{5-49}$$

式中，$f_i(t)$ 是 t 的正值函数；$\dfrac{\bar{p}\kappa_\varpi}{2}$ 的值为常数。

当前时刻，网络中节点的时隙分配策略已经确定，博弈者在其对应的时隙内发送数据，其在一个时隙 $[0, T]$ 内的代价函数可以表示为

$$L_{i,j}(p_i, \mu_i, \xi_i) = c_{i,j}(T) + \int_0^T c_{i,j}\big(t, \mu_i(t), p_i(t), \xi_i(t)\big)dt \tag{5-50}$$

为了使代价函数在不确定性最大的情况下也是有界的，需要限制 $\xi_i(t)$ 的模值，引入下面的不等式：

$$\frac{L_{i,j}(p_i, \xi_i)}{\xi_i^2 + c_{i,j}(0)} \leqslant \rho^2 \tag{5-51}$$

式中，ρ 反映鲁棒性水平的大小；$\xi_i^2 = \int_0^T \xi_i^2(t)dt$。

通过对式 (5-51) 的变形可以得到最终的鲁棒代价函数为

$$J_{i,j}^{\rho}\left(p_i, \mu_i, \xi_i\right) = L_{i,j}\left(p_i, \mu_i, \xi_i\right) - \rho^2 \int_0^T \xi_i^2\left(t\right) \mathrm{d}t \tag{5-52}$$

每个博弈者在 $[0, T]$ 的时间上，通过选择最优的功率控制策略 $Q^*(t)$ 来最小化鲁棒代价函数，即

$$Q^*\left(t\right) = \arg \min_{p_i(t)} \max_{\xi_i(t)} \mathbb{E}\left[\int_t^T J_{i,j}^{\rho}\left(\tau, p_i, \mu_i, \xi_i\right) d\tau + J_{i,j}^{\rho}\left(T\right)\right] \tag{5-53}$$

式 (5-53) 在假设不确定性 $\xi_i(t)$ 最大的情况下，通过控制功率策略来最小化鲁棒代价函数，因此得到的功率控制策略能够容忍具有不确定性的环境，提高网络的鲁棒性。

值函数是 HJB 方程的解。为了推导出系统的 HJB 方程，首先定义值函数 $u_{i,j}(t, s_i)$ 为

$$u_{i,j}\left(t, s_i\right) = \min_{p_i(t)} \max_{\xi_i(t)} \mathbb{E}\left[\int_t^T J_{i,j}^{\rho}\left(\tau, p_i, \mu_i, \xi_i\right) d\tau + J_{i,j}^{\rho}\left(T\right)\right] \tag{5-54}$$

式中，s_i 是博弈者 i 的干扰状态，即受到的和干扰。

假设 $\mathrm{d}t$ 是一个无穷小的时间量，根据贝尔曼最优性原则，在 $t \to t + \mathrm{d}t$ 上可以得到系统的鲁棒汉密尔顿函数为

$$u\left(t_0, s_{i0}\right) = \min_p \max_\xi \left\{\mathbb{E}u(t_0 + \mathrm{d}t, s_{i0} + \mathrm{d}s_i + \sigma \mathrm{d}B_t) + c(t_0, p, \mu, \xi)\right\} \mathrm{d}t \tag{5-55}$$

使用泰勒公式与 Ito 规则，忽略高阶无穷小，并对式 (5-55) 两边求期望，消去布朗运动相关的无穷小量，移项整理可得到：

$$\partial_t u(t_0, s_{i_0}) = \min_p \max_\xi \left\{c(t_0, s_{i_0}) - \rho^2 \xi^2 + \partial_{s_i} \mu_{i,j}(\alpha(t_0)\mu_i + \beta(t_0) + f_i(t_0)\xi)\right\} \tag{5-56}$$

更进一步，进行一般性推广可得系统的 HJB 方程为

$$\partial_t u\left(t, s\right) + \frac{1}{2} f_i^2\left(t\right) s_i^2 \left(\Delta_s u\left(t, s\right)\right)^2 = -\tilde{H}\left(t, s, \nabla_s u(t, s), m\right) \tag{5-57}$$

式中，$\Delta_s u\left(t, s\right) = \partial_{ss} u\left(t, s\right)$；$\tilde{H}$ 为鲁棒哈密尔顿函数。

鲁棒哈密尔顿函数可以表示为

$$\tilde{H}\left(s_i, \partial_{s_i} \mu_{i,j}, m\right) = \min_{p_i(t)} \max_{\xi_i(t)} \left[c\left(s_i, p_i, m\right) - \rho^2 \xi_i^2 + \partial_{s_i} \mu_{i,j}\left(\alpha(t)\mu_i + \beta(t)p_i + f_i(t)\xi_i\right)\right]$$

$$\tag{5-58}$$

涉及不确定因子的部分为凸函数 $-\rho^2 \xi_i^2 + \left(\partial_{s_i} \mu_{i,j}\right) f_i(t)\xi_i$，使该部分最大

化的不确定因子的取值为 $\xi_i^* = \left(f_i(t)/2\rho^2 \right) \partial_{s_i} \mu_{i,j}$，因此鲁棒哈密尔顿函数可以写为

$$\tilde{H}\left(t, s_i, \partial_{s_i} \mu_{i,j}, m\right) = \min_{p_i(t)} \left[c\left(t, s_i, p_i, m\right) + \partial_{s_i} \mu_{i,j} \left(\alpha(t)\mu_i + \beta(t)p_i \right) + \left(\frac{f_i(t)}{2\rho} \partial_{s_i} \mu_{i,j} \right)^2 \right]$$

(5-59)

利用测试函数 (Test Function) 的方法能够推导出 FPK 方程为

$$\partial_t m(t,s) + \partial_{s_i} \left(m(t,s) \partial_q H\left(t, s_i, q, m\right) \right) +$$
$$\frac{f_i^2(t)}{2\rho^2} \partial_{s_i} \left(m(t,s)q \right) - \frac{1}{2} f_i^2(t) \left(\Delta_s s_i^2 m(t,s) \right)^2 = 0$$

(5-60)

式中，$q = \nabla_s u(t,s)$；$H\left(t, s_i, \partial_{s_i} \mu_{i,j}, m\right) = \min_{p_i(t)} \left[c\left(s_i, p_i, m\right) + q\left(\alpha(t)s_i + \beta(t)p_i \right) \right]$ 是除去不确定因子影响的哈密尔顿函数。

至此，鲁棒 MFG 系统的 HJB 和 FPK 方程都已经推导出来。HJB 方程解的存在，可以确保博弈的纳什均衡存在。如果哈密尔顿量是光滑的，则 HJB 方程至少存在一个解。对哈密尔顿量对 p_i 求导发现其一阶导数连续存在，即这是一条光滑的曲线。因此可以通过联合 HJB 和 FPK 方程推导出鲁棒 MFG 系统的平均场均衡解。

2. 平均场博弈均衡解

平均场博弈均衡解可以通过求解系统的 HJB 和 FPK 方程来获得。本小节利用有限差分法进行求解平均场均衡。首先将时间间隔 [0，T] 和干扰状态空间 [0，$I_{\max}$] 分别离散化为 X 和 Y 个离散点，其中，时间、干扰状态维度的迭代步长分别为 $\delta_t = \dfrac{T}{X}$、$\delta_l = \dfrac{I_{\max}}{Y}$。

1) FPK 方程的求解

利用 Lax-Friedrichs 方法来求解 FPK 方程。为了说明该方法中的离散算子，先假设 $f(t,s) = f_i^j$，其中，$t = j\delta_t$，$s = i\delta_s$，则可以得到 Lax-Friedrichs 方法中的离散算子如下：

$$\partial_t f_i^j = \frac{f_i^{j+1} - \dfrac{1}{2}\left(f_{i+1}^j + f_{i-1}^j \right)}{\delta_t}$$

(5-61)

$$\partial_t m(t,s) = \frac{m_I^{t+1} - \frac{1}{2}\left(m_{I+1}^t + m_{I-1}^t\right)}{\delta_t} \tag{5-62}$$

$$\partial_x f_i^j = \frac{f_{i+1}^j - f_{i-1}^j}{2\delta_x} \tag{5-63}$$

$$\partial_{s_i} m(t,s) = \frac{m_{I+1}^t - m_{I-1}^t}{2\delta_I} \tag{5-64}$$

$$\Delta_x f_i^j = \nabla_x\left(\nabla_x f_i^j\right) = \frac{f_{i+2}^j - 2f_i^j + f_{i-2}^j}{4\delta_x^2} \tag{5-65}$$

$$\partial_{s_i s_i} m(t,s) = \frac{m_{I+2}^t - 2m_I^t + m_{I-2}^t}{4\delta_I^2} \tag{5-66}$$

$\partial_q H(t,s_i,q,m)$ 可以用控制变量 $p_i(t,s)$ 代替，因此可以得到：

$$\begin{aligned}
&\partial_t m(t,s) + \partial_{s_i}\left(m(t,s)\partial_q H(t,s_i,q,m)\right) + \\
&\frac{f_i^2(t)}{2\rho^2}\partial_{s_i}\left(m(t,s)q\right) - \frac{1}{2}f_i^2(t)\left(\Delta_s s_i^2 m(t,s)\right)^2 = 0, \\
&\rightarrow \partial_t m(t,s) + \partial_{s_i}\left(m(t,s)p_i(t,s)\right) + \\
&\frac{f_i^2(t)}{2\rho^2}\partial_{s_i}\left(m(t,s)\partial_{s_i}u(t,s)\right) - \frac{1}{2}f_i^2(t)\left(\partial_{s_i s_i}s_i^2 m(t,s)\right)^2 = 0 \\
&\rightarrow \partial_t m(t,s) + \partial_{s_i}\left(m(t,s)p_i(t,s)\right) + \\
&\frac{f_i^2(t)}{2\rho^2}\left(m(t,s)\partial_{s_i s_i}u(t,s) + \partial_{s_i}m(t,s)\partial_{s_i}u(t,s)\right) - \\
&\frac{1}{2}f_i^2(t)\left(s^2\partial_{s_i s_i}m(t,s) + 4s\partial_{s_i}m(t,s) + 2m(t,s)\right)^2 = 0
\end{aligned} \tag{5-67}$$

离散算子带入到 FPK 方程中可以得到：

$$\begin{aligned}
&\frac{m_I^{t+1} - \frac{1}{2}\left(m_{I+1}^t + m_{I-1}^t\right)}{\delta_t} + \frac{m_{I+1}^t p_{I+1}^t - m_{I-1}^t p_{I-1}^t}{2\delta_I} + \\
&\frac{\left(f^t\right)^2}{2\rho^2}\left(m_I^t\frac{u_{I+2}^t - 2u_I^t + u_{I-2}^t}{4\delta_I^2} + \frac{m_{I+1}^t - m_{I-1}^t}{2\delta_I}\frac{u_{I+1}^t - u_{I-1}^t}{2\delta_I}\right) - \\
&\frac{1}{2}\left(f^t\right)^2\left(\left(s^t\right)^2\frac{m_{I+2}^t - 2m_I^t + m_{I-2}^t}{4\delta_I^2} + 4s^t\frac{m_{I+1}^t - m_{I-1}^t}{2\delta_I} + 2m_I^t\right)^2 = 0
\end{aligned} \tag{5-68}$$

由此能够得到，FPK 方程中的 m_I^t 的更新公式为

$$\frac{m_I^{t+1}}{\delta_t} = \frac{\frac{1}{2}\left(m_{I+1}^t + m_{I-1}^t\right)}{\delta_t} + \frac{1}{2}\left(f^t\right)^2\left(\left(s^t\right)^2\frac{m_{I+2}^t - 2m_I^t + m_{I-2}^t}{4\delta_I^2} + 4s^t\frac{m_{I+1}^t - m_{I-1}^t}{2\delta_I} + 2m_I^t\right)^2 -$$

$$\frac{m_{I+1}^t p_{I+1}^t - m_{I-1}^t p_{I-1}^t}{2\delta_I} - \frac{\left(f^t\right)^2}{2\rho^2}\left(m_I^t\frac{u_{I+2}^t - 2u_I^t + u_{I-2}^t}{4\delta_I^2} + \frac{m_{I+1}^t - m_{I-1}^t}{2\delta_I}\frac{u_{I+1}^t - u_{I-1}^t}{2\delta_I}\right)$$

$$(5\text{-}69)$$

2) HJB 方程的求解

由于存在哈密尔顿函数，因此不能直接应用有限差分法进行求解，因此通过将 HJB 方程转化为以 FPK 方程为约束条件的相应最优控制问题来重新构建问题，新构建的问题如下：

$$\begin{cases}\min_{p_i(t)}\mathbb{E}\left[\int_{t=0}^{T}c\left(t,p_i,s_i,\xi_i^*\right)\mathrm{d}k + c(T)\right]\\[2mm]\text{s.t.}\quad \partial_t m(t,s) + \partial_{s_i}\left(m(t,s)\partial_q H\left(t,s_i,q,m\right)\right) +\\[2mm]\dfrac{f_i^2(t)}{2\rho^2}\partial_{s_i}\left(m(t,s)q\right) - \dfrac{1}{2}f_i^2(t)\left(\Delta_s s_i^2 m(t,s)\right)^2 = 0\end{cases}\quad(5\text{-}70)$$

利用拉格朗日法求解式 (5-70)，引入拉格朗日乘子 $\lambda(t,s)$，可以得到相应的拉格朗日函数为

$$\begin{aligned}L\left(s_i,p_i,m,\xi,\lambda\right) = {} & \mathbb{E}\left[\int_{t=0}^{T}c(t,p_i,s_i,\xi_i^*)\mathrm{d}t\right] +\\[2mm]& \int_{t=0}^{T}\int_{s=0}^{I_{\max}}\lambda(t,s)\bigg[\partial_t m(t,s) + \partial_{s_i}\left(m(t,s)p(t,s)\right) +\\[2mm]& \frac{f_i^2(t)}{2\rho^2}\partial_{s_i}\left(m(t,s)q\right) - \frac{1}{2}f_i^2(t)\left(\Delta_s s_i^2 m(t,s)\right)^2\bigg]\mathrm{d}s\mathrm{d}t\\[2mm]= {} & \int_{t=0}^{T}\int_{s=0}^{I_{\max}}m(t,s)c(t,s)\mathrm{d}s\mathrm{d}t +\\[2mm]& \int_{t=0}^{T}\int_{s=0}^{I_{\max}}\lambda(t,s)\bigg[\partial_t m(t,s) + \partial_{s_i}\left(m(t,s)p(t,s)\right)\\[2mm]& \frac{f_i^2(t)}{2\rho^2}\partial_{s_i}\left(m(t,s)q\right) - \frac{1}{2}f_i^2(t)\left(\Delta_s s_i^2 m(t,s)\right)^2\bigg]\mathrm{d}s\mathrm{d}t\quad(5\text{-}71)\end{aligned}$$

令 $c(T) = 0$，离散化拉格朗日函数可以得到：

$$L_D = \delta_t \delta_I \sum_{t=1}^{X+1} \sum_{I=1}^{Y+1} \left[m_I^t c_I^t + \lambda_I^t \left(\frac{m_I^{t+1} - \frac{1}{2}\left(m_{I+1}^t + m_{I-1}^t\right)}{\delta_t} + \frac{m_{I+1}^t p_{I+1}^t - m_{I-1}^t p_{I-1}^t}{2\delta_I} + \right. \right.$$

$$\frac{\left(f^t\right)^2}{2\rho^2}\left(m_I^t \frac{u_{I+2}^t - 2u_I^t + u_{I-2}^t}{4\delta_I^2} + \frac{m_{I+1}^t - m_{I-1}^t}{2\delta_I}\frac{u_{I+1}^t - u_{I-1}^t}{2\delta_I} \right) - $$

$$\left. \left. \frac{1}{2}\left(f^t\right)^2 \left(\left(s^t\right)^2 \frac{m_{I+2}^t - 2m_I^t + m_{I-2}^t}{4\delta_I^2} + 4s^t \frac{m_{I+1}^t - m_{I-1}^t}{2\delta_I} + 2m_I^t \right)^2 \right) \right] \quad (5\text{-}72)$$

令 $\partial L_D / \partial m_I^t = 0$，拉格朗日乘子的更新公式为

$$\frac{1}{\delta_t}\lambda_I^{t-1} = \lambda_{I+2}^t \delta_t \delta_I \left[\left(f^t\right)^2 \frac{\left(s^t\right)^2}{4\delta_I^2} \left(\left(s^t\right)^2 \frac{m_{I+4}^t - 2m_{I+2}^t + m_I^t}{4\delta_I^2} + 4s^t \frac{m_{I+3}^t - m_{I+1}^t}{2\delta_I} + 2m_{I+2}^t \right) \right] + $$

$$\lambda_{I-2}^t \delta_t \delta_I \left[\left(f^t\right)^2 \frac{\left(s^t\right)^2}{4\delta_I^2} \left(\left(s^t\right)^2 \frac{m_I^t - 2m_{I-2}^t + m_{I-4}^t}{4\delta_I^2} + 4s^t \frac{m_{I-1}^t - m_{I-3}^t}{2\delta_I} + 2m_{I-2}^t \right) \right] - $$

$$\lambda_{I-1}^t \delta_t \delta_I \left[-\frac{1}{2\delta_t} + \frac{1}{2\delta_I}p_I^t + \frac{\left(f^t\right)^2}{2\rho^2}\left(\frac{m_I^t}{2\delta_I}\frac{u_I^t - u_{I-2}^t}{2\delta_I} \right) - \right.$$

$$\left. \left(f^t\right)^2 \frac{2s^t}{\delta_I}\left(\left(s^t\right)^2 \frac{m_{I+1}^t - 2m_{I-1}^t + m_{I-3}^t}{4\delta_I^2} + 4s^t \frac{m_I^t - m_{I-2}^t}{2\delta_I} + 2m_{I-1}^t \right) \right] - $$

$$\lambda_I^t \delta_t \delta_I \left[\frac{\left(f^t\right)^2}{2\rho^2}\frac{u_{I+2}^t - 2u_I^t + u_{I-2}^t}{4\delta_I^2} - \right.$$

$$\left(f^t\right)^2 \left(\left(s^t\right)^2 \frac{m_{I+2}^t - 2m_I^t + m_{I-2}^t}{4\delta_I^2} + 4s^t \frac{m_{I+1}^t - m_{I-1}^t}{2\delta_I} + 2m_I^t \right) - $$

$$\left. \left(-\left(s^t\right)^2 \frac{1}{2\delta_I^2} + 2 \right) \right] - $$

$$\lambda_{I+1}^t \delta_t \delta_I \left[-\frac{1}{2\delta_t} - \frac{1}{2\delta_I}p_I^t - \frac{\left(f^t\right)^2}{2\rho^2}\left(\frac{1}{2\delta_I}\frac{u_{I+2}^t - u_I^t}{2\delta_I} \right) + \right.$$

$$\left. \frac{2s^t\left(f^t\right)^2}{\delta_I}\left(\left(s^t\right)^2 \frac{m_{I+3}^t - 2m_{I+1}^t + m_{I-1}^t}{4\delta_I^2} + 4s^t \frac{m_{I+2}^t - m_I^t}{2\delta_I} + 2m_{I+1}^t \right) \right] - c_I^t \delta_t \delta_I $$

$$(5\text{-}73)$$

对于离散化网格中的任一点 (I, t)，通过求解 $\frac{\partial L_D}{\partial p_I^t} = 0$ 可以得到 p_I^t 的更新公式为

$$m_I^t \frac{\partial c_I^t}{\partial p_I^t} + \lambda_{I-1}^t \frac{m_I^t}{2\delta_I} - \lambda_{I+1}^t \frac{m_I^t}{2\delta_I} = 0 \tag{5-74}$$

至此，得到了 m_I^t、λ_I^t 和 p_I^t 的更新公式，根据式 (5-74) 迭代运算可以设计最优鲁棒功率控制算法，具体算法如下：

初始化平均场分布 m_I^0

初始化拉格朗日乘子 λ_I^T

初始化功率 p_I^t

For t = 1:X + 1 do

　For I = 1:Y + 1 do

　　更新平均场

　　根据平均场迭代式 (5-69) 以及初始值计算 m_I^{t+1}

　　更新拉格朗日乘子

　　根据拉格朗日乘子迭代式 (5-73) 以及初始值计算 λ_I^{t-1}

　　更新功率水平

　　根据式 (5-74) 计算 p_I^t

　End

End

5.3.4　仿真验证及结果分析

1. 仿真参数和性能指标

1) MAC 层仿真参数和性能指标

(1) 仿真场景和参数设置。本节假设的场景是无人机集群在执行任务，在无人机执行任务的过程中，由于任务随时可能发生变化，因此无人机的任务分配也会随之改变，所以不仅无人机的航行路线随时会发生调整，而且无人机之间要随时保持通信。

将上述无人机多跳网络场景抽象到仿真场景中，可以得到下面的相关仿真参数。多架无人机节点在 1 km × 1 km 的区域内组成多跳无人机网络，节点数量为 20 个，其中 10 个节点给相应目的节点发送数据包。无人机节点在该区域内部可以沿任意方向移动一段随机时间，当节点移动到区域边界或者随

机时间归零时节点改变移动方向和移动速度，网络中任意两个节点之间都可以通过多跳转发进行通信。为了减少网络层性能对 MAC 协议造成的影响，网络层使用 Dijkstra 最短路径法寻找路由。假设每个节点都能够得到最优路由；PHY 层比特率为 1 Mb/s，编码率为 0.5；数据包大小为 616 Byte，包括 512 Byte 的有效数据载荷和 104 Byte 的控制信息，可以得到数据包的传输时延为 9.856 ms，考虑到节点的处理等造成的时延，因此假设数据时隙长度为 10 ms。

无人机多跳网络场景的相关仿真参数如表 5-2 所示。

表 5-2　无人机多跳网络场景的相关仿真参数

参数 (Parameter)	值 (Value)
网络范围	1 km × 1 km
信道带宽 (MHz)	10
数据包大小 (Byte)	616
比特率 (Mb/s)	1
编码率	0.5
数据时隙长度 (ms)	10
通信范围 (m)	450

(2) 网络性能指标。为了展现算法的性能，在仿真中主要考虑统计如下一些常用的网络性能。

① 数据包投递率 (Packet Delivery Ratio，PDR)。PDR 是指目的节点成功接收到源节点发送的数据包和网络中所有源节点发送的数据包的比值。包交付率越高，源节点成功发送数据包的数量越多，网络的性能越好。PDR 可以用下面的公式来计算，即：

$$PDR = \frac{packets\_rcvd}{packets\_trans} \tag{5-75}$$

② 平均端到端时延 (Average End-to-End Delay，AEED)。一个数据包的端到端传输时延是指数据包从离开源节点直到被目的节点成功接收所经历的时长。由于网络环境的影响，每个数据包的端到端传输时延都不相同，因此这里统计网络中成功接收的数据包的平均端到端传输时延可以表示为

$$AEED = \frac{1}{N}\sum_{i=1}^{N}EED_i$$
$$= \frac{1}{N}\sum_{i=1}^{N}\left(Packet\_Arrivaltime_i - Packet\_sendtime_i\right) \tag{5-76}$$

式中，N 表示网络中成功接收的数据包的数量。

③ 冲突次数。冲突次数是指网络在运行过程中数据包发生冲突的次数。每个节点记录自己本地发生冲突的次数，最后对网络中的所有节点的冲突次数求和。

2) 物理层仿真参数和性能指标

(1) 仿真场景和参数设置。在上述时隙分配完成后，网络中某一时刻有哪些节点在发送数据就确定了，在某一时刻，网络中所有发送数据的节点都开始在一段时间间隔内执行功率控制算法来提高自身发射的能量效率，降低能量消耗。假设每个节点在其分配的时隙内执行该算法，因此在某一个时隙开始的时刻，网络中所有分配到该时隙的节点才会发送数据，其他节点保持接收状态。由于一个时隙的时间很短，通常都在几到十几毫秒，因此可以认为网络拓扑在一个时隙内没有发生改变，则超密集无人机自组织网络场景可以简化为在一个时隙的时间段内，网络中每个同传节点在网络拓扑不改变的情况下，优化自身发射功率的过程。

如图 5-22 所示，在某一时刻中网络可能存在多条同传链路，假设所有节点通信所使用的频点相同，则有大量节点同时发送数据时会对接收节点造成累积干扰，影响通信效率。为了减小网络中的干扰，每个节点在通信时执行提出的功率控制算法。除了当前时隙的发射节点，其他节点保持接收状态。

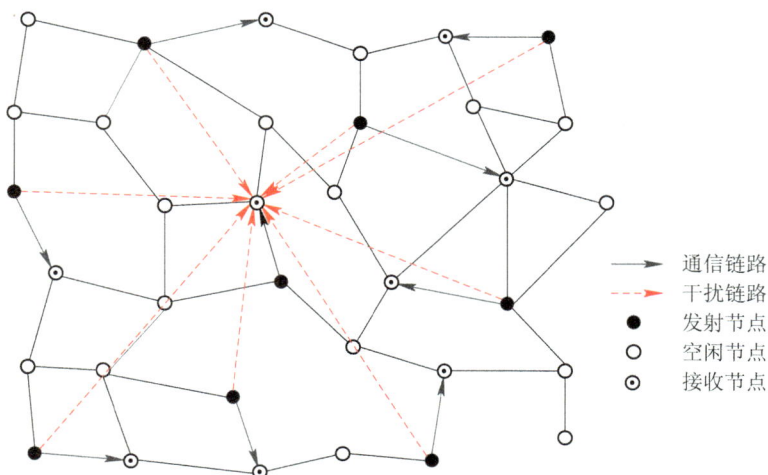

图 5-22　某时刻网络切片图

功率控制算法是在上述时隙分配完成的条件下执行的，在功率控制算法中涉及的仿真相关参数如表 5-3 所示。

表 5-3 仿真相关参数表

参数 (Parameter)	值 (Value)
节点最大发射功率 (W)	0.1
信道带宽 B(MHz)	10
T(ms)	10
时间维度离散量 X	50
干扰状态维度离散量 Y	10
时间维度迭代步长 δ_t	$\delta_t = T/X$
干扰状态维度迭代步长 δ_I	$\delta_I = I_{max}/Y$
背景噪声 N_0(W)	2.5×10^{-13}
接收门限 γ^{th}(dBm)	3
鲁棒性水平 ρ(dB)	3

(2) 网络性能指标。选择系统平均 EE 作为衡量算法性能的标准。假设节点 i 向节点 j 发送数据，节点 j 处的 SINR 为

$$\gamma_{i,j} = \frac{p_i(t)g_{i,j}(t)}{\bar{p}\varpi_{i,j}(t) - p_i(t)g_{i,j}(t) + N_0} \tag{5-77}$$

式中，$\varpi_{i,j}(t)$ 是干扰平均场近似变量；$\bar{p}$ 是当前时刻所有发射节点的平均发射功率；$g_{i,j}(t)$ 是节点 i 到节点 j 的信道增益；N_0 是背景噪声。

节点 i 的能量效率可以表示为

$$E_i = \frac{B \times \text{lb}(1 + \gamma_{i,j})}{p_i(t)} \tag{5-78}$$

式中，B 是信道带宽。

2. 仿真结果及结果分析

1) MAC 层算法性能分析

(1) 无人机节点移动速度对协议性能的影响。本小节主要分析无人机节点移动速度对协议性能带来的影响，统计不同无人机速度下的包交付率、冲突次数、平均端到端传输时延性能指标。

由图 5-23 可知，Fix-TDMA 协议的整体包交付率最低，DLP-TDMA 协议的整体性能最好。当移动速度为零时，三种协议的包交付率都为 1。随着速度增加，D-TDMA 的包交付率下降速度最快，这是因为每个节点的时隙都是固定的，节点在等待接入的过程中拓扑已经变化了，造成了丢包，说明 D-TDMA

协议不适合应用在节点移动的场景中。D-TDMA 和 DLP-TDMA 协议由于能够动态调整时隙分配，不在冲突范围内的节点可以复用相同时隙，节点接入时间相对较短，因此其整体丢包率和 Fix-TDMA 相比较低，但是随着节点移动速度增加，拓扑发生剧烈变化，基于节点位置预测的 DLP-TDMA 协议能够预先判断链路是否断开，可以提前选择中继节点，进一步提高了包交付率。

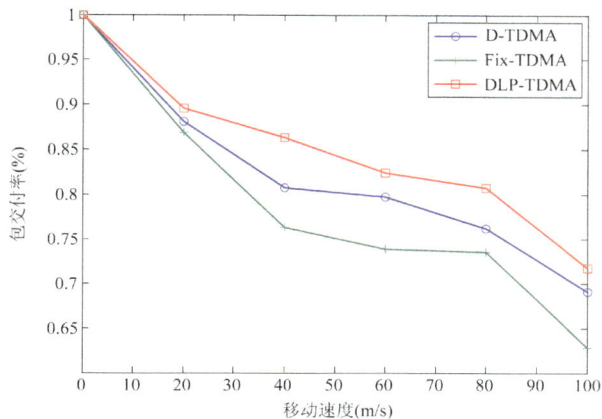

图 5-23　移动速度对 PDR 的影响

　　如图 5-24 所示，当移动速度为零时，网络中不存在冲突。随着节点速度增加，D-TDMA 协议的冲突次数明显增大。Fix-TDMA 协议中，每个节点分配的是唯一的固定时隙，冲突数量始终为零。而使用移动预测的 DLP-TDMA 协议仅略大于 Fix-TDMA 协议的冲突，因为 Fix-TDMA 协议能够根据拓扑变化预测潜在冲突，可以提前避免冲突的发生，因此大幅降低了冲突次数。

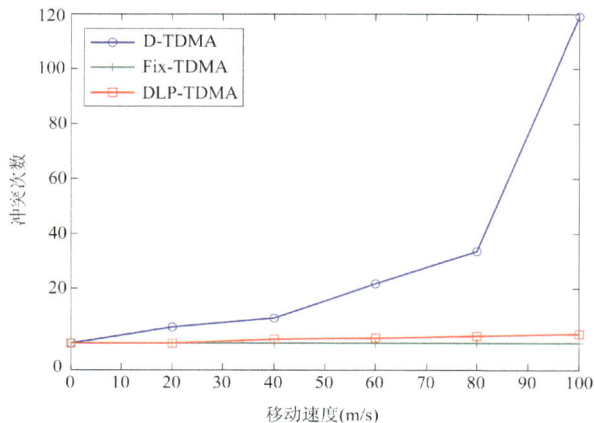

图 5-24　移动速度对冲突次数的影响

如图 5-25 所示,当网络中节点数量较多时,Fix-TDMA 协议接入时延最大,节点移动速度较小时,D-TDMA 和 DLP-TDMA 协议的端到端时延相差不大。当速度继续增大时,D-TDMA 和 DLP-TDMA 协议的端到端时延之间的差距越来越明显。可以看出,DLP-TDMA 协议的时延是三个协议中最小的,这是因为 DLP-TDMA 协议通过预测节点位置,提前判断将要断开的链路,从而提前寻找中间节点并通知其开始预约时隙,因此减少了预约时隙消耗的时间,减小了端到端传输时延。随着节点移动速度的增加,三种协议的端到端时延都在下降,这是因为路由层使用的是最短路径协议,节点在选择路由时没有考虑到节点拥塞程度,一开始速度较小时,拓扑变化慢,导致某些节点中缓存了较多数据包,因此时延较大。随着节点移动速度的增加,拓扑频繁变化,节点出现拥塞的概率减小,因此端到端时延逐渐减小。

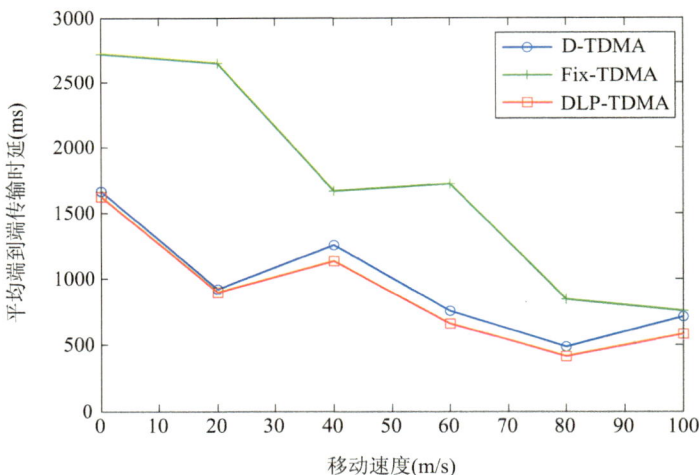

图 5-25　移动速度对平均端到端传输时延的影响

(2) 网络负载对协议性能的影响。本小节主要分析网络负载对协议性能带来的影响。假设节点移动速度为 80 m/s,统计不同发送数据包的间隔(即网络负载)的包交付率、冲突次数、平均端到端传输时延性能指标。

如图 5-26 所示,随着网络负载的减轻,三种协议的包交付率整体都呈现上升的趋势,说明网络负载严重时网络性能下降。但是 DLP-TDMA 协议使用了节点预测机制有效避免节点冲突和链路断开带来的影响,因此协议的整体包交付率高于另外两种协议。当前场景中,节点移动速度较高,虽然 Fix-TDMA 协议不会产生冲突,但是其整体性能依然较差。

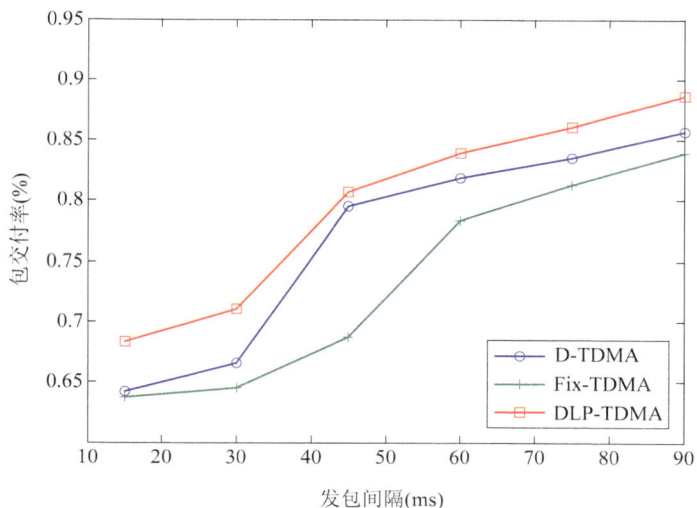

图 5-26 网络负载对 PDR 的影响

如图 5-27 所示，发包间隔越大网络负载越轻，可以看出随着网络负载的减小三种协议下网络中发生冲突的次数不断降低。当网络负载较重时，由于节点移动速度较大，D-TDMA 协议发生冲突的次数较多，而 Fix-TDMA 协议的冲突次数一直保持为零。由于 DLP-TDMA 协议能够提前预测网络中的潜在冲突并且提前采取避免措施，因此该协议的冲突次数仅略高于 Fix-TDMA 协议，而远小于 D-TDMA 协议。

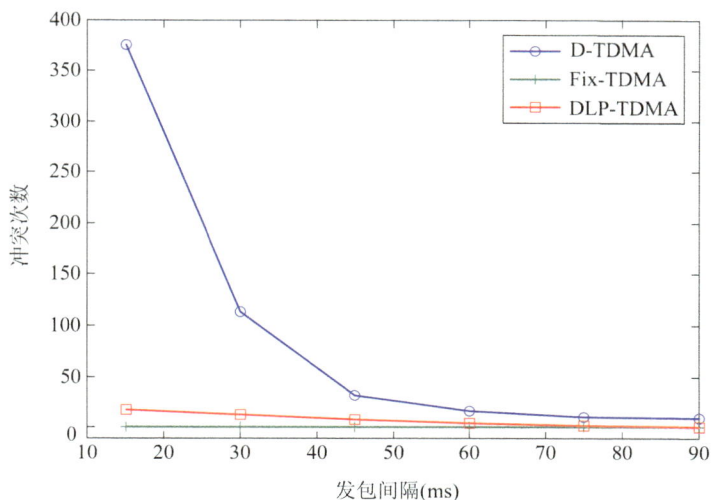

图 5-27 网络负载对冲突次数的影响

如图 5-28 所示，当网络中负载较重时，Fix-TDMA 协议能够充分利用信道资源，因此其性能高于 D-TDMA 协议，使用 D-TDMA 协议的网络容易产生冲突，在负载较重时性能较差。随着网络负载减轻，三种协议的端到端传输时延都有所减小，Fix-TDMA 协议减小的幅度最小，DLP-TDMA 协议提前通知中间节点预约时隙的特性使其端到端时延是最小，并且随着网络负载的减轻，节点提前预约时隙所节约的时间越明显，所以当负载较轻时，DLP-TDMA 和 D-TDMA 协议的差距较明显。

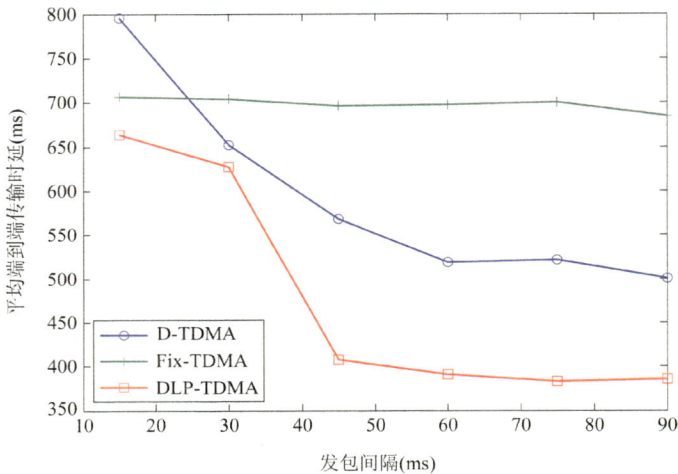

图 5-28 网络负载对平均端到端传输时延的影响

2) 功率控制算法性能分析

假设在 1 km × 1 km 的区域中，某一时隙中同时有 25 个节点在发送数据，图 5-29 所示为系统平均 EE 随不确定因子分布的变化趋势。假设不确定因子服从高斯分布，横轴是不确定因子的方差，纵轴是系统平均 EE，不确定因子的方差从 1.5 到 2.8，每 0.1 取一次值，方差越大，高斯分布越扁平，则不确定因子的取值范围越小。由图 5-29 可知，系统平均 EE 随着横坐标的增加呈现缓慢上升的趋势，但是从纵坐标数值可以看出，系统平均 EE 增加的幅度很小，当不确定因子的方差从 2.8 逐步降到 1.5 时，其取值范围越来越大，然而系统性能下降的幅度却很小，这说明即使不确定因子的取值范围由于方差变化而发生改变，但是由于算法具有鲁棒性，系统平均性能变化不大。

如图 5-30 所示，图 (a) 给出系统平均性能 EE 随时间的变化，图 (b) 给出系统平均性能随状态的变化。可以看出，系统平均 EE 随时间逐渐上升，之后逐渐达到平稳状态，说明随着功率控制算法的执行，系统整体性能有所提升。从图 (b) 中可以看出，系统平均 EE 随干扰状态的增加逐渐减小并趋于稳定，说明随着干扰继续增加，系统平均 EE 变化较平稳，即当干扰增大时，系统性能在一定范围内能够保持较稳定的趋势，因此系统对于干扰有一定的鲁棒性。

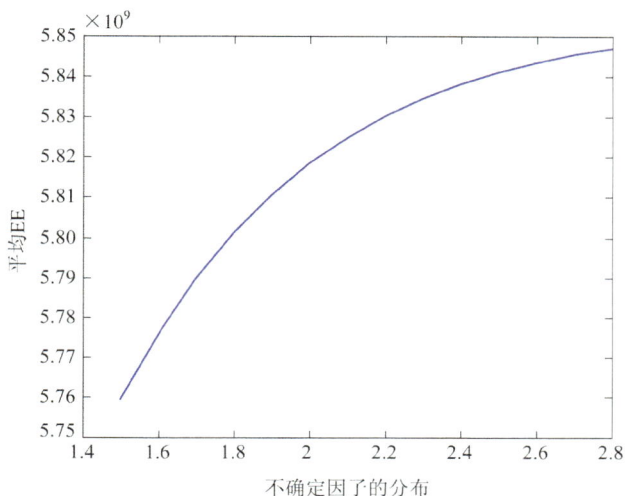

图 5-29　系统平均 EE 随不确定因子分布的变化趋势

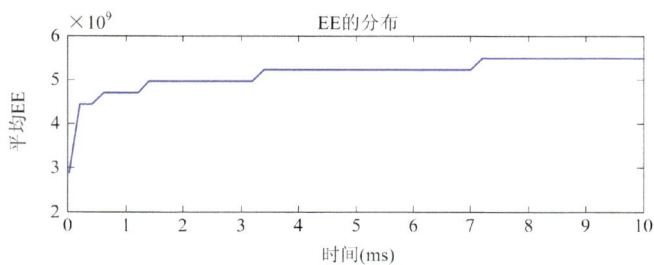

(a)

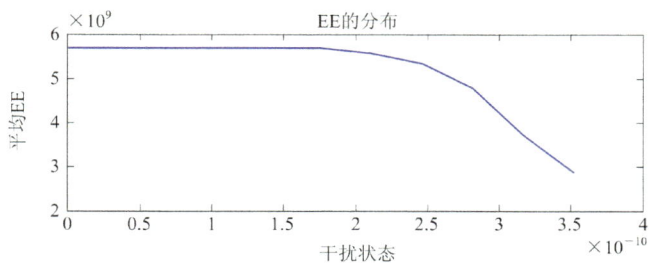

(b)

图 5-30　系统平均 EE 随时间和干扰状态的变化

本章参考文献

[1]　LIU D，XU Y，WANG J，et al. Opportunistic UAV Utilization in Wireless Networks: Motivations，Applications，and Challenges[J]. IEEE Communications Magazine，2020，58(5): 62-68.

[2]　KHAN I U，QURESHI I M，AZIZ M A，et al. Smart IoT Control-Based Nature Inspired Energy Efficient Routing Protocol for Flying Ad Hoc Network (FANET)[J]. IEEE Access，2020，8: 56371-56378.

[3]　MKIRAMWENI M E，YANG C，LI J，et al. A Survey of Game Theory in Unmanned Aerial Vehicles Communications[J]. IEEE Communications Surveys & Tutorials，2019，21(4): 3386-3416.

[4]　CHEN J，CHEN P，WU Q，et al. A Game-Theoretic Perspective on Resource Management for Large-Scale UAV Communication Networks[J]. China Communications，2021，18(1): 70-87.

[5]　韩冰青. 移动 Ad Hoc 网络中资源分配及跨层技术研究 [D]. 南京：南京理工大学，2010.

[6]　DA COSTA L A L F，KUNST R，DE FREITAS E P. Q-FANET: Improved Q-Learning Based Routing Protocol for FANETs[J]. Computer Networks，2021，198: 108379.

[7]　FARHEEN N S S，JAIN A. Improved Routing in MANET with Optimized Multi Path Routing Fine Tuned with Hybrid Modeling[J]. Journal of King Saud University-Computer and Information Sciences，2022，34(6): 2443-2450.

[8]　CHOI S C，HUSSEN H R，PARK J H，et al. Geolocation-Based Routing Protocol for Flying Ad Hoc Networks (FANETs)[C]//2018 Tenth International Conference on Ubiquitous and Future Networks (ICUFN)，Prague，Czech Republic，IEEE，2018: 50-52.

[9]　LI T，LI C，YANG C，et al. A Mean Field Game-Theoretic Cross-Layer Optimization for Multi-Hop Swarm UAV Communications[J]. Journal of

Communications and Networks，2021，24(1): 68-82.

[10]　MKIRAMWENI M E，YANG C，Li J，et al. Game-Theoretic Approaches for Wireless Communications with Unmanned Aerial Vehicles[J]. IEEE Wireless Communications，2018，25(6): 104-112.

[11]　LI T，YANG C，CHANG L，et al. Joint Power Control and Scheduling for High-Dynamic Multi-Hop UAV Communication: A Robust Mean Field Game[J]. IEEE Access，2021，9: 130649-130664.

[12]　LASRY J M，LIONS P L. Mean Field Games[J]. Japanese Journal of Mathematics，2007，2(1): 229-260.

[13]　BAUSO D，TEMBINE H，BASAR T. Robust Mean Field Games[J]. Dynamic Games and Applications，2016，6(3): 277-303.

[14]　AMPONIS G，LAGKAS T，SARIGIANNIDIS P，et al. A Survey on FANET Routing from A Cross-Layer Design Perspective[J]. Journal of Systems Architecture，2021，120: 102281.

第6章 卫星网络匹配博弈

6.1 研究背景及意义

虽然全球互联网和通信系统的规模在不断扩大，但因受制于发展水平和网络建设成本，至今仍未实现全球覆盖。卫星网络具有组网灵活、应用广泛、覆盖范围广阔和不受地理环境限制等突出优势，可作为地面网络的补充和延伸，可有效解决地面网站覆盖缺陷。卫星网络可以准确、近乎实时地获取全球范围内的海量信息，并为用户提供服务。然而，我国的卫星地面站设施大部分部署在本土，覆盖范围仍以服务本土为主，响应时间较长，停留在小时级别，甚至是天级别。

近年来，卫星网络的应用需求不断发生变化。在响应速度上，任务的响应速度从提前一天规划向实时化转变，响应时延需要从原先的天级、小时级减少至分钟级，这点在应急救灾和军事应用中尤为明显。在覆盖范围上，国家利益的范畴已从本土拓展到全球乃至太空，这极大地拓展了我国卫星网络的服务范围。在业务需求上，已由传统的低速率语音业务和小容量对地观测业务转变为需求各异、数量繁杂的观测、通信、测控等一体化业务。

近年来，对地观测卫星的幅宽和分辨率显著提升，且多数对地观测卫星可实现全天候、多光谱和三维立体观测，这使得对地观测任务的数据量需求呈现爆发式增长。例如，NASA 每颗对地观测卫星每天的平均观测数据量可达到几太字节 (TB)。此外，可实现亚米级观测的高分辨率观测卫星 (如美国地球眼卫星公司最新发射的 GeoEye-2 号卫星分辨率为 0.25 m) 已逐渐引领潮流，并呈现快速增长趋势。如何将海量的在轨信息进行实时处理后回传至地面站点变得至关重要。

综上所述，为了应对不断增长的业务需求，以时变、离散、异质的多维网络资源来承载高动态、结构复杂多变、种类纷繁、大容量的空间任务并提升网络对任务的保障能力，是卫星网络需要解决的核心问题。卫星网络多维资源管理方法是解决上述问题的有效手段之一。具体来说，高效的资源管理方法可以挖掘不同资源间的耦合关系，减少资源分配过程中的冲突，提升资源的利用率，从而满足更多的任务请求。因此，卫星网络多维资源管理方法能够为任务的高效实施提供理论支撑，对卫星网络的研究和发展起到引领和推动作用。

由于不同任务的应用需求各不相同，卫星网络目前采用相互隔离且独立的网络架构来满足不同任务的需求。例如，对地观测系统和导航系统的地面站资源因协议体系差异通常无法相互使用，即使是针对同类型的对地观测任务，也由多个相互隔离的子网 (如环境卫星系统、资源卫星系统等) 实现。可以看出，网络资源的封闭分割和网络设施的重复铺设，造成有限网络资源难以实现高效共享。例如，我国的北斗导航系统在线注册的终端用户数量仅为其设计容量的 1%，大量资源还没有得到充分利用。此外，受我国遥感卫星地面站数目和布站区域的限制，我国大多数对地观测卫星仅能通过过顶传输方式来回传数据，海量图像数据难以实时回传。

为了解决现有网络资源封闭分割、难以共享的问题，卫星网络资源管理框架也一直在吸收地面网络架构的演进经验，并不断发展。网络虚拟化技术逐渐成为未来网络的重要发展方向，但由于卫星网络的独特属性，导致将网络虚拟化技术运用到卫星网络遇到难点。

(1) 卫星网络节点高动态变化、网络时空行为复杂，这使得网络的拓扑结构呈现高动态变化。这种高动态变化既包括卫星节点的可预测变化，也包括航天器等节点的随机变化。

(2) 卫星网络的任务有着鲜明的特性。例如，对地观测任务的传输需要大容量、高速、高可靠支持，且是单向执行的对地观测任务，而观测任务的执行时间窗口非常有限，它受到天线倾角、节点位置等因素的影响。

值得注意的是，有学者分析了网络虚拟化技术在卫星网络中的应用潜力，并给出了几个特例来说明该技术如何提升网络的性能。但随着网络的不断发展，网络架构与环境更加复杂，业务多样化程度大为提高，相关需求千差万别。当前研究成果存在性能不足、适应性不强、无法真正应用适应于实际系统等弊端。

综上所述，卫星网络多维资源管理方法仍面临如下挑战：

(1) 网络规模不断扩大，资源管理及时性难以实现。随着卫星网络规模的不断扩大，网络时空行为复杂，需要处理的信息越来越多。同时，链路信息的泛洪，以及拓扑信息的更新和同步将利用更多的网络资源。因此，需要对繁多的网络数据进行有效的处理，设计合理的资源管理架构屏蔽底层差异，为承载未来多样化任务提供支撑。

(2) 星地链路频繁断通，资源管理可靠性难以实现。卫星网络中，低轨道卫星覆盖范围小，无法与地面用户间建立长久的连接关系，完成一次任务可能需要进行频繁的连接切换。用户对于提供服务卫星的选择策略也会影响用户的服务质量。因此，需要对异构的网络资源进行有效的融合，设计合理的资源管理架构实现业务需求和网络能力的有效匹配，为保障不同业务需求奠定基础。

(3) 多类业务同时并发，资源管理公平性难以实现。卫星网络任务种类繁多，典型的任务有对地观测任务、导航任务、通信任务。不同任务存在差异化资源需求。然而，网络可利用的资源有限，难以满足所有业务的服务请求。因此，需要对有限的网络资源进行合理的规划，设计高效的资源管理策略来承载更多的业务并满足其资源需求，提高资源利用率。

总体来说，卫星网络任务种类繁多、网络资源受限，一项任务往往需要利用多资源来协同完成。卫星网络的固有特性给动态网络建模、需求精准刻画、资源分配算法设计和性能分析等带来了巨大挑战。

6.2 资源管理框架匹配博弈模型

6.2.1 卫星网络多维资源管理研究现状

在 6G 通信系统中，随着全息通信、增强现实和虚拟现实等新技术的出现，各种任务正以前所未有的速度增长。同时，对无缝全球覆盖、超可靠通信、高系统容量和高峰值速率的要求也在不断提高。这些新挑战已经从传统的星地网络逐渐过渡到星地一体化网络 (Integrated Satellite-Terrestrial Networks, ISTNs)。ISTNs 可在卫星和地面网络之间建立有效互连，是克服上述挑战的创新网络结构，如图 6-1 所示。支持大量网络需求的 ISTNs 通过动态地建立

星间和星地链路，实现海量网络信息的实时获取、处理和传输。此外，ISTNs
还具有覆盖面广、组织灵活、不受地理环境限制等特点。

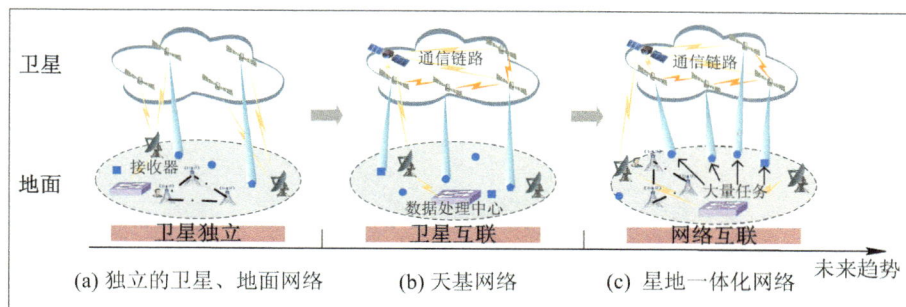

图 6-1　卫星网络发展趋势

　　然而，随着卫星周期性的动态移动，网络拓扑也具有高度的动态性，这
使得 ISTNs 的网络资源非常有限。例如，ISTNs 系统周期为 60 min 的卫星只
能在不到 6 min 的时间内连接到某一地面位置，导致多个任务之间的差异日
益突出，资源利用受限。因此，智能高效的资源管理策略受到了广泛的关注。
虽然 ISTNs 实现了卫星和地面网络的融合，便于相对灵活地调度和使用网络
资源，但在有限的网络资源下满足不同任务的高要求仍然具有挑战性，其原
因如下。

　　(1) 资源冲突。如果两个或多个智能体同时请求相同的资源，则会发生严
重的资源冲突。这种冲突可能因不同资源而不同。

　　(2) 专用资源。专用资源主要体现在对特定卫星使用专用协议和有效载荷上。

　　为了克服上述挑战，传统的集中式资源管理策略由于其较高的计算复杂
度和通信开销而难以应用，分布式资源管理策略正变得越来越有前途。例如，
匹配博弈是一个强大的、获得诺贝尔奖的工具，可以提供一个潜在的解决方案。
本小节主要研究的是一个面向 ISTNs 的智能多维资源管理问题。本节首先提
出了一个基于匹配博弈的资源管理框架，实现多维资源与多用户需求的有效
映射；其次，设计了基于匹配博弈的多维资源管理策略；最后，通过实验验证
了资源管理框架的可行性。

6.2.2　卫星网络多维资源管理架构

1. 卫星网络多维资源管理架构设计

卫星网络多维资源管理架构既要兼容当前已部署的网络和需求，又要适

配未来大规模、多任务的发展需求。基于特征提取技术和资源虚拟化技术，设计卫星网络多维资源管理架构，屏蔽底层异构节点的差异性，实现多维资源共享。匹配博弈的潜在优势可以将其应用于卫星网络的多维资源管理问题中。卫星网络多维资源管理架构如图 6-2 所示，该架构包含自顶而下的任务流和自下而上的资源流。基于匹配博弈构建资源匹配系统实现了多任务和多资源间的精准匹配。

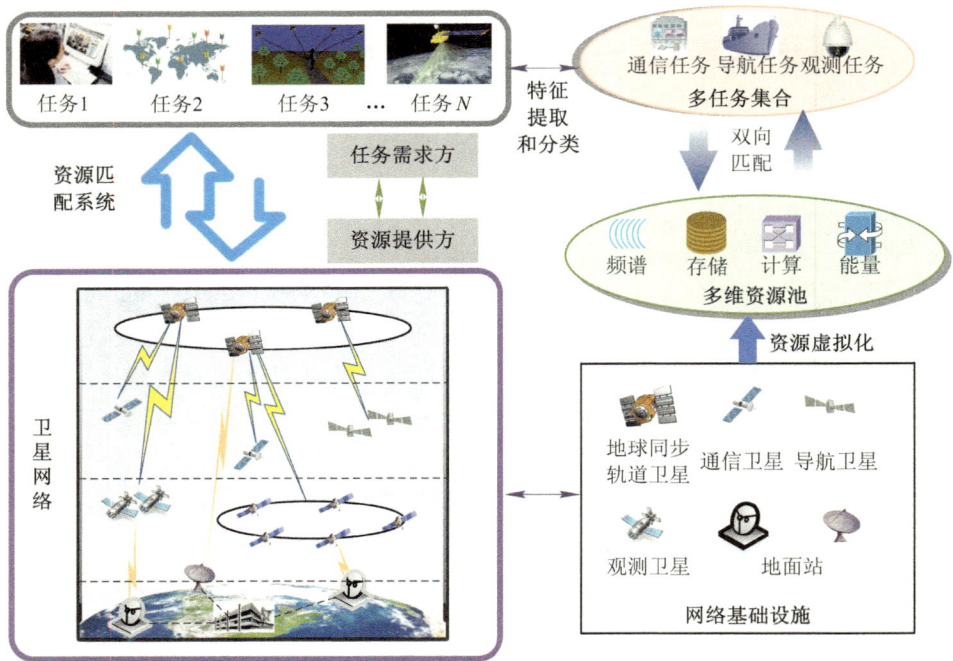

图 6-2　卫星网络多维资源管理架构

卫星网络多维资源管理架构主要组成如下所述。

1) 网络基础设施

网络基础设施包括但不局限于卫星网络中的地球同步轨道卫星、通信卫星、导航卫星、观测卫星等中低轨道卫星、地面站等节点。不同的节点携带的资源不同。

2) 多维资源池

基于虚拟化技术，卫星网络中的各类资源（如频谱资源、存储资源、计算资源和能量资源等）可抽象成逻辑资源，形成资源流，实现多维异构资源共享，提高资源利用率。

3) 多任务集合

基于特征提取技术，根据不同任务所需资源的不同 (即需求不同)，将卫星网络多任务进行分类。例如，通信类任务主要关注带宽、误码率、时延等；观测类任务主要关注图像清晰度、观测时间等；而导航任务则关注定位精度、实时性和正确性等。

4) 资源匹配系统

资源匹配系统基于匹配博弈将空间多任务视为任务需求方，网络多资源视为资源提供者。它们是互不相交的两个集合，分别为任务和资源设计偏好以表达它们对于匹配伙伴的期望。基于匹配博弈，实现多任务和多资源之间的精准匹配，在满足应用层任务需求的同时可提高基础设施层的资源利用率。

卫星网络多维资源管理架构的流程如下。

(1) 基于资源虚拟化技术对卫星网络基础设施中的物理资源能力进行抽象和表征，形成多维资源池 (资源流)。

(2) 基于特征提取技术将网络中的多任务进行归类和整理，形成具有不同资源需求倾向的任务集合 (任务流)。

(3) 为任务和资源分别定义偏好，通过动态的双向选择形成资源和任务之间的最优组合。

(4) 通过网络中的各个控制器调度相应的节点去执行动作，实现多维资源管理。

2. 卫星网络资源管理的逻辑架构

卫星网络多维资源管理的逻辑架构如图 6-3 所示，该架构由应用层 (Application Layer，AL)、管理层 (Management Layer，ML)、资源虚拟化层 (Resource Virtualization Layer，RVL) 和基础设施层 (Infrastructure Layer，IL) 组成。管理层是逻辑架构的大脑，它在整个架构中起着至关重要的作用。各层的功能描述如下：

(1) 应用层 (AL)。应用层可支持来自不同应用场景、具有不同需求的多个任务。该层提取不同任务的特征并将其进行归类，初步产生对网络资源的需求。

(2) 管理层 (ML)。管理层主要包含一个资源匹配系统，是应用层多任务和基础设施层多维资源之间的桥梁，可实现应用层多任务与基础设施层多维资源之间的无冲突调度。

(3) 资源虚拟化层 (RVL)。资源虚拟化层一方面可通过资源虚拟化技术将基础设施层的物理资源进行虚拟化；另一方面可实现物理资源到资源池的有效映射。该架构主要考虑观测资源、传输资源和计算资源。

(4) 基础设施层 (IL)。基础设施层可为多任务提供多维资源，如中低高轨道卫星、星上传感器、星上和星地链路等。

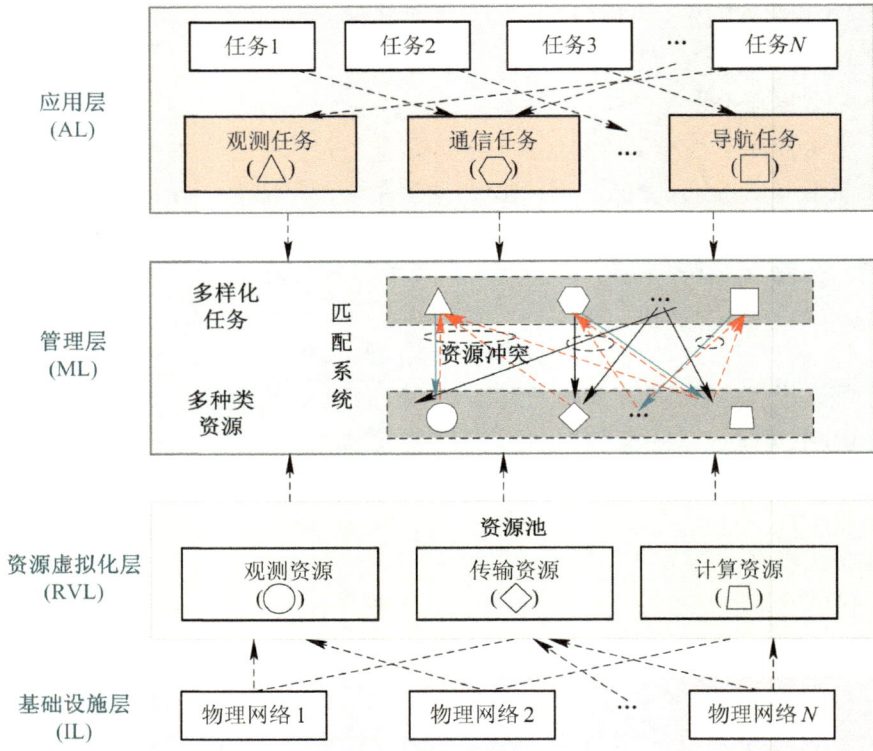

图 6-3　卫星网络多维资源管理的逻辑架构图

卫星网络多维资源管理架构可以实现不同任务和多维资源之间的最优稳定匹配。此外，该架构还可推广应用于各种无线资源管理问题。

6.2.3　卫星网络多维资源管理策略

本小节重点描述卫星网络多维资源管理架构中管理层的资源匹配系统涉及的多维资源管理策略，并基于匹配博弈给出输出稳定匹配策略的逻辑流程。如图 6-4 所示，基于匹配博弈的卫星网络多维资源管理策略主要包括三个步骤。

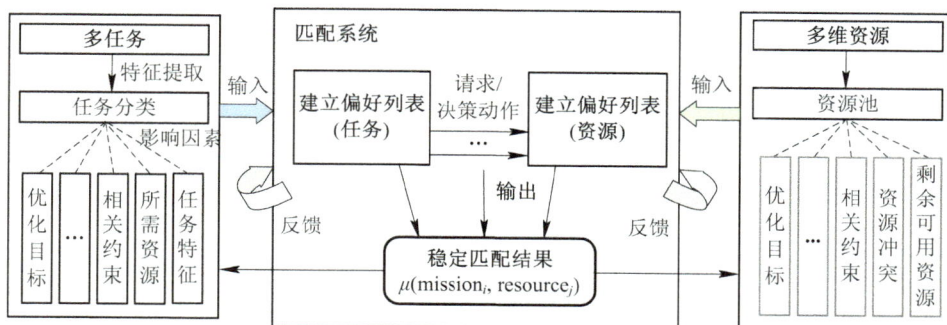

图 6-4　基于匹配博弈的卫星网络多维资源管理策略

（1）**建立偏好列表**。通过特征提取技术对网络中的多任务进行特征提取和分类，形成多任务集合；通过资源虚拟化技术对网络资源进行虚拟化，形成资源集合。随后，分别为任务和资源建立偏好列表来表达它们的期望。例如，任务期望分配资源种类和数量。具体来说，根据任务的类型、特征、所需资源、约束条件和优化目标等建立任务的偏好列表。资源的偏好列表根据剩余可用资源、资源冲突、相关约束和优化目标建立。同时，定义任务和资源的配额。配额是指任务和资源可匹配伙伴的最大数量。

（2）**请求 / 决策动作**。基于已建立的偏好列表，每个任务对偏好列表中排在第一位的资源发出服务请求。资源在收到任务请求后，根据请求服务的所有任务在其偏好列表中的顺序以及自身配额大小，接收优先级排在最前的任务请求，并拒绝其他任务请求。被拒绝的任务请求向其偏好列表中第二位资源发出服务请求，直至被资源接受。同时，被接受的任务会从任务集合中删除。

（3）**输出稳定匹配**。核验任务集合是否为空集。若任务集合为空集，表示所有任务均已完成匹配，输出多任务、多维资源间的稳定匹配结果。若任务集合为非空集，则重复执行"请求 / 决策动作"直至任务集合为空集，并输出稳定匹配结果。此过程输出的匹配结果均应满足稳定性、最优化和收敛性需求。

基于匹配博弈的多维资源管理策略主要通过不同参与者的目标构建偏好列表，以迭代的方式重复执行"请求 / 决策动作"，并输出稳定匹配结果，从而实现多任务多维资源之间的稳定匹配。在迭代过程中，策略执行所需的最长时间取决于任务和资源的数量。假设有 N 个任务和 M 个资源，最坏的情况是任务在遍历完所有的资源后才匹配成功，则每次迭代的时间复杂度为 $\mathcal{O}(NM)$。因此，求一个稳定匹配结果的总时间复杂度为 $\mathcal{O}(NML)$，其中，L 是总迭代次数。需要注意的是，在提出的卫星网络多维资源管理策略中，不需要收集全局网络信息来获得最终稳定的匹配结果。在简单的场景下，可以用 Gale Shapley(GS) 匹配算法来实现卫星网络多维资源管理策略。此外，为任务和资源建立偏好列表所需的信息是不同的，这降低了进行匹配博弈时的计算复杂度。因此，本小节所提出的卫星网络多维资源管理策略适用于动态变化的 ISTNs。

6.2.4　仿真验证及结果分析

本小节以地球观测任务为例，对多维资源管理架构和策略进行可行性验证。首先对仿真实例进行简要介绍，然后介绍相应的仿真设置，最后对仿真结果进行分析。

1. 仿真实例

ISTNs 中有多个对地观测任务，它们的要求各不相同。然而，正如 6.2.2 节讨论的那样，ISTNs 具有异构和动态网络的特点，导致网络资源有限。高效的多维资源管理策略对提高资源利用率起着至关重要的作用，而卫星网络多维资源管理架构可以解决这些问题，将任务需求和资源能力分别量化为任务偏好和资源偏好。

假设存在多个需求各不相同的对地观测任务。多任务需求和网络多资源能力分别量化为任务侧的偏好列表和资源侧的偏好列表。由于每个对地观测卫星配备有限的收发信机，因此，一个对地观测卫星在同一时隙只能观测一个任务，一个任务也只能由一个对地观测卫星观测，则多个对地观测任务的资源分配问题可建模为双边一对一匹配模型。对地观测任务 i 的优先选择表是基于优化目标的，其定义为

$$P_{\text{mission}} = f\left(\mu_i, \alpha_i, t_{s_i}, t_{e_i}, t_{d_i}\right) \tag{6-1}$$

式中，μ_i 代表任务对卫星成像设备的要求；α_i 表示任务所能接受的 (6-1) 观测图像的最大压缩比，反映图像的清晰度；t_{s_i} 和 t_{e_i} 分别代表观察任务的开始时间和结束时间；t_{d_i} 表示延迟要求。

同样，在任务观测时延内，根据图像清晰度建立资源侧的偏好列表。然后，通过"请求 / 决策动作"得到稳定的匹配结果。多任务与多维资源之间的匹配流程如图 6-5 所示。虽然目前流行的优化方法 (如强化学习算法、蚁群算法) 和基于博弈的方法也适用于此，但它们仍有一定的局限性。例如，这些算法需要观察所有玩家的偏好，其求解概念中没有考虑双方玩家的稳定性。

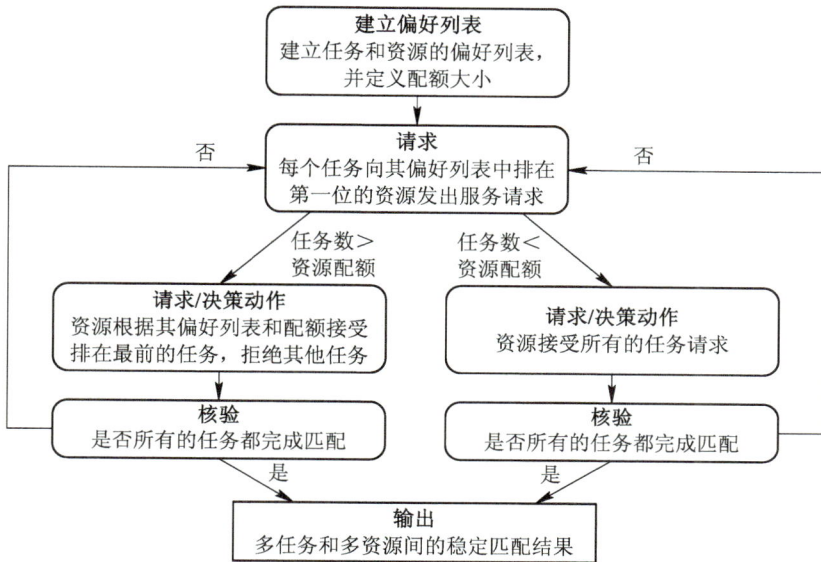

图 6-5　多任务与多维资源之间的匹配流程图

2. 仿真设置

仿真场景构建为一个由 3 颗地球同步轨道中继卫星和 20 颗低轨对地观测卫星组成的场景。3 颗位于地球同步轨道的中继卫星经度分别为 76.95°E，176.76°E，16.65°E，20 颗低轨对地观测卫星参数的值列于文献 [9] 中。所有的网络资源都在虚拟资源池中。两个地面站分别位于喀什（北纬 39.5°，东经 76°）和渭南（北纬 34.5°，东经 109.5°）。五个观测任务分别位于 Himalays (28°E，87°E)、Sumatra (2°E，103°E)、Cape York (11°E，142.5°E)、Greenland (69°E，49°E) 和 Bora (16°E，151°E)。笔者利用 Systems Tool Kit(STK) 软件获取了 2021 年 4 月 1 日 04:00 至 2021 年 4 月 1 日 06:00 期间卫星间的时变拓扑数据，并利用 MATLAB 仿真器对多维资源管理策略的性能进行了评估。

3. 实验结果

实验以经典的 GS 匹配算法为基础去实现所提出的多维资源管理策略。为了有效评估其性能，GS 匹配算法与贪婪匹配 (Greedy Matching) 算法、随机匹配 (Random Matching) 算法和穷举搜索 (Exhaustive Search) 算法进行了对比。

图 6-6 展示了不同低轨对地观测卫星的序列号与观测时间的关系。横轴表示观测时隙，纵轴表示对地观测卫星的序号。以观测目标 Greenland 为例来看，它在时隙 8 没有任何连接关系，也就是此时隙没有卫星可为它提供对地

观测服务。相反的，在时隙 1、5、13 和 14，有多颗对地观测卫星可为它提供
服务，此时观测目标可根据它的偏好列表来选择最优的对地观测卫星。

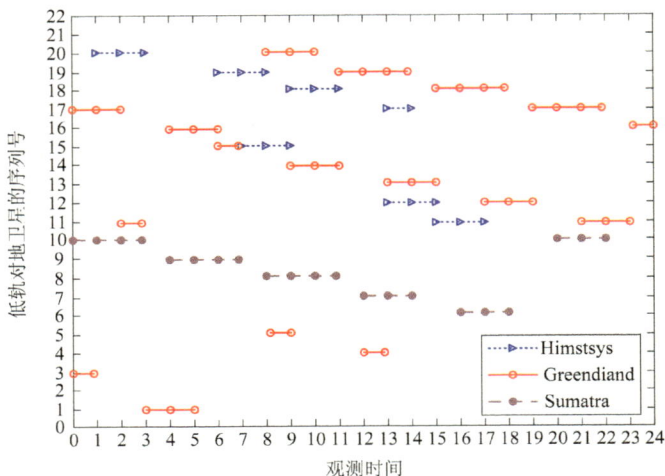

图 6-6   不同低轨对地观测卫星的序列号与观测时间的关系

不同算法的系统吞吐量性能情况如图 6-7 所示。整体来看，所有算法的
系统吞吐量均呈现上升趋势，这是因为对地观测卫星的容量还未饱和。此外，
由图 6-7 可知，GS 匹配算法的性能最接近穷举搜索；而随机匹配性能最差，
因为它随机选择匹配伙伴。

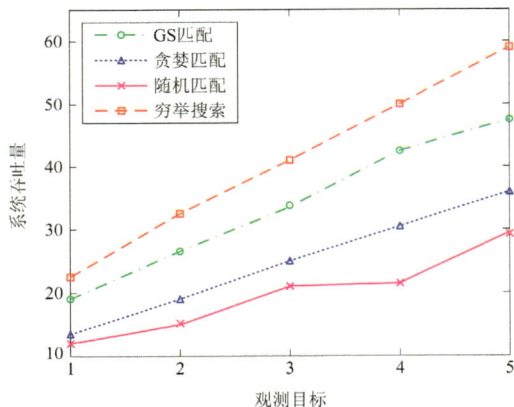

图 6-7   不同算法的系统吞吐量性能情况

图 6-8 所示为匹配算法中匹配参与者满意度性能情况，即对地观测卫星
和观测目标的满意度性能。满意度定义为参与者在对方偏好列表中的排名，
排名越靠前则意味着满意度越高。图中，横轴表示偏好列表中参与者的顺序，

纵轴表示与此顺序匹配的参与者总数。由图 6-8 可知，有 3 颗对地观测卫星和 3 个观测任务都与排序第一的伙伴进行了匹配，用户满意度为 1；有 2 颗对地观测卫星和 1 个观测目标与偏好列表中排序第二的伙伴进行了匹配；只有一个观测目标与排序第三的伙伴进行了匹配。总体来说，大多数的匹配参与者都与满意度较高的伙伴进行了匹配，实现了网络效用最大化。

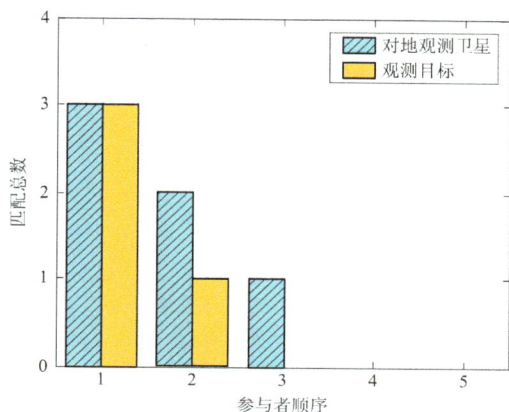

图 6-8   匹配算法中匹配参与者满意度性能情况

为了进一步验证所提多维资源管理策略的性能，图 6-9 对不同算法的时延情况进行了评估。由图 6-9 可知，对于同一观测目标，GS 匹配算法的时延最低，穷举搜索的时延较大。这是因为穷举搜索是通过蛮力搜索的，在有限的参与者中进行了连续的尝试、增加了搜索的次数，从而导致较大的延迟，这与预期结果符合。

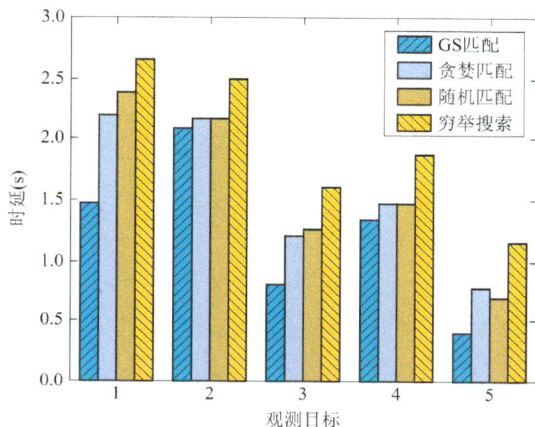

图 6-9   不同算法的系统时延情况

6.3 资源管理技术匹配博弈模型

卫星网络具有覆盖范围广、不受地理环境限制等特性，通过与地面网络深度融合，可有效扩大地面网络的覆盖范围，在卫星网络扮演着重要角色。与此同时，在大规模动态、链路频繁断通的卫星网络环境下，如何使用有限、异构、动态的多维网络资源来满足不同对地观测任务的服务需求也至关重要。基于此，本节开展卫星网络多维资源联合分配方法的研究。具体地，首先对卫星网络的星间和星地链路、固有约束(如观测约束、传输约束、延迟约束等)进行建模；然后，捕捉任务需求和网络资源能力，并分别为其建立偏好列表。基于匹配博弈，将多维资源分配问题建模为一对一匹配博弈模型；最后设计面向任务的盖尔-沙普利(Task-oriented Gale-Shapley，T-O GS)双边匹配算法和相邻时隙匹配(Adjacent Time Slot Matching，ATSM)算法，实现任务和资源间的有效匹配。此外，笔者也对匹配策略的稳定性和唯一性进行了理论分析，大量的仿真结果表明双边匹配博弈算法能够在较低的计算复杂度下显著提高多维资源策略的有效性和可靠性。

6.3.1 系统模型和问题描述

本节首先介绍卫星网络系统模型，包括星地链路模型、星间链路模型和资源管理的约束模型，随后给出优化问题建模。

1. 网络场景

如图 6-10 所示，协同高低轨道卫星网络场景由空中的低轨对地观测卫星(Earth Observation Satellite，EOS)、高轨中继卫星(Relay Satellites，RES)、地面待观测目标、地面站(Ground Station，GS)和数据处理中心(Data Processing Central，DPC)组成。待观测目标由对地观测卫星对其进行观测，然后通过星地链路或中继卫星进行数据回传，成功上传到中继卫星的观测数据可以通过星间链或"存储→携带→转发"的方式回传到地面。

在此场景下，观测的任务数据需要回传到地面站才算完成一次对地观测任务。简而言之，完成一次对地观测任务包括两个阶段，即观测阶段和传输阶段。只有当观测任务在对地观测卫星的可视范围内时才可以进行数据采集，数据采集后存在以下两种情况：

(1) 有一个可以与对地观测卫星建立通信链路的地面站，直接将采集的数据回传至地面站；

(2) 没有与对地观测卫星建立链路的地面站，则将采集的数据发送给中继卫星，然后通过中继卫星的星地链路将数据回传至地面站。

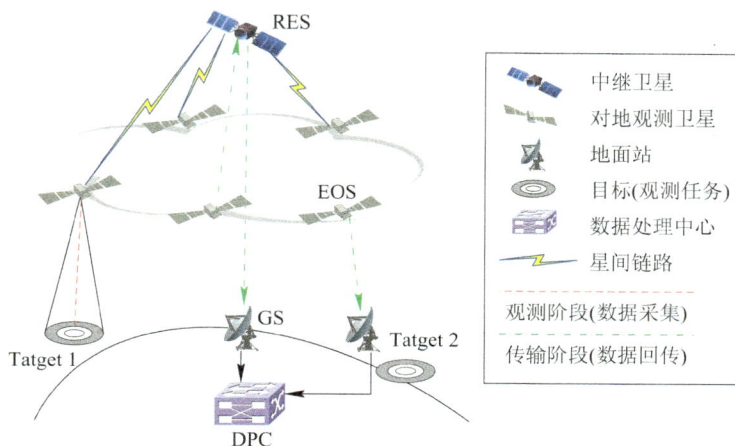

图 6-10　协同高低轨道卫星网络场景（对地观测任务）

由于对地观测卫星进行周期性高速运动，它与观测任务间的连接关系是动态时变的。笔者将网络规划周期 $[0，T]$ 划分为若干个时隙 t，每个时隙长度为 $\Delta\tau$。假设 t 足够小，则可认为网络拓扑在这一时隙是固定不变的，网络拓扑的变化只发生在时隙切换时。也就是说，在每个时隙 t，卫星网络都可以视为一个静态网络。其中，卫星网络的网络要素定义如下。

(1) 随机分布在地球表面的多个待观测目标，用集合 $\mathcal{M}^t = \{1^t, 2^t, \cdots, m^t, \cdots, M^t\}$ 表示。

(2) EOS 集合表示为 $\mathcal{OS}^t = \{1^t, 2^t, \cdots, os^t, \cdots OS^t\}$，$OS^t$ 为时隙 t 时 EOS 的总数量。EOS 通常运行在近地轨道，收集观测目标区域数据，并将压缩后的图像数据传送至地面站或中继卫星。对地观测卫星 os^t 到地面站 GS 或中继卫星 RES 的链路的速率分别表示为 r_{og}^t 和 r_{or}^t。

(3) 多颗中继卫星 RES 用集合 $\mathcal{RS}^t = \{1^t, 2^t, \cdots, rs^t, \cdots, RS^t\}$ 表示，用来接收对地观测卫星采集的数据，并将数据回传至地面站。每颗中继卫星配备一套用于与地面站通信的收发设备，中继卫星 RES 到地面站 GS 的链路速率为 r_{rg}^t。

(4) $\mathcal{GS}^t = \{1^t, 2^t, \cdots, gs^t, \cdots, GS^t\}$ 表示地面站集合。地面站用于接收观测数据，它也是观测任务的目的地。

(5) 数据处理中心 (Data Processing Center，DPC) 用于接收来自地面站的

观测数据,用于进一步分析科学实验、气象预报等。

2. 信道模型

根据上述网络场景介绍,在每个时隙 t,卫星网络可视为一个静态网络,即信道状态信息不变。只有发生时隙切换时,需要根据新的网络参数更新信道状态信息。在协同高低轨道卫星网络场景中有两类通信链路:一个是数据采集阶段的对地观测卫星下行链路,以及数据传输阶段的中继卫星下行链路;另一个是数据传输阶段对地观测卫星到中继卫星的星间链路。

1) 星地链路模型(下行链路)

假定下行链路的信道状态在每个时隙开始时已知,并且雨水衰减在一定时间内不发生变化。笔者利用气象卫星或信道测量来获取上述信息。任务 m^t 到 EOS os^t 的信道容量根据香农公式可表示为

$$c_{m,os}^t = B_{m,os}^t \cdot \text{lb}\left(1 + \gamma_{m,os}^t\right), \forall m^t \in M^t, \forall os^t \in OS^t \qquad (6\text{-}2)$$

式中,$B_{m,os}^t$ 为可用带宽;$\gamma_{m,os}^t$ 表示观测任务 m^t 与对地观测卫星 os^t 下行链路的信号噪声功率比(Signal Noise Ratio,SNR)。

根据参考文献 [14] 可知,考虑自由空间损失和雨水衰减,在时隙 t 时的 $\gamma_{m,os}^t$ 表示为

$$\gamma_{m,os}^t = \frac{P_{os}^t G_{os}^{tr} G_{gs}^{re} L_r^t L_f^t}{N} \qquad (6\text{-}3)$$

式中,P_{os}^t(单位为 W)表示时隙 t,对地观测卫星 os^t 到其对应地面站 gs^t 的传输功率;G_{os}^{tr} 是对地观测卫星 os^t 传输天线增益;G_{gs}^{re} 为地面站 gs^t 的接收天线增益;L_r^t 表示雨水衰减,主要受工作波长、降雨量、接收地点的位置和海拔高度等因素影响。

空间自由衰落 L_f^t 表示为

$$L_f^t = \left(\frac{c}{4\pi d_{os,rs}^t f}\right)^2 \qquad (6\text{-}4)$$

式中,c(单位为 km/s)是光速;$d_{os,rs}^t$ 表示时隙 t 对地观测卫星 os^t 和中继卫星 rs^t 的星间斜距;f(单位为 Hz)表示星间链路的中心斜距。

星地链路模型基于对地观测卫星 os^t 和地面站 gs^t 的信道进行叙述,但它仍然适用于中继卫星 rs^t 与地面站 gs^t 的信道建模。

2) 星间链路模型 (上行链路)

根据文献 [11] 可知，在考虑自由空间损失的情况下，可以计算出从对地观测卫星 $os^t, os^t \in OS^t$ 到中继卫星 $rs^t, rs^t \in RS^t$ 的可达现率 $r^t_{os,rs}$，其可表示为

$$r^t_{os,rs} = \frac{P^t_{os} G^{tr}_{os} G^{re}_{re} L^t_f}{k \cdot T_s \cdot (E_b / N_0)_{req} \cdot M} \tag{6-5}$$

式中，G^{re}_{re} 为中继卫星的接收天线增益；k (单位为 JK^{-1}) 表示玻尔兹曼常量；T_s (单位为 K) 是系统总噪声温度；$(E_b/N_0)_{req}$ 是所需的信号噪声功率比；M 为链路预留。

3. 相关约束

1) 观测约束

定义观测调度矩阵 $os_{ob}(m^t, os^t) \in \psi^t_{ob}$ 表示对地观测卫星 $os^t, os^t \in OS^t$ 和观测任务 $m^t, m^t \in M^t$ 之间的匹配关系。同时，假设时隙 t，一个地观测卫星只能观测一个任务，一个任务也只能由一个对地观测卫星观测，则有

$$os_{ob}(m^t, os^t) = \begin{cases} 1, & \text{if } m^t \text{ is conneted with EOS } os^t \\ 0, & \text{otherwise} \end{cases} \tag{6-6}$$

$$\sum_{m^t \in M^t} os_{ob}(m^t, os^t) \leqslant 1, \ \forall os^t \in OS^t, \ t \in T \tag{6-7}$$

$$\sum_{os^t \in OS^t} os_{ob}(m^t, os^t) \leqslant 1, \ \forall m^t \in M^t, \ t \in T \tag{6-8}$$

式 (6-6) 表示观测调度矩阵是一个二元变量。式 (6-7) 指时隙 t，一个对地观测卫星只能观测一个任务。式 (6-8) 指时隙 t，一个任务只能被一个对地观测卫星所观测。

2) 传输约束

由于对地观测卫星 $os^t, os^t \in OS^t$ 资源有限，只有当对地观测调度矩阵 $os_{ob}(m^t, os^t) = 1$ 时，才会考虑后续的数据传输问题。定义传输调度矩阵 $os_{tr}(os^t, gs^t) \in \psi^t_{tr}$，如果对地观测卫星 $os^t, os^t \in OS^t$ 可以在时隙 t 内与目的节点建立通信链路，则 $os_{tr}(os^t, gs^t) = 1$，反之 $os_{tr}(os^t, gs^t) = 0$。由于在时隙 t，一个对地观测卫星只能与一个目的节点建立链路，一个目的节点也只能与一个对地观测卫星建立链路，传输调度矩阵可表示为

$$os_{tr}\left(os^{t},gs^{t}\right)=\begin{cases}1, \text{ if } os^{t} \text{ is conneted with } gs^{t}\\0, \text{ otherwise}\end{cases} \tag{6-9}$$

对地观测卫星与目的节点建立链路可表示为

$$\sum_{os^{t}\in OS^{t}}os_{tr}\left(os^{t},gs^{t}\right)\leqslant 1,\ \forall gs^{t}\in GS^{t},\ t\in T \tag{6-10}$$

目的节点与对地观测卫星建立链路可表示为

$$\sum_{gs^{t}\in GS^{t}}os_{tr}\left(os^{t},gs^{t}\right)\leqslant 1,\ \forall os^{t}\in OS^{t},\ t\in T \tag{6-11}$$

3）延迟约束

网络所提供的延迟应小于用户的最高延迟要求，表述如下：

$$\sum_{t}\left(\sum_{os_{ob}\left(m^{t},os^{t}\right)\in\psi_{ob}^{t}}t_{ob}+\sum_{os_{tr}\left(os^{t},gs^{t}\right)\in\psi_{tr}^{t}}t_{tr}\right)\leqslant t_{m^{t}},\ \forall m^{t}\in M^{t},\ os^{t}\in OS^{t},t\in T \tag{6-12}$$

式中，$\displaystyle\sum_{os_{ob}\left(m^{t},os^{t}\right)\in\psi_{ob}^{t}}t_{ob}=T_{ob}$，表示观测延迟；$\displaystyle\sum_{tr\left(os^{t},gs^{t}\right)\in\psi_{tr}^{t}}t_{tr}=T_{tr}$，表示传输延迟；

$t_{m^{t}}$表示用户可接收的最大延迟。

4）压缩模式约束

向量变量$y_{m^{t}}=\left(y_{m^{t}}^{1},y_{m^{t}}^{2},\cdots,y_{m^{t}}^{K}\right)$表示观测的任务$m^{t},m^{t}\in M^{t}$的图像。

由于一幅图像只能采用一种压缩模式，则有

$$\sum_{1\leqslant k\leqslant|K|}y_{m^{t}}^{k}\leqslant 1,\ \forall m^{t}\in M^{t} \tag{6-13}$$

式中，$y_{m^{t}}^{k}$是布尔变量。$y_{m^{t}}^{k}=1$表示该图像采用第k等压缩；反之，表示该图像不采用第k等压缩。

向量$\Gamma_{cr}=\left(\varphi_{1}^{-1},\varphi_{2}^{-1},\cdots,\varphi_{M_{c}}^{-1}\right)$表示对地观测卫星上的图像压缩模块能够支持的压缩比的倒数。$y_{m^{t}}\Gamma^{T}$应满足以下条件：

$$y_{m^{t}}\Gamma^{T}\geqslant\sum_{1\leqslant k\leqslant|K|}y_{m^{t}}^{k}\frac{1}{cr_{m^{t}}} \tag{6-14}$$

4. 优化问题建模

卫星网络在每个时隙t可视为静态网络。笔者将多个观测目标和多颗对地观测卫星划分为两个有限且不相交的集合，则它们之间的交互过程可通过匹配博弈进行建模。同一集合的不同参与者对其他集合中的参与者有不同的偏好。偏好关系为参与者选择匹配伙伴提供了最优顺序，用 ≻ 表示。例如，$os' \succ_{m'} OS', \forall m' \in M'$ 表示与其他对地观测卫星相比，任务 m' 更喜欢 os'。

动态匹配过程如图 6-11 所示。每个待观测目标向其偏好列表中排在首位的卫星发出服务请求。如果对地观测任务接受服务请求，则它们形成匹配对。如果对地观测卫星存在更好的观测目标，则拒绝此服务请求。此观测目标向偏好列表中排在第二位的卫星发出服务请求，循环上述过程直到有对地观测卫星接受其服务请求。当所有的观测目标都形成匹配对时，动态匹配过程结束，输出稳定匹配结果。

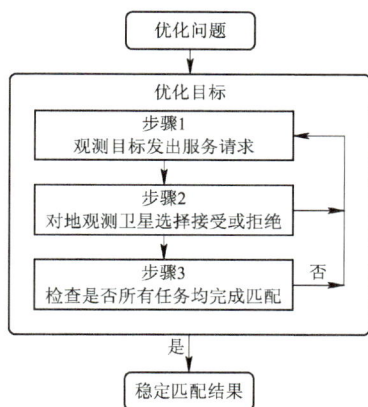

图 6-11　动态匹配过程

1) 任务侧偏好函数设计

为对地观测任务 m' 定义偏好列表 $P_{m'}$，希望在用户延迟受限的情况下，拥有更高的图像清晰度，则有

$$P_{m'} = f\left(\mu_{m'}, \alpha_{m'}, t_{m'}^s, t_{m'}^e, t_{m'}\right) \tag{6-15}$$

式中，$\mu_{m'}$ 表示任务 m' 对对地观测卫星成像设备的要求；$\alpha_{m'}$ 表示最大可接受的图像压缩比，即图像清晰度的要求；$t_{m'}^s$ 和 $t_{m'}^e$ 分别表示对地观测任务开始观测和结束观测的时间；$t_{m'}$ 表示任务的时延要求。

2) 卫星侧偏好函数设计

卫星的偏好列表 $P_{os'}$ 希望延迟 (包含观测延迟和传输延迟) 尽可能地小，则有

$$P_{os'} = T_{ob} + T_{tr} \tag{6-16}$$

式中，T_{ob} 表示对地观测卫星的观测延迟；T_{tr} 表示传输延迟。

对于构建的卫星网络系统模型，当且仅当任务被成功观测并将观测数据回传至目的地时，才算完成一次对地观测任务。卫星网络多维资源管理问题建模为双边偏好下的一对一匹配问题，以最大程度地减少对地观测任务的延迟为目标，则优化问题可表述为

$$\begin{cases} \min \sum_{ob\left(o_i^t, os_k^t\right) \in \psi_{ob}^t} \sum_{tr\left(os_k^t, d_d^t\right) \in \psi_D^t} P_{os^t} \\ \text{s.t.} \quad OS_{ob}\left(m^t, OS^t\right) - P_{m^t} \end{cases} \tag{6-17}$$

笔者将多个观测目标和多颗卫星划分为两个有限且不相交的集合，并将它们之间的相互作用建模为一个匹配博弈。同一集合的不同智能体对相对集中的不同智能体有不同的偏好。例如，$\forall m^t \in M^t, os^t \succ_{m^t} OS^t$ 意味着与其他对地观测卫星相比，任务 m^t 更喜欢 os^t。笔者给出如下定义。

定义 6-1：一对一匹配 μ 是两个智能体的映射，μ_1 是稳定匹配，则有 $OS^t \bigcup M^t \to 2^{OS^t \bigcup M^t}$ 个匹配结果且满足：

(1) 对于每个任务 m^t 有 $|\mu(m^t)| = 1$，如果 $|\mu(m^t)| \notin OS^t$，则 $\mu(m^t) = 0$；

(2) 对于每个对地观测卫星 os^t 有 $|\mu(os^t)| = 1$，如果 $\mu(os^t) \notin M^t$，则 $\mu(os^t) = 0$；

(3) $\mu(m^t) = os^t \Leftrightarrow \mu(os^t) = m^t$。

条件 (1) 表示卫星 os^t 在集合 OS^t 内，并且同一时隙，每颗卫星最多可观测一个对地观测任务。条件 (2) 指对地观测任务 m^t 在集合 M^t 内，且同一时隙，每个任务最多可由一颗对地观测卫星观测。条件 (3) 指如果对地观测任务 m^t 与对地观测卫星 os^t 匹配，则对地观测卫星 os^t 也与对地观测任务 m^t 匹配，反之成立。

笔者重点关注双边一对一匹配博弈，稳定性是匹配博弈的重要性质之一。如果智能体想要改变当前的匹配的意识，且改变后收益高于当前匹配，即当前匹配存在阻塞对。

定义 6-2：$BP(m^t, os^t)$ 是匹配 μ 的一个阻塞对，则

$$\begin{cases} \exists \left(m^t, os^t\right) \\ \text{s.t.} \quad os^t \succ_{m^t} \mu\left(m^t\right) \text{ and } os^t \succ_{os^t} \mu\left(os^t\right) \end{cases} \tag{6-18}$$

式中，$\mu(m^t)$ 表示智能体 m^t 当前的匹配；$\mu(os^t)$ 表示智能体 os^t 当前的匹配。

在卫星网络中，考虑延迟敏感的对地观测任务 m^t。对地观测任务 m^t 由五

元组 $\{\mu_{m^t}, \alpha_{m^t}, t_{m^t}^s, t_{m^t}^e, t_{m^t}\}$ 来表征。其中，μ_{m^t} 表示对地观测任务 m^t 对卫星成像设备的要求；α_{m^t} 表示最大可接收的图像压缩比，即图像清晰度的要求；$t_{m^t}^s$ 和 $t_{m^t}^e$ 分别表示对地观测任务开始观测和结束观测的时间；t_{m^t} 表示任务的时延要求。需要注意的是，所有的任务信息都可以提前获知。

6.3.2　双边匹配博弈的算法设计

本小节设计求解上述优化问题的匹配算法，即 T-O GS 匹配博弈算法和 ATSM 算法，并分析了所提算法的稳定性和唯一性。

1. 面向任务的双边匹配博弈算法

匹配博弈的本质是一个不断迭代的过程。稳定匹配对的数量随着迭代次数的增加而增加。但由于系统模型的约束，迭代次数往往是有限的，即通过有限次迭代可以达到稳定的匹配结果。面向任务的双边匹配算法如下。

输入：观测任务偏好列表 P_{m^t} 和对地观测卫星偏好列表 P_{os^t}
输出：稳定匹配结果 μ_1

　　构建任务偏好列表 P_{task}，以及 EOS 的偏好列表 P_{state}

　　构建未匹配的对地观测任务集合 $U_{m^t} = \{d_{m^t}, \forall m^t \in M^t\}$

　　while U_{m^t} 不是空集 **do**

　　d_{m^t} 向其偏好列表中排在第一位的对地观测卫星提出服务请求

　　if 相对于请求服务的 d_{m^t}，卫星更喜欢当前的匹配伙伴 d_{m^t}' **then**

　　　　对地观测卫星继续和 d_{m^t}' 保持匹配关系，拒绝任务 d_{m^t}

　　　　else

　　　　对地观测卫星与 d_{m^t} 匹配，形成新的匹配对

　　　　将 d_{m^t} 从集合 U_{m^t} 中删除

　　end if

　end while

输出稳定匹配结果为 μ_1。

在 T-O GS 算法执行前，分别输入观测任务偏好列表 P_{m^t} 和对地观测卫星偏好列表 P_{os^t}。若对地观测任务集合 U_{m^t} 非空，则算法开始执行。在集合 U_{m^t} 中随机选取一个 d_{m^t}，然后 d_{m^t} 向其偏好列表中排在第一位的对地观测卫星提出服务请求。对地观测卫星根据其偏好列表选择接受或拒绝此次服务请求。若 d_{m^t} 被接受则从集合 U_{m^t} 删除，否则 d_{m^t} 重复执行，直至完成匹配。此时，

若集合 $U_{m'}$ 为空，则表示所有任务均已完成匹配，输出稳定匹配结果 μ_1；反之，重复执行，直到集合为空。

2. 基于相邻时隙的匹配博弈算法

卫星网络是一个时变的动态网络，但对于相邻的两个时隙，网络条件变化微乎其微。换句话说，从时隙 t 到时隙 $t+1$，参与者只改变了部分偏好列表。如果对整个网络参数进行更新，将导致较高的网络开销和计算复杂度。因此，笔者利用时隙 t 到时隙 $t+1$ 之间的关系，将不稳定的匹配转换为稳定匹配。在此，笔者提出了 ATSM 算法。

ATSM 算法从 μ_0 开始，它是时隙 $t-1$ 的匹配 $\mu(t-1)$，稳定匹配 $\mu(t)$ 在时隙 t 结束。定义 $\mu_i(t)$ 为算法循环在时隙 t 产生的匹配。集合 A 表示任务和资源的集合 (即时隙 $t-1$ 时，任务和资源的匹配集合)，$\alpha_i \in A$ 表示 α_i 是时隙 $t-1$ 匹配中的任务或资源，即由于网络的动态变化增加了一个新的任务或资源。如果存在阻塞对，则表示当前匹配是不稳定的，每个参与者都希望匹配到最优的稳定匹配伙伴。ATSM 算法如下：

输入：前一时隙 $t-1$ 的稳定匹配结果 $\mu(t-1)$

输出：时隙 t 稳定匹配结果 $\mu(t)$

初始化：$\mu_i = \mu(t-1)$，$A \neq 0$

  while $\mu(t)$ 不是稳定匹配 **do**

    if 存在阻塞对 (a_i, b_j)，$a_i \notin A$，$b_j \in A$

      if a_i 是一个元素 **then**

        将 a_i 添加到集合 A 中

        在集合 A 中寻找 a_i 的最佳匹配伙伴 b_i 形成新的匹配 (a_i, b_i)

      else 多个 a_i 都是任务或都是资源

        将 a_i 添加到集合 A 中

        在集合 A 中寻找 a_i 的最佳匹配伙伴 b_i 形成新的匹配 (a_i, b_i)

      else 多个 a_i 既包含任务又包含资源

        将 a_i 添加到集合 A 中

        执行 T-O GS 匹配算法

      end if

    end if

  end while

输出稳定匹配结果为 $\mu(t) = \mu_i$。

如果存在一个阻塞对 (a_i, b_j)，$a_i \notin \mathcal{A}, b_j \in \mathcal{A}$，则有以下两种情况。

(1) 对于当前的网络，只增加了一个新的智能体 a_i，它可以是观测任务，也可以是对地观测卫星。笔者的目标是实现当前时隙的稳定匹配。将 a_i 添加到集合 $\mathcal{A}$ 中，并分离 a_i 与 b_j。随后，在集合 $\mathcal{A}$ 中寻找 a_i 的最佳匹配伙伴 b_i，并形成新的匹配 (a_i, b_i)；

(2) 目前网络有多个新的智能体 a_i 被添加：

① 多个智能体都是任务或都是资源。将 a_i 添加到集合 $\mathcal{A}$ 中，并分离 a_i 与 b_j。随后，在集合 $\mathcal{A}$ 中寻找 a_i 的最佳匹配伙伴 b_i 形成新的匹配 (a_i, b_i)，循环此步骤直到所有的 a_i 都完成匹配。

② 多个智能体既包含任务，又包含资源。执行 T-O GS 匹配算法生成新的匹配，并将 a'_i 和 b'_j 添加到集合 $\mathcal{A}$。

直到网络不存在阻塞 $\mathrm{BP}(a_i, b_j)$ 时，算法结束，输出稳定匹配 (a_i, b_j)。

3. 算法性能分析

1) 匹配博弈的稳定性

稳定性对于寻找两个智能体之间的稳定匹配是至关重要的，稳定匹配可以保证没有智能体想去改变他们当前所匹配的智能体。

定义 6-3：当且仅当阻塞对 (m', os') 不存在时，则称匹配 μ 是双边稳定的。

定理 6-1：T-O GS 匹配算法可以实现智能体间的双边稳定匹配。

证明：假设 (m', os') 是一个不稳定的匹配对，$m^1 \notin \mu_l(os^1), os^1 \in \mu_l(m^1)$，并且：

(1) $m^1 \in \mu_l(os^1)$，卫星网络更喜欢任务 m^1 而不是 m'，表示为 $m^1 \succ_{os'} m'$；

(2) $os^1 \in_l (m^1), os^1 \succ_{m'} os'$，那么有下述两种情况：

① m^1 没有向 os^1 卫星发送服务请求。因此，m^1 请求其他卫星进行观测会有更好的收益；

② m^1 向卫星 os^1 发送服务请求，但被卫星 os^1 拒绝，这意味着卫星 os^1 更愿意观测其他任务而不是 m^1。

也就是说，稳定匹配 μ_1 中不存在不稳定的匹配对 (m', os')，即匹配结果 μ_1 是稳定的。

2) 匹配博弈的唯一性

不考虑匹配的外部特性，匹配过程只由智能体的偏好列表决定。偏好列表由智能体独立决定，因此不同的代理有不同的偏好列表。笔者采用归纳法证明匹配结果的唯一性。

定理 6-2： T-O GS 算法的稳定匹配结果是唯一的。

证明：对任务的数量进行归纳。当资源配额 $Q_{os'}$ 为 1 时，根据其偏好列表，只有 1 个任务获得与资源匹配的机会，从而形成稳定匹配。当资源配额 $Q_{os'}$ 为 2 时，会有 2 个任务获得与资源匹配的机会，从而形成稳定匹配 μ_2。删除任务 m' 和 $\mu_2\backslash\{m',os'\}$ 即可获得配额 $Q_{os'}$ 为 1 时的稳定匹配。如果 μ_2 是稳定的，则 $\hat{\mu}_2$ 也是稳定的。当资源配额 $Q_{os'}$ 为 3 时，资源有 3 个连接机会，可形成稳定匹配 μ_3，删除任务 m' 和 $\mu_3\backslash\{m',os'\}$ 则到 $\hat{\mu}_3$。$\hat{\mu}_3$ 是资源配额 $Q_{os'}$ 为 2 时的稳定匹配。如果 μ_3 是稳定匹配，则 $\hat{\mu}_3$ 也是稳定匹配。通过归纳，较小的 $\hat{\mu}_2$ 和 $\hat{\mu}_3$ 拥有唯一的稳定匹配，则 $\mu_2 = \hat{\mu}_2 \bigcup\{m',os'\}$ 和 $\mu_3 = \hat{\mu}_3 \bigcup\{m',os'\}$ 形成的匹配也是唯一的。综上所述，T-O GS 算法的稳定匹配结果是唯一的。

6.3.3 仿真验证及结果分析

1. 仿真设置

为了更好地演示验证所提算法的性能，笔者使用系统工具包 (STK) 软件获得 2019 年 4 月 1 日 04:00 至 2019 年 4 月 1 日 06:00 期间卫星间的时变接触关系，并通过 MATLAB 仿真器验证了双边匹配博弈算法的性能。在仿真设置中，3 颗中继卫星的经度分别为 76.95°E，176.76°E，16.65°E。20 颗 EOS 都位于太阳同步轨道上。序号为 1 ～ 5 的 EOS 轨道高度为 778 km，倾角为 98.5°，上升点 157.5°，纬度角分别为 0°、72°、144°、216°、288°。序号为 6 ～ 10 的 EOS 轨道高度为 631 km，倾角为 97.7°，上升点 112.5°，纬度角分别为 30°、102°、174°、216°、318°。序号为 11 ～ 15 的 EOS 轨道高度为 645 km，倾角为 98.05°，上升点 67.5°，纬度角分别为 60°、132°、204°、276°、348°。序号为 15 ～ 20 的 EOS 轨道高度为 649 km，倾角为 97.95°，上升点 22.5°，纬度角分别为 18°、90°、162°、234°、306°。两个地面站分别位于喀什 (39.5°N, 76°E) 和渭南 (34.5°N, 109.5°E)。5 个待观测目标分别位于 Himalays (28°E, 87°E)、Sumatra (2°E, 103°E)、Cape York (11°E, 142.5°E)、Greenland (69°E, 49°E) 和 Bora (16°E, 151°E)。模拟地平线为 2019 年 6 月 1 日 04:00 至 2019 年 6 月 1 日 06:00，持续时间为 300 s。仿真

区间为 2019 年 6 月 1 日 04:00 至 2019 年 6 月 1 日 06:00，持续时间为 300 s。

2. 性能分析

图 6-12 所示为随时隙变化的 T-O GS 匹配算法和 ATSM 匹配算法的算法迭代次数情况。计算复杂度定义为产生新匹配对的数量。从整体上看，T-O GS 匹配算法和 ATSM 算法的计算复杂度均低于随机匹配算法。但在起始阶段，随机匹配算法远高于其他算法，这是因为参与者可能要对其他参与者发出服务请求后才能成功匹配。由于 T-O GS 匹配算法和 ASTM 算法的偏好列表已在 3.2.4 节中得出，且只有偏好列表中的参与者才可以进行匹配，所以 T-O GS 匹配算法的复杂度维持在 42 附近是合理的。而 ATSM 算法是根据前一时隙的匹配结果转换得到当前时隙的匹配结果，这个过程只有参与者的部分偏好发生变化，所以 ATSM 算法拥有更低的计算复杂度，即在 10 附近波动，也就是参与者约在 10 次服务请求后可实现稳定匹配。

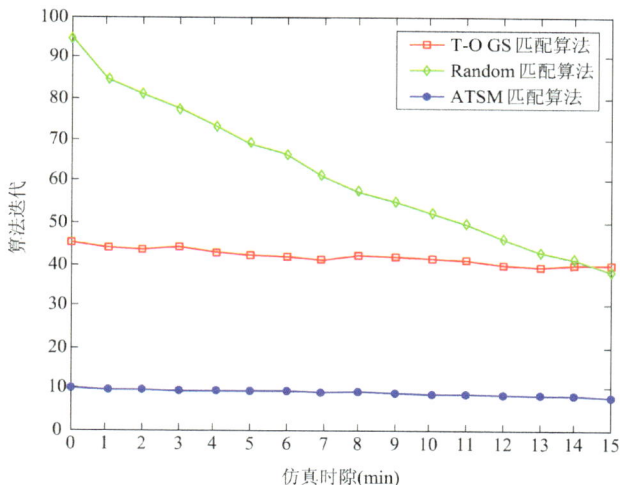

图 6-12　算法迭代次数

图 6-13 所示为 T-O GS 匹配算法的任务侧匹配性能（满意度）。满意度定义为所匹配的伙伴在其偏好列表中的排列名次。排列越靠前则表示满意度越高。由图 6-13 可知，在仿真时隙 t 时，观测任务 1、4 和 5 与偏好列表中排序第一的对地观测卫星进行了匹配，即满意度为 1。观测任务 2 和 3 均匹配偏好列表中排列第三的对地观测卫星。在仿真时隙 $t+1$ 时，观测任务 2 和 5 均匹配偏好列表中排列第一的对地观测卫星。总体来看，所有观测任务在不同的仿真时隙下，均有偏好列表中排名较前的伙伴进行了匹配。

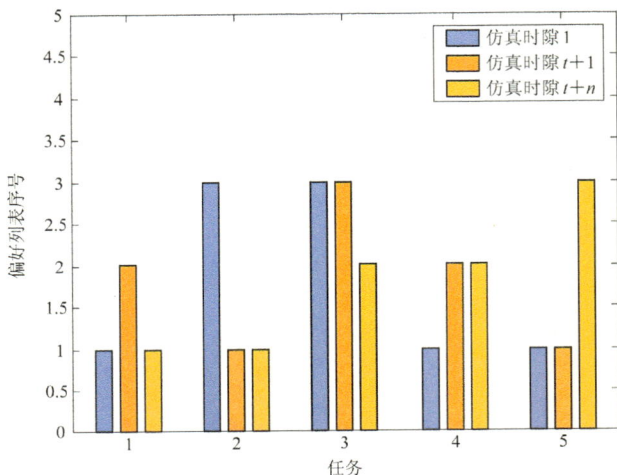

图 6-13　任务侧匹配性能 (满意度)

图 6-14 所示为 T-O GS 匹配算法性能 (匹配率和匹配更新率) 匹配率指通过参与者发出服务请求并通过接受 / 拒绝操作后，形成的匹配对占总观测任务数量的百分比。匹配更新率指当前时隙匹配结果与上一时隙匹配结果不同的匹配对个数与当前匹配对总数的比值。由图 6-14 可知，当时隙 $t = 0$ 时，T-O GS 匹配算法的匹配更新率为 1，这是因为笔者假设该算法从空匹配开始。当时隙 $t + 1$ 时，因为有了时隙 t 的匹配结果，所以匹配更新率降到 0.34 附近。该算法的匹配率一直维持在 0.22 附近。

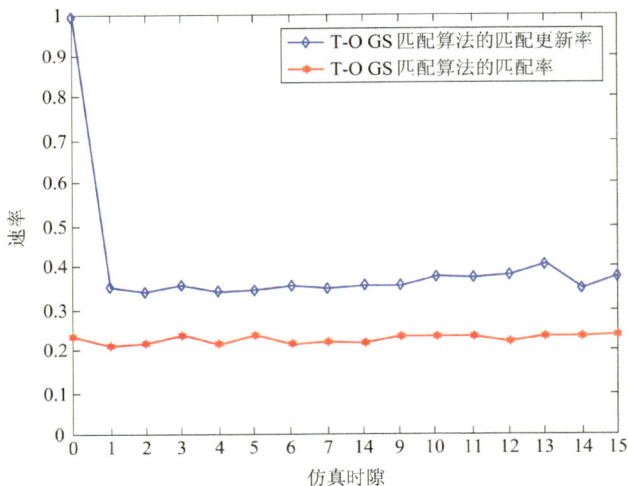

图 6-14　T-O GS 匹配算法性能 (匹配率和匹配更新率)

图 6-15 所示为 ATSM 算法性能（匹配更新率和匹配率）。因为该算法基于时隙 t 时已有的匹配结果进行，因此在整个调度周期，匹配率和匹配更新率都相对平稳，匹配更新率维持在 0.45 附近，匹配率维持在 0.21 附近。

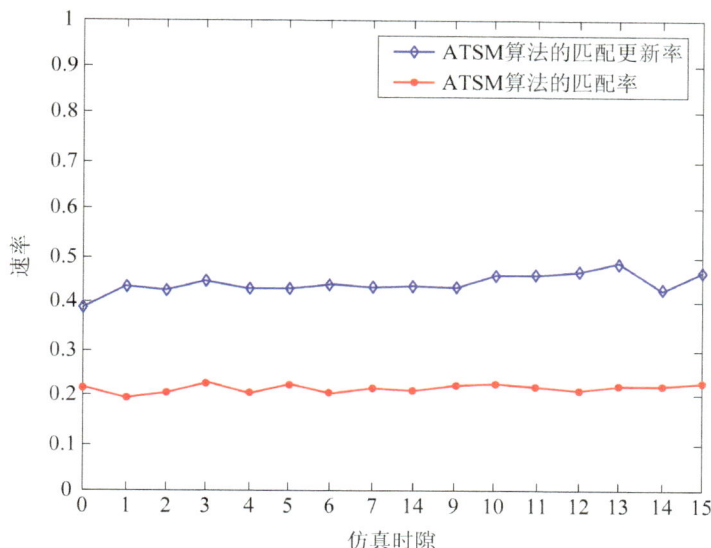

图 6-15　ATSM 算法性能（匹配率和匹配更新率）

6.4　不完全信息卫星网络多维资源管理

　　卫星网络中低轨道卫星与地球同步轨道卫星协作具有覆盖范围更广、通信容量更高的优势，可为实现偏远地区用户数据的接入和回传提供支撑。然而，高动态的通信环境难以实时获取网络所有信息；且因星上资源受限，并非所有获知的通信链路均可用于实际的用户接入。因此，如何在满足用户需求的前提下，高效地利用卫星网络多维资源实现用户数据上传的最大化是一个亟需解决的问题。基于此，本节研究的是不完全信息卫星网络多维资源管理联合分配方法。首先，刻画不完全场景下的网络模型、信道模型、约束模型和能量模型，并将多维资源分配问题建模为接入卫星收益最大化问题，即成功接入用户的优先级总和。不完全信息卫星网络多维资源管理问题是一个混合整数非线性规划问题。因此，笔者设计了用户、接入卫星和目的节点间的三边匹配博弈来解决这一问题。同时，为了应对不完全信息带来的挑战，采用无模型强化学习框架对历史网络数据进行训练，并使其趋于完美。然后提出用户最优和接入卫星最优的分布式、低复杂度资源分配算法，实现最优的资源调度。最后，从单时隙和多时隙两个角度，采用大量的仿真实验验证匹配博弈算法在不同网络参数下的有效性。

6.4.1　系统模型和问题描述

本小节首先介绍网络模型和动态信道模型，然后给出所构建的系统模型的相关约束条件。

1. 网络模型

如图 6-16 所示，协作卫星网络 (Cooperative Satellite Network，CSN) 由太空中的接入卫星 (Access Satellites，AS) 和中继卫星 (Relay Satellites，RS)，以及地面站和偏远地区的众多用户组成。CSN 有以下三种类型的链路：

(1) AS 和用户 / 地面站之间的间歇性卫星 - 地面链路 (Intermittent Satellite-Ground Link，ISGL)；

(2) RS 和地面站之间的连续卫星 - 地面链路 (Continuous Satellite-Ground Link，CSGL)；

(3) RS 和 AS 之间的连续星间链路 (Continuous Relay Inter-Satellite Link，CRISL)。

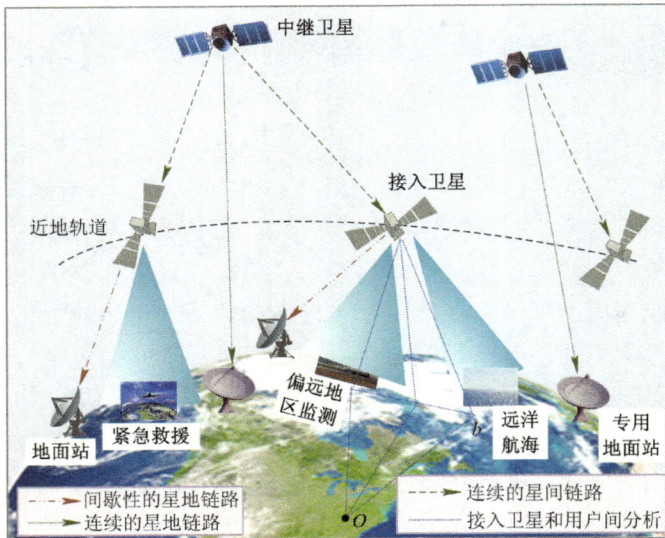

图 6-16　网络场景

　　AS 在低地球轨道上移动。RS 在地球同步轨道上移动，为 AS 提供无缝的数据中继服务。用户指无人机、车辆和移动用户，如个人和海上船只。当用户移动到 AS 的视线范围内时，可以获得稳定的接入。当用户数据到达 AS 时，数据回传通过 AS 与地面站之间的 iSGL，或通过 AS 与 RS 的中继链路以"存储→携带→转发"机制保证被采集的数据回传至地面。由于卫星呈现周期性的轨道运动特性，使得网络拓扑结构呈现周期性变化。但是这些变化会持续一段时间，这段时间可视为一个时隙 t，$\mathcal{T}=\{1,\cdots,T\}$ 表示调度周期。因此，网络拓扑在每个时隙近似静态，其持续时间为 $\Delta\tau$。此外，笔者假设整个卫星系统以时隙的方式运行，则网络拓扑在一个时隙内保持不变。

　　定义 $\mathcal{U}^t=\{1^t,2^t,\cdots,u^t,\cdots,U^t\},\mathcal{U}^t\in U^t$ 表示时隙 t 的用户集合。$\mathcal{S}^t=\{1^t,2^t,\cdots,s^t,\cdots,S^t\}$ 表示时隙 t 时，AS 的集合，$s^t\in S^t$。时隙 t 时，RS 集合用 $\mathcal{G}^t=\{1^t,2^t,\cdots,g^t,\cdots,G^t\},\mathcal{G}^t\in G^t$ 表示。采用 $\mathcal{Q}^t=\{1^t,2^t,\cdots,q^t,\cdots,Q^t\}$ 表示时隙 t 时，地面站的集合。目的节点用集合 $\mathcal{N}^t=\{1^t,2^t,\cdots,n^t,\cdots,N^t\},n^t\in N^t$ 表示，目的节点根据 AS 集合所选择回传链路的不同，可以是 g^t，也可以是 q^t。

2. 动态信道模型

　　笔者的工作主要涉及 AS 与用户和地面站间的 SGL，以及 AS 和 RS 间的星间链路。下面，以 AS 和用户之间的下行链路为例进行动态建模，建模方法同样也适用于 AS 和地面站。

　　1) 动态星地链路模型

　　根据文献 [14] 和文献 [15] 可知，SGL 与用户所在的位置和时隙 t 的空间自由衰落有关。如果用户 u^t 与 AS s^t 间的链路被激活，则星地链路的可达速率 $c_{s,q}^t$ 根据香农公式可表示为

$$c_{s,u}^t=B_{s,u}^t\mathrm{lb}\left(1+\delta_{s,u}^t\right) \tag{6-19}$$

式中，$B_{s,u}^t$ 为时隙 t 时，可用的卫星下行链路带宽；$\delta_{s,u}^t$ 为相应的信噪比。

$$\delta_{s,u}^t=\frac{P_{s,u}^tG_s^{\mathrm{tr}}G_u^{\mathrm{re}}L_f^tL_p^t}{N} \tag{6-20}$$

式中，$P_{s,u}^t$ 为 AS 的传输功率；G_s^{tr} 表示 AS 在时隙 t 的传输天线增益；G_q^{re} 表示用户的接收功率增益；L_f^t 和 L_p^t 分别表示 AS 和用户之间的空间自由衰落和传输损耗；N 表示噪声；G_s^{tr},L_f^t 和 L_p^t 随时间变化，取决于卫星和用户之间的位置关系。

自由空间损耗 L_f^t 可表示为

$$L_f^t = \left(\frac{c}{4\pi \cdot d_{s,g}^t \cdot f} \right)^2 \tag{6-21}$$

式中，c 为光速（单位为 km/s）；$d_{s,g}^t$（单位为 km）为时隙 t 的斜距；f（单位为 Hz）为中心频率。

如图 6-17 所示，S 表示 AS；u_n 表示用户；b 为 AS 的天线轴线；地球中心用 O 表示。

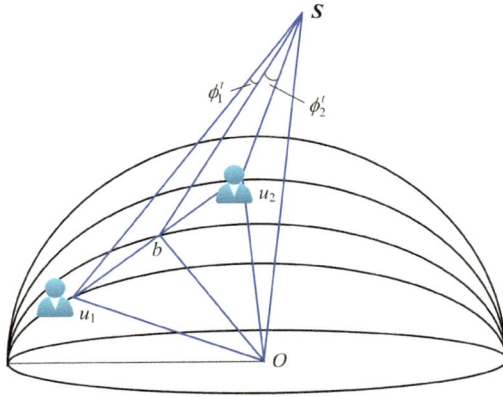

图 6-17　接入卫星和用户的位置关系

根据文献 [17]，G_s^{tr} 表述为

$$G_s^{\mathrm{tr}} = G_{\max} - 3 \left(\frac{\phi_n^t}{\phi_{3\mathrm{dB}}} \right)^2 \tag{6-22}$$

式中，$G_{\max}$ 为天线最大增益；$\phi_{3\mathrm{dB}}$ 为发射天线的半功率角；ϕ_n^t 表示用户 u_n 的半发射机波束角。

$$\phi_n^t = \arccos \left(\frac{\left(d_{q_n,s}^t \right)^2 + \left(d_{b,s}^t \right)^2 - \left(d_{q_n,b}^t \right)^2}{2 d_{q_n,s}^t \cdot d_{b,s}^t} \right) \tag{6-23}$$

假设降雨衰减主要为传输损耗。在单次接收的情况下，自由空间损耗 L_p^t 表示为

$$L_p^t = \psi_R \cdot D_E^t \left(\frac{p}{0.01} \right)^{\Gamma} \tag{6-24}$$

式中，ψ_R 为区域权重系数；D_E^t 为地面站位置处的等效有效斜径长度；

$$\Gamma = -\left(0.655 + 0.033\ln p - 0.045\ln\left(\psi_R \cdot D_E^t + p(1-p)\sin\phi\right)\right)。$$

2) 动态星间链路模型

根据参考文献 [9] 可知，动态 CRISL 链路在时隙 t 的可达速率 $c_{s,g}^t$ 表示为

$$c_{s,g}^t = \frac{P_{s,g}^t G_s^{\text{tr}} G_g^{\text{re}} L_f^t}{k\zeta_s \cdot (E_b / N_0)_{\text{req}} \cdot S} \tag{6-25}$$

式中，$P_{s,g}^t$（单位为 W）表示时隙 t AS 卫星的传输功率；G_s^{tr} 和 G_g^{re} 分别表示 AS 在时隙 t 的传输天线增益和接收功率增益；k（单位为 JK^{-1}）是玻尔兹曼常数；ζ_s 是系统噪声温度；$(E_b/N_0)_{\text{req}}$ 是所需的信号噪声功率比；S 为链路预留。

3. 约束模型

笔者对所构建的 CSN 制定了一些约束条件来更好的实现有效的资源分配。具体来说，笔者首先给出了可见性约束，然后针对数据采集和数据传输阶段引入了数据采集约束和数据传输约束，同时考虑了两个阶段的能量消耗约束。需要注意的是，笔者假设每个 AS 配备无限的缓冲区，因此忽略了存储约束。

1) 可见性约束

定义可见性向量 $V_{s,u} = \{v^t(u^t, s^t)|t \in T\}$ 反应用户和卫星间的可见性。$v^t(u^t, s^t)$ 是一个二元变量，$v^t(u^t, s^t) = 1$ 表示用户 u^t 和 AS s^t 之间的链路在时隙 t 被激活；反之 $v^t(u^t, s^t) = 0$ 表示链路没有激活，即未连接。定义 N_{s^t} 表示可接入 AS s^t 的最大用户数量，则有：

$$\sum_{v^t(s^t, u^t) \in V_{s,u}} v^t(s^t, u^t) \leqslant N_{s^t}, \ \forall s^t \in \mathcal{S}^t, u^t \in \mathcal{U}^t, t \in T \tag{6-26}$$

同理，$V_{s,q} = \{v^t(s^t, q^t)|t \in T\}$ 表示 AS s^t 和地面站 q^t 在时隙 t 时的可见性矩阵。考虑到 AS 在同一时隙只能与一个目的节点建立连接，则有：

$$\sum_{v^t(s^t, q^t) \in V_{s,q}} v^t(s^t, q^t) \leqslant 1, \forall s^t \in \mathcal{S}^t, q^t \in \mathcal{Q}^t, t \in T \tag{6-27}$$

由于 RS 为 AS 提供无缝覆盖，因此没有考虑它们之间的可见性，即在整个调度周期内，$v^t(s^t, g^t) = 1$。

2) 数据采集约束

由于地面用户 u^t 的天线限制，每个用户在一个时隙内只能连接到一个 AS，则有：

$$\sum_{s^t \in S^t} v^t\left(s^t, u^t\right) \leqslant 1, \ \forall u^t \in \mathcal{U}^t, t \in T \tag{6-28}$$

同时，连接到 AS s^t 的用户数量不能超过 AS 的最大容量 N_{s^t}，则有：

$$\sum_{u^t \in \mathcal{U}^t} v^t\left(s^t, u^t\right) \leqslant N_{s^t}, \ \forall s^t \in S^t, t \in T \tag{6-29}$$

由于星上可用的能量受限，时隙 t 时，实际可用数据采集时间 ℓ^t_{coll} 应小于 τ^t_{coll}，可得：

$$\ell^t_{\text{coll}} = \min\left\{\frac{D^{u^t}_{\text{coll}}}{c^t_{s,q}}, \tau^t_{\text{coll}}\right\} \tag{6-30}$$

式中，$D^{u^t}_{\text{coll}}$ 指在时隙 t 开始时，AS 缓冲区中需要采集的数据量。

3) 数据传输约束

每个 AS s^t 在时隙 t 时只能选择与一个目的节点建立通信链路，则有：

$$\sum_{n^t \in \mathcal{N}^t} v^t\left(s^t, n^t\right) \leqslant 1, \ \forall n^t \in \mathcal{N}^t, t \in T \tag{6-31}$$

此外，连接到目的节点 n^t 的 AS 总数量不能超过其总容量 N_{n^t}，则有：

$$\sum_{s^t \in \mathcal{S}^t} v^t\left(s^t, n^t\right) \leqslant N_{n^t}, \ \forall n^t \in \mathcal{N}^t, t \in T \tag{6-32}$$

数据采集阶段在时隙 t 实际可用传输时间 ℓ^t_{tran} 为

$$\ell^t_{\text{tran}} = \min\left\{\frac{D^t_{\text{tran}}}{C^t\left(P^{n^t}\right)}, \tau^t_{\text{tran}}\right\} \tag{6-33}$$

式中，D^t_{tran} 指在时隙 t 开始时，要在 AS 缓冲区中传输的数据量；P^{n^t} 表示目的节点的传输功率；$C^t\left(P^{n^t}\right)$ 指与 P^{n^t} 相对应的可实现数据速率；

时隙 t，如果 AS 与地面站建立通信链路，$P^{n^t} = P^t_{s,q}$，$C^t\left(P^{n^t}\right) = c^t_{s,q}$；反之，AS 与 RS 建立通信链路，则 $P^{n^t} = P^t_{s,g}$，$C^t\left(P^{n^t}\right) = c^t_{s,g}$。

进一步，AS 在时隙 t 时只能选择一个通信链路用于数据回传，目的节点 n^t 应满足以下约束：

$$
\begin{cases}
n^t = \underset{c}{\mathrm{argmax}} \left\{ \sigma \cdot c_{s,q}^t \cdot v^t \left(s^t, q^t \right), \ \left(1 - \sigma \right) \cdot c_{s,g}^t \cdot v^t \left(s^t, g^t \right) \right\} \\
\mathrm{s.t.} \ \ C_{s,u}^t - \ell_{\mathrm{tran}}^t \\
\left(\sum_{s^t \in \mathcal{S}^t} v^t \left(s^t, q^t \right) + \sum_{s^t \in \mathcal{S}^t} v^t \left(s^t, g^t \right) \right) \leqslant 1, \\
\forall q^t \in \mathcal{Q}^t, g^t \in G^t, t \in T
\end{cases}
\tag{6-34}
$$

式中，$\sigma \in [0,1]$ 表示权重系数。

4. 动态能量消耗模型

动态能量消耗模型主要考虑 AS 的能量消耗，其主要由静态能耗和动态能耗两部分组成。

(1) 静态能耗指 AS 维持正常运行和满足必要的资源分配所产生的日常能量消耗 (如热控子系统和卫星服务子系统的能量消耗)。定义 p_c 表示 AS 在时隙 t 的总静态能量消耗。p_c 是一个常数，意味着静态能耗是 $E_{c_{\mathrm{dail}}}^t$ 是必需消耗，表示为

$$
E_{c_{\mathrm{dail}}}^t = p_c \cdot \ell_{\mathrm{coll}}^t
\tag{6-35}
$$

(2) 动态能耗指 CSN 采集和传输数据的能量消耗，它是按需的。定义 $E_{c_{\mathrm{coll}}}^t$ 和 $E_{c_{\mathrm{tran}}}^t$ 分别表示 CSN 在时隙 t 时，数据采集阶段和数据传输阶段的能量消耗。$E_{c_{\mathrm{coll}}}^t$ 表示为

$$
E_{c_{\mathrm{coll}}}^t = P_{c_{\mathrm{coll}}} \cdot \ell_{\mathrm{coll}}^t \cdot v^t \left(s^t, u^t \right)
\tag{6-36}
$$

式中，C_{coll} 为数据采集的恒定接收功率。

$E_{c_{\mathrm{tran}}}^t$ 计算为

$$
E_{c_{\mathrm{tran}}}^t = P_{c_{\mathrm{tran}}}^{n^t} \cdot \ell_{\mathrm{tran}}^t
\tag{6-37}
$$

式中，$P_{c_{\mathrm{tran}}}^{n^t}$ 表示所选择的目的地 n^t 的传输功率。

因此，时隙 t 时，总的能量消耗为

$$
E_c^t = E_{c_{\mathrm{dail}}}^t + E_{c_{\mathrm{coll}}}^t + E_{c_{\mathrm{tran}}}^t
\tag{6-38}
$$

此外，数据采集阶段，AS 的能量容量限制应满足

$$
E_{c_{\mathrm{coll}}}^t \leqslant \vartheta_s \cdot B_s^c, \forall s^t \in \mathcal{S}^t, t \in T
\tag{6-39}
$$

式中，B_s^c 是 AS s' 的电池容量；ϑ_s 是 AS 电池的最大放电深度。

相似地，数据传输阶段，目的节点 n' 的能量容量限制应满足

$$E_{c_{\mathrm{tran}}}^t \leqslant \vartheta_g \cdot B_n^c, \forall n^t \in \mathcal{N}^t, t \in T \tag{6-40}$$

5. 问题描述

在网络存在大量用户且网络资源利用受限的情况下，为了满足不同用户的服务需求，笔者以最大化 CSN 的总收益为优化目标，建模不完全信息优化问题。具体来说，用户间存在差异性，如用户需要的资源数量、愿意付出的成本，以及可接受的服务延迟等。定义 $\varpi_{u'}$ 表示用户 u' 在时隙 t 的优先级。则优化目标可转化为最大化 AS 所接入用户的总优先级。定义 $\boldsymbol{x} = \left\{ v^t\left(s^t, u^t\right) \middle| u^t \in \mathcal{U}^t, s^t \in \mathcal{S}^t, t \in T \right\}$，$\boldsymbol{y} = \left\{ v^t\left(s^t, n^t\right) \middle| s^t \in \mathcal{S}^t, n^t \in \mathcal{N}^t, t \in T \right\}$。数学上，不完全信息优化问题表述如下：

$$\begin{cases} \mathrm{P0}: \max_{\mathbf{x}, \mathbf{y}} \sum_{t \in T} \sum_{u^t \in U^t} \sum_{s^t \in S^t} \sum_{n^t \in \mathcal{N}^t} \varpi_{u^t} \cdot v^t\left(s^t, u^t\right) \cdot v^t\left(s^t, n^t\right) \\ \mathrm{s.t.} \ \text{可见性约束}(6\text{-}26)\text{-}(6\text{-}27) \\ \quad\quad \text{数据采集约束}(6\text{-}8)\text{-}(6\text{-}30) \\ \quad\quad \text{数据传输约束}(6\text{-}31)\text{-}(6\text{-}34) \\ \quad\quad \text{能量消耗约束}(6\text{-}35)\text{-}(6\text{-}40) \end{cases} \tag{6-41}$$

由于目标和约束均包含整数变量，优化目标是一个非线性规划问题，这显然是一个混合整数非线性规划 (Mixed-Integer Non-Linear Programming, MINLP) 问题。求解不完全信息优化问题 P0 是一个非常具有挑战性的问题，特别是在具有多个时隙的大规模动态 CSNs 的情况下。因此，笔者在下一节将设计一种基于匹配博弈的分布式资源分配方法。

6.4.2 匹配博弈的问题分析

在这一节中，笔者使用匹配博弈来求解不完全信息优化问题，如式 (6-41) 所示。资源分配问题可视为用户、AS 和目的节点在时隙 t 的三方匹配问题。接下来，笔者首先介绍三边匹配博弈的原理和限制性三边匹配问题 (Restricted Three-sided Matching with Size and Cyclic preference problem，R-TMSC) 模型；然后，基于真实的网络场景考虑不完全信息下的三边匹配博弈问题；最后，通过强化学习对网络信道状态进行预测，并使其趋近完美值。为了实现有效的

资源分配来满足用户需求，提出了面向用户的 R-TMSC 资源分配算法。

1. 三边匹配博弈

三边匹配问题是稳定婚姻 (Stable Marriage，SM) 问题的进一步推广。三边匹配问题包含来自不同市场 (market) 的三个智能体，如男人、女人和狗。每个智能体对来自其他两个集合的所有对都有偏好。下面，笔者给出三边匹配问题的定义。

定义 6-4(三边匹配问题的定义)：三边匹配问题包含三个互不相交的智能体，即男人 (m)、女人 (w) 和狗 (d)，它们的最大基数分别为 $\mathcal{M}$、$\mathcal{W}$ 和 $\mathcal{D}$。匹配是由男人、女人和狗组成的三元组 (m,w,d)。定义 $\Theta \subseteq \mathcal{M} \times \mathcal{W} \times \mathcal{D}$ 表示所有可能的三元组集合，则匹配三元组 $(m,w,d) \in \Theta$，并且每个智能体的匹配伙伴用 $\Theta(w)=m$，$\Theta(m)=d$，$\Theta(d)=(w,m)$ 表示。

在三边匹配问题的基础上，文献 [19] 提出了循环三边匹配问题。进一步，TMSC 是循环三边匹配问题的一个变体。在三边匹配中，每个智能体只有一个偏好列表，且只包含一种类型的其他智能体，即男人只关心女人，女人只关心狗，狗只关心男人。从匹配的角度分析该场景，多个时隙中的优化问题可以拆分为有限多个单时隙的三边匹配问题来解决，并将用户 $u^t, u^t \in \mathcal{U}^t$，AS $s^t, s^t \in \mathcal{S}^t$ 和目的节点 $n^t, n^t \in \mathcal{N}^t$ 分别视为男人、女人和狗。稳定性在匹配问题中起着至关重要的作用。当三个智能体不能形成一个新的匹配三元组 $(u^{t'}, s^{t'}, n^{t'})$ 去提升当前匹配三元组 (u^t, s^t, n^t) 的性能时，笔者称匹配 (u^t, s^t, n^t) 是稳定的。为了更好的理解稳定性概念，笔者在定义 6-5 中给出三边匹配问题的阻塞三元组的定义。

定义 6-5 三边匹配问题的阻塞三元组：定义 $\Theta^t \subseteq \mathcal{U}^t \times \mathcal{S}^t \times \mathcal{N}^t$。当三元组 $(u^t, s^t, n^t) \notin \mathcal{L}$，且满足以下条件时，匹配 $\mathcal{L}$ 被三元组 $(u^t, s^t, n^t) \in \Theta^t$ 阻塞。

(1) 如果 $s^t \neq \mathcal{L}(u^t)$，则 $s^t \succ_{u^t} \mathcal{L}(u^t)$；

(2) 如果 $n^t \neq \mathcal{L}(s^t)$，则 $n^t \succ_{s^t} \mathcal{L}(s^t)$；

(3) $(u^t, s^t) \succ_{n^t} \mathcal{L}(n^t)$。

上述条件中，$s^t \succ_{u^t} \mathcal{L}(u^t)$ 表示相比于当前的匹配 $\mathcal{L}(u^t)$，用户 u^t 更喜欢 s^t；$n^t \succ_{s^t} \mathcal{L}(s^t)$ 表示 AS s^t 更喜欢 n^t，而不是当前的匹配 $\mathcal{L}(s^t)$。

定义 6-6(TMSC 的稳定性)：当匹配不能被任何三元组阻塞时，称匹配是稳定的。

定义 6-7(TMSC 的定义)：TMSC 问题的目标是寻找最大基数匹配 $\mathcal{L} = \{(u^t, s^t, n^t)\}$，使得 $u^t \in PL_{n^t}$、$s^t \in PL_{u^t}$、$n^t \in PL_{s^t}$，并满足以下约束：

$$\begin{cases} \max |\mathcal{L}| \\ \text{s.t. } \mathcal{N}(\mathcal{L}, u^t) \leqslant N_{u^t}, \forall u^t \in \mathcal{U}^t, \\ \mathcal{N}(\mathcal{L}, s^t) \leqslant N_{s^t}, \forall s^t \in \mathcal{S}^t, \\ \mathcal{N}(\mathcal{L}, n^t) \leqslant N_{n^t}, \forall n^t \in \mathcal{N}^t, \\ \mathcal{BT}(u^t, s^t, n^t) = 0, \forall u^t \in \mathcal{U}^t, \forall s^t \in \mathcal{S}^t, \forall n^t \in \mathcal{N}^t \end{cases} \tag{6-42}$$

式中，PL_{u^t}、PL_{s^t}、PL_{n^t} 分别指用户、AS 和 RS 的偏好列表；$|\mathcal{L}|$ 表示稳定匹配的基数，即匹配中三元组 (u^t, s^t, n^t) 的数量；$\mathcal{N}(\mathcal{L}, *)$ 表示智能体 * 在匹配 $\mathcal{L}$ 中的三元组数量。式中第二项、第三项和第四项指用户 u^t、AS s^t 和目的节点 n^t 参与匹配 $\mathcal{L}$ 的最大数量分别为 N_{u^t}、N_{s^t} 和 N_{n^t}；式中第五项指匹配 $\mathcal{L}$ 中阻塞对的数量。

然而，文献 [20] 和文献 [21] 证明了在 TMSC 问题中寻找稳定的匹配结果仍然是一个 NP 完全 (NP-Complete) 问题。因此，笔者进一步将其转化为一个有限制的带尺寸和循环偏好的三边匹配问题。

2. 不完全信息下的 R-TMSC 问题

R-TMSC 问题是通过在 TMSC 问题中合理地增加两个限制条件转换而成的。

定义 6-8(R-TMSC 问题的定义)：笔者将同时满足下述约束条件的 TMSC 问题称为 R-TMSC 模型。

目的节点 n^t 对用户的偏好列表由一个主偏好列表导出。主偏好列表是所有用户按照某个顺序严格排列形成的集合。PL_{n^t} 全部或部分来自主偏好列表。

AS 不关心目的节点，也就是在 AS 的偏好列表 PL_{s^t} 中，所有目的节点形成平局。

基于定义 6-8 笔者为用户、AS 和目的节点分别构建偏好列表 PL_{u^t}、PL_{s^t} 和 PL_{n^t}。用户的偏好列表 $PL_{u^t} = \{PL_{1^t}, PL_{2^t}, \cdots, PL_{\mathcal{U}^t}\}$ 中只包含 AS，根据 ISGL 的信道容量排列，则

$$PL_{u^t} = c_{s,u}^t, \forall u^t \in \mathcal{U}^t, s^t \in \mathcal{S}^t, t \in T \tag{6-43}$$

AS 的偏好列表 $PL_{s^t} = \left\{ PL_{1^t}, PL_{2^t}, \cdots, PL_{\mathcal{S}^t} \right\}$ 中只包含目的节点，AS 的偏好列表表示为

$$PL_{s^t} = 1, \forall s^t \in \mathcal{S}^t, n^t \in \mathcal{N}^t, t \in T \tag{6-44}$$

目的节点的偏好列表 PL_{n^t} 中只包含用户，PL_{n^t} 来自主偏好列表，其根据用户的优先级 ϖ_{u^t} 降序排序，目的节点偏好列表表示为

$$PL_{n^t} = \varpi_{u^t}, \forall n^t \in \mathcal{N}^t, u^t \in \mathcal{U}^t, t \in T \tag{6-45}$$

上述建模都是在假设复杂动态网络信息是在完整的前提下进行的，即所有市场智能体的特征和偏好都是公开的。这种假设使问题分析变得简单，但该假设只是一种理想化的情况。不完全信息在市场设计理论中也很重要。比如，SM 问题中，女人（或男人）可能对她（或他）的潜在伴侣有不明确的信息。数据缺失是不可避免的，这可能会造成无法完全获取 $c_{s,q}^t$，因此就没有足够的信息来建立偏好 PL_{u^t}。传统的三边匹配算法要求每个智能体有足够的信息建立自身的偏好，因此不适用本小节考虑的不完全信息场景。幸运的是，卫星信道在一段时间内有较强的可预测性，笔者可以通过历史网络数据，基于强化学习对未来网络信息状态进行预测，通过训练使得偏好列表趋于完美信息。

3. 基于强化学习的不完全信息分析

笔者将不完全信息下偏好列表 PL_{u^t} 的建立问题建模为一个无模型强化学习问题。该方法在不确定环境下是有效的。本小节首先定义强化学习中的一些关键元素，如网络状态、用户接入策略和网络及时奖励，然后给出行为价值函数。

1）状态空间

时隙 t 的状态空间表示为

$$S_{\text{state}}^t = \left\{ N_{u^t}', E_{\text{coll}}^t, \ell_{\text{coll}}^t \middle| u^t \in \mathcal{U}^t, t \in T \right\} \tag{6-46}$$

式中，N_{u^t}' 为 AS s^t 和用户 u^t 在时隙 t 时所有激活链路的数量，即 $N_{u^t}' = \sum_{\forall s^t \in \mathcal{S}^t} \sum_{\forall u^t \in \mathcal{U}^t} v^t\left(s^t, u^t\right)$。

需要注意的是，$N_{u^t}', E_{\text{coll}}^t, \ell_{\text{coll}}^t$ 可以在它们各自可行的连续范围内取任何值。因此，集合 S_{state}^t 包含无限多个可能的状态。

2) 动作空间

当 AS 和用户之间的链路被激活，即 $v^t(s^t, u^t) = 1$ 时，AS 和用户间才可能存在偏好关系。同时，AS 需要决定是否为用户提供数据采集服务，也称为偏好建立决策 (Establish Decisions)。因此，时隙 t 的动作可以表示为

$$A^t = \left\{ v^t\left(s^t, u^t\right), \xi\left(s^t, u^t\right) \right\} \tag{6-47}$$

式中，$\xi(s^t, u^t) \in \{0,1\}$。

$\xi(u^t, s^t) = 1$ 表示 AS s^t 选择和用户 u^t 建立偏好关系，反之 $\xi(s^t, u^t) = 0$。动作空间是所有可能动作的有限集合。此外，由于 AS 可用的能量有限，A_{s^t} 表示时隙 t 时的可行动作集，则有

$$A_{s^t} = \begin{cases} \{0, 0\}, & E^t_{coll} \geqslant B^{s^t}_{th}, \quad \forall D^{u^t}_{coll} \\ \{1, *\}, & E^t_{coll} < B^{s^t}_{th} \ \& \ \forall D^{u^t}_{coll} = 0 \\ \{1, *\}, & E^t_{coll} < B^{s^t}_{th} \ \& \ \forall D^{u^t}_{coll} > 0 \end{cases} \tag{6-48}$$

式中，$B^{s^t}_{th}$ 是 AS s^t 在时隙 t 的可用能量，$B^{s^t}_{th} = B^{s^t}_{begin} - p_c \cdot \tau$；$B^{s^t}_{begin}$ 表示时隙 t 开始时，AS s^t 的可用能量。

当 $B^{s^t}_{begin}$ 过于小，以至于无法满足 s^t 运行的日常消耗 $p_c \cdot \tau$ 时，此时隙内实际上已经没有多余的能量可用于数据采集。当链路激活且存在要采集的数据时，AS s^t 需要决定是与此用户建立偏好列表。定义 $*$ 表示 AS 是否与用户建立偏好关系的决策，且满足：

$$\ell^t_{coll} \cdot c^t_{s,u} \geqslant D^{u^t}_{coll}, \forall A^t \in A_{s^t} \tag{6-49}$$

3) 奖励函数

奖励函数反映了学习模型的性能优劣，可以为学习过程提供正确指导，从而有助于在特定网络状态下采取最佳的决策动作。因此，笔者将奖励函数定义为偏好列表的完整程度。具体地，在给定时隙 t 下的网络状态 S^t_{state} 和决策动作 A^t，该时隙的奖励函数可表示为

$$R_{s^t}\left(S^t_{state}, A^t\right) = \frac{\sum\limits_{s^t \in \mathcal{S}^t} \xi\left(s^t, u^t\right)}{\sum\limits_{s^t \in \mathcal{S}^t} v^t\left(s^t, u^t\right)}, \forall s^t \in \mathcal{S}^t, t \in T \tag{6-50}$$

至此，不完全信息下偏好列表 $PL_{u'}$ 的建立问题已建模为马尔科夫决策模型，以最大限度地优化一个时隙内成功接入 AS 的用户数。然而，未来需要采集的数据量、能耗情况以及未来的下行信道都是不知道的。考虑这种不确定性，笔者的目标是从网络初始状态开始的，学习一个最优的偏好建立决策策略，以最大化累积期望偏好列表的完整度奖励。笔者进一步定义动作值函数 $\Theta^{\Pi}\left(S_{\text{state}}^{t}, A^{t}\right)$，它表示从状态 S_{state}^{t} 开始，选择动作 A^{t} 并跟随 Π 之后，未来的累计奖励，则有

$$
\begin{aligned}
\Theta^{\Pi}\left(S_{\text{state}}^{t}, A^{t}\right) &= \mathbb{E}\left[R_{s^{t}} + \varUpsilon R_{s^{t+1}} + \varUpsilon^{2} R_{s^{t+2}} \ldots \bigg| S = S_{\text{state}}^{t}, A = A^{t}, \Pi\right] \\
&= \mathbb{E}\left[\sum_{z=0}^{\infty} \varUpsilon^{z} \cdot R_{s^{t+z}} \bigg| S = S_{\text{state}}^{t}, A = A^{t}, \Pi\right]
\end{aligned}
\tag{6-51}
$$

式中，$\mathbb{E}[\cdot]$ 表示期望；$0 \leqslant \varUpsilon \leqslant 1$ 表示折扣因子。

折扣因子用于解释当前时隙中偏好列表的完整度的偏好。也就是说，在当前时隙与用户建立偏好关系的奖励远大于未来时隙。对于每个状态，最优策略 Π^{*} 表示其动作值函数大于或等于其他策略。笔者进一步定义 Θ^{*} 为最优策略 Π^{*} 对应的动作值函数，则有

$$
\Theta^{\Pi^{*}}\left(S_{\text{state}}^{t}, A^{t}\right) = E_{S'}\left[R_{s^{t}} + \varUpsilon \max_{S'} \Theta^{\Pi^{*}}\left(S', A'\right) \bigg| S_{\text{state}}^{t}, A^{t}\right]
\tag{6-52}
$$

当 Θ^{*} 已知时，确定 Π^{*} 是很简单的。但在卫星网络系统中，信息是不完全的，所以动作值函数 Θ^{Π} 是未知的。根据参考文献 [20] 可知，可以从状态和获得的奖励建立动作值函数的估计。在每个时隙 t，LEO 可以根据当前网络状态 S_{state}^{t}，选择动作 A^{t}，生成奖励 $R_{s^{t}}$。随后在时隙 $t+1$，LEO 根据新的网络状态 S_{state}^{t+1} 选择新的动作 A^{t+1}。相应地，Θ^{Π} 根据 S_{state}^{t}，A^{t}，S_{state}^{t+1}，A^{t+1} 进行更新。训练结束后就可以得到趋于完美信息的偏好列表 $PL_{u'}^{t}$。此时，所有的智能体都已完成了偏好列表的建立。

下面，笔者提出用户最优的 R-TMSC 资源分配 (User-Optimal R-TMSC Resource Allocation，UoRA) 算法和接入卫星最优的 R-TMSC 资源分配 (Access Satellite-Optimal R-TMSC Resource Allocation，SoRA) 算法来实现有效地资源分配。

6.4.3　匹配博弈的算法设计

1. 用户最优的 R-TMSC 资源分配

在本小节中，笔者提出了 UoRA 算法。在介绍详细的算法之前，笔者为 UoRA 算法和匹配 $\mathcal{L}$ 定义一些必要的集合。

表示有一组用户 u^t 更喜欢的 AS 集合为

$$\Xi^{+1}\left(\mathcal{L},u^t\right)=\left\{s^t\Big|s^t\succ_{u^t}\mathcal{L}\left(u^t\right),s^t\in PL_{u^t}\right\} \tag{6-53}$$

表示在 AS s^t 偏好列表中的目的节点的集合为

$$\Xi^{+1}\left(\mathcal{L},s^t\right)=\left\{n^t\Big|n^t\in PL_{s^t},\mathcal{N}\left(\mathcal{L},s^t\right)<N_{s^t}\right\} \tag{6-54}$$

表示还可以与用户 u^t 匹配的目的节点的集合为

$$\Xi^{-1}\left(\mathcal{L},u^t\right)=\left\{n^t\Big|n^t\in\mathcal{N}^t,u^t\in PL_{n^t},\mathcal{N}\left(\mathcal{L},n^t\right)<N_{n^t}\right\} \tag{6-55}$$

表示 AS s^t 的集合为

$$\Xi^{-2}\left(\mathcal{L},u^t\right)=\left\{s^t\Big|\Xi^{+1}\left(\mathcal{L},s^t\right)\bigcap\Xi^{-1}\left(\mathcal{L},u^t\right)\neq0,s^t\in\mathcal{S}^t\right\} \tag{6-56}$$

目的节点 n^t 在 AS s^t 的偏好列表中，且目的节点 n^t 还可以与用户匹配。

根据上述定义，笔者提出了 UoRA 算法。面向用户的 R-TMSC 资源分配算法具体如下：

输入：$\mathcal{U}^t$，$\mathcal{S}^t$ 和 $\mathcal{N}^t$

输出：$\mathcal{L}$

初始化并构建偏好列表 PL_{u^t}，PL_{s^t} 和 PL_{n^t}

设置 $\mathcal{L}=\varnothing$，$flag=1$

while $flag==1$ **do**

　set $flag=0$

　for 每个用户 $u^t\in\mathcal{U}^t$ **do**

　　$\mathcal{S}^{t\prime}=\Xi^{+1}\left(\mathcal{L},u^t\right)\bigcap\Xi^{-2}\left(\mathcal{L},u^t\right)$

　　if $\mathcal{S}^{t\prime}\neq0$ **then**

　　　$s^{t\prime}=\text{First}\left(\mathcal{S}^{t\prime},u^t\right)$

　　　$\mathcal{N}^{t\prime}=\Xi^{+1}\left(\mathcal{L},s^t\right)\bigcap\Xi^{-1}\left(\mathcal{L},u^t\right)$

　　　在集合 $\mathcal{N}^{t\prime}$ 中随机选取一个 $n^{t\prime}$

if $\mathcal{N}\left(\mathcal{L},u'\right)==N_{u'}$ **then**

选择对于 u' 来说最差的匹配三元组 $\left(u',\mathcal{L}\left(u'\right),\mathcal{L}\left(\mathcal{L}\left(u'\right)\right)\right)$

$\mathcal{L}=\mathcal{L}\setminus\left(u',\mathcal{L}\left(u'\right),\mathcal{L}\left(\mathcal{L}\left(u'\right)\right)\right)$

设置 flag = 1

end if

if $\mathcal{N}\left(\mathcal{L},s''\right)=N_{s'}$ **then**

$\mathcal{L}=\mathcal{L}\setminus\left(*,s'',\mathcal{L}\left(s''\right)\right)$

设置 flag = 1

end if

$\mathcal{L}=\mathcal{L}\cup\left(u',s'',n''\right)$

end if

end for

end while

引理 6-1(UoRA 算法的收敛性)：UoRA 算法将在有限步骤内终止。

证明：UoRA 算法的 while 循环将在 flag 取 0 时终止。在每次迭代中，算法通过在预匹配中删除不受欢迎的三元组并添加最优三元组来优化匹配结果。用户 u' 根据其偏好列表 $PL_{u'}$ 匹配最优的接入卫星 s'。根据定义 6.1，未成功匹配的 $s^t=\mathcal{L}\left(u^t\right)$ 满足 $s^t \succ_{u'} s''$，也就是说，相比于 s'，用户 u' 更喜欢 s'。删除 s''，拥有高优先级的 s' 匹配到更优的伙伴。由于参与匹配的主体以及它们的容量都是有限的，因此上述迭代过程的次数也是有限的，即迭代将在有限步内终止。

引理 6-2(UoRA 算法的复杂度)：UoRA 算法的复杂度为 $\mathcal{O}(\mathcal{T}\left|\mathcal{U}'\right|\left|\mathcal{N}'\right|\sum_{u'\in\mathcal{U}'}\left|PL_{u'}\right|)$。

证明：UoRA 算法的复杂度受用户数量 $\left|\mathcal{U}'\right|$，AS 数量 $\left|\mathcal{S}'\right|$ 和目的节点数量 $\left|\mathcal{N}'\right|$ 影响。算法性能最差的情况即为每个用户都预先匹配偏好列表中的所有 AS。因此，相比于 $\left|\mathcal{S}'\right|$，用户偏好列表长度更加精确地描述了算法执行时间。UoRA 算法的复杂度为 $\mathcal{O}(\left|\mathcal{U}'\right|\left|\mathcal{N}'\right|\sum_{u'\in\mathcal{U}'}\left|PL_{u'}\right|)$。此外，UoRA 算法在多个时隙执行，算法总复杂度 $\mathcal{O}(\mathcal{T}\left|\mathcal{U}'\right|\left|\mathcal{N}'\right|\sum_{u'\in\mathcal{U}'}\left|PL_{u'}\right|)$。

2. 接入卫星最优的 R-TMSC 资源分配算法

SoRA 算法中用到的一些集合释义如下：

表示接入卫星 s^t 偏好列表中目的节点 n^t 的集合为

$$\Xi^{+1}\left(\mathcal{L},s^t\right)=\left\{n^t\left|n^t\in PL_{s^t},\mathcal{N}\left(\mathcal{L},s^t\right)<N_{s^t}\right.\right\} \tag{6-57}$$

表示相比当前匹配伙伴 $\mathcal{L}(n^t)$，目的节点 n^t 更喜欢的用户集合为

$$\Xi^{+1}\left(\mathcal{L},n^t\right)=\left\{u^t\left|u^t\succ_{n^t}\mathcal{L}\left(n^t\right),u^t\in PL_{n^t}\right.\right\} \tag{6-58}$$

表示用户更喜欢 s^t，而不是当前匹配 $\mathcal{L}(u^t)$ 为

$$\Xi^{-1}\left(\mathcal{L},s^t\right)=\left\{u^t\left|u^t\in U^t,s^t\in PL_{u^t},s^t\succ_{u^t}\mathcal{L}\left(u^t\right)\right.\right\} \tag{6-59}$$

表示对于目的节点 n^t，存在比当前匹配 $\mathcal{L}(n^t)$ 更喜欢的用户 u^t，且 u^t 有更喜欢的接入卫星 s^t 为

$$\Xi^{-2}\left(\mathcal{L},s^t\right)=\left\{n^t\left|\Xi^{+1}\left(\mathcal{L},n^t\right)\bigcap\Xi^{-1}\left(\mathcal{L},s^t\right)\neq0,n^t\in\mathcal{N}^t\right.\right\} \tag{6-60}$$

面向接入卫星的 R-TMSC 资源分配算法如下：

输入：$\mathcal{U}^t$，$\mathcal{S}^t$ 和 $\mathcal{N}^t$

输出：$\mathcal{L}$

　　初始化并构建偏好列表 PL_{u^t}，PL_{s^t} 和 PL_{n^t}

　　设置 $\mathcal{L}=\varnothing$，flay = 1

　　while flay = 1 **do**

　　　　set flay= 0

　　　　for 每个 s^t 满足 $\mathcal{N}\left(\mathcal{L},s^t\right)<N_{s^t}$ **do**

　　　　　$\tilde{\mathcal{N}}^t=\Xi^{-2}\left(\mathcal{L},s^t\right)\bigcap\Xi^{+1}\left(\mathcal{L},s^t\right)$

　　　　　if $\tilde{\mathcal{N}}^t\neq0$ **then**

　　　　　　　从 $\tilde{\mathcal{N}}^t$ 中随机选择一个 $n^{t'}$

　　　　　　$\tilde{\mathcal{U}}^t=\Xi^{-1}\left(\mathcal{L},s^t\right)\bigcap\Xi^{+1}\left(\mathcal{L},n^{t'}\right)$

　　　　　　$u^{t'}=\text{first}(\tilde{\mathcal{U}}^t,n^{t'})$

　　　　　　if $\mathcal{N}\left(\mathcal{L},n^{t'}\right)==N_{n^t}$ **then**

选择对于 u' 来说最差的匹配三元组 $t_{\text{worst}}=\left(\mathcal{L}(n'),\mathcal{L}\big(\mathcal{L}(n')\big),n''\right)$

$\mathcal{L}=\mathcal{L}\setminus t_{\text{worst}}$

设置 flag = 1

end if

if $\mathcal{N}\left(\mathcal{L},u''\right)==1$ **then**

$\mathcal{L}=\mathcal{L}\setminus\left(u'',\mathcal{L}(u''),*\right)$

设置 flag = 1

end if

$\mathcal{L}=\mathcal{L}\cup\left(u'',s'',n''\right)$

end if

end for

end while

SoRA 算法以接入卫星为出发点提供一组可行解。与引理 6-1 和 6-2 一致，笔者可以证明 SoRA 算法将在有限步内终止并输出稳定匹配结果。SoRA 算法的复杂度如下。

$$\mathcal{O}\left(\mathcal{T}\,|\mathcal{U}^t|\,|\mathcal{S}^t|\sum\nolimits_{s^t\in\mathcal{S}^t}|PL_{s^t}|\right)$$

6.4.4　仿真验证及结果分析

1. 仿真设置

笔者通过将卫星工具包 STK 和 Matlab 软件进行实时动态互联，验证了三边匹配博弈算法的性能。具体地，在 STK 中放置低轨道卫星、中继卫星和地面站，并在 Matlab 软件中编程，控制 STK 软件在每个时隙随机生成不同数量的用户，使仿真场景更具有普适性。随后，通过 Matlab 软件编程控制获取实时的卫星运行轨迹与网络拓扑，并进行算法编程验证了三边匹配博弈算法的有效性。

卫星网络系统规划时间为 2023 年 4 月 3 日 04:00:00 到 2023 年 4 月 3 日 06:00:00，该规划周期被分为等长的 24 个时隙，每个时隙长度为 300 s。具体的仿真场景设置及其相应参数如下：

(1) 3 颗中继卫星的星下点经度分别为 76.95 °E，176.76 °E，16.65 °E；

(2) 66 颗接入卫星采用铱星星座，均匀的分布在 6 个轨道面上，每个轨道面分布 11 颗低轨道卫星。采用铱星星座是因为其轨道周期为 6028 s，这样的星座设置可以保障每个用户在任意时间至少有一个可接入的卫星；

(3) 4 个地面站分布位于北京 (40 °N，116 °E)、喀什 (39.5 °N，76 °E)、三亚 (18 °N，109.5 °E) 和西安 (34 °N，108 °E)。每个时隙内的用户数为 [10, 150]。

此外，用户和接入卫星的容量均为 1，即 $N_{ut} = 1$，$N_{st} = 1$。目的节点的容量 $N_{ut} = 8$。

为了更好地评估三边匹配博弈算法的性能，笔者从单时隙 (图 6-20 ～图 6-23) 和多时隙 (图 6-24 ～图 6-30) 两个角度分析了不同算法的性能，如成功匹配的用户数量、接入卫星的收益、用户满意度、算法迭代次数等。同时，笔者以完全信息 (即假设所有网络信息已知) 为基线，验证不完全信息通过无模型强化学习训练后的性能情况。贪婪匹配 (Greedy Matching，GM) 算法和随机匹配 (Random Matching，RM) 算法作为对比算法详细叙述如下。

(1) 贪婪匹配算法。每个参与者在当前时隙中选择最优的匹配伙伴，即用户从其偏好列表中选择最优的接入卫星 (即排名第一的)，接入卫星从其偏好列表中选择最优的目标节点。如果参与者容量已满，则退出匹配过程。

(2) 随机匹配算法。随机匹配算法不考虑当前匹配结果对未来网络的影响，在不同参与者的容量限制下，随机选择匹配伙伴组成匹配三元组。

2. 性能分析

根据上述参数对网络场景进行配置后，由低轨道卫星、中继卫星、地面站以及用户组成的仿真场景示意图如图 6-18 所示。

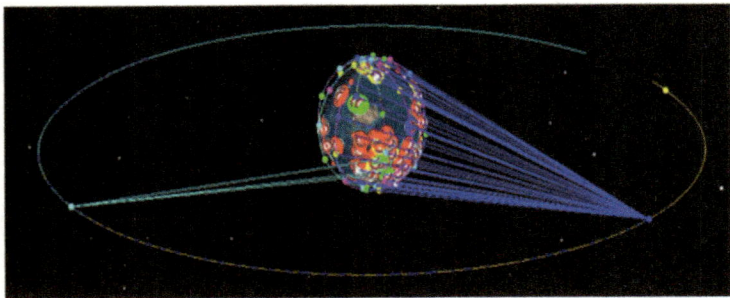

图 6-18　仿真场景示意图

图 6-19 展示了一段时间 AS 和地面用户之间的可见性关系，可以看出接入卫星和用户的可见关系会维持一段时间，在这段时间内，可以将卫星网络视为准静态。

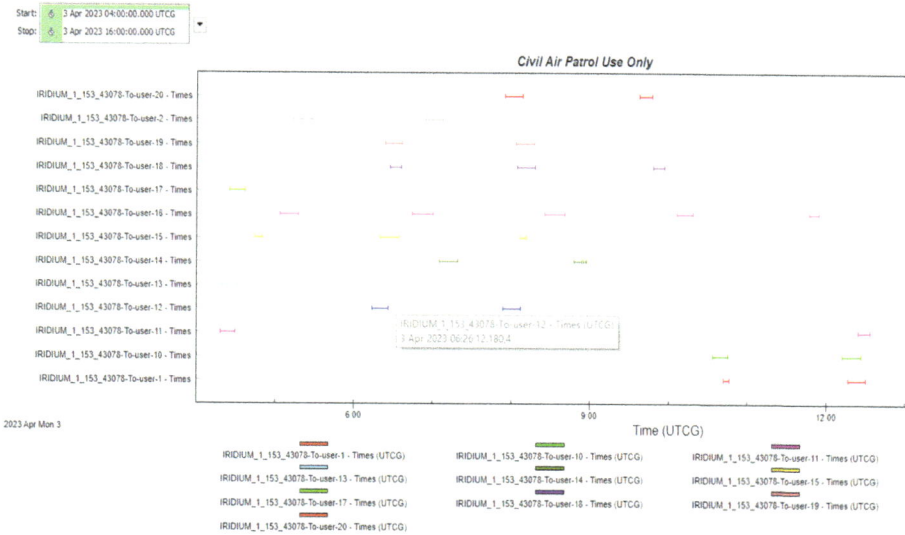

图 6-19　AS 和地面用户之间的可见关系

1) 单时隙性能分析

图 6-20 所示为不同算法成功匹配的用户数和用户数之间的关系。成功匹配的用户数定义为实现三边稳定匹配的用户总数。由图 6-20 可知，所有算法成功匹配的用户数都随着用户数的增加而增加。当用户数大于 170 时，UoRA 算法和 GM 算法性能趋于平稳，这是由于接入卫星对接入用户的容量限制所导致的。而 SoRA 算法在用户数大于 60 时曲线就趋于平稳，这是因为 SoRA 算法是接入卫星最优的，弱化了用户的性能。整体来看，在相同用户数时，UoRA 算法性能最优，RM 算法性能最差。RM 算法曲线呈持续增长的趋势是因为接入卫星的容量尚未饱和。此外，还可以观察到所有算法在信息不完全时性能最差，经过强化学习训练后所有算法性能有所提升，但和信息完全下的性能还有一部分偏差，与预测一致。

单时隙时，接入卫星的收益性能与用户数之间的关系如图 6-21 所示。随着用户数的增加，所有算法的卫星收益均呈现上升趋势，这是累加收益的结果。当用户数大于 140 时，RM 算法的收益逐渐超过 SoRA 算法的收益，这是因为 RM 算法新生成的匹配中，用户可能拥有更高的优先级，从而促进了接入卫星收益的增加，这点也可以在图 6-20 得到验证。

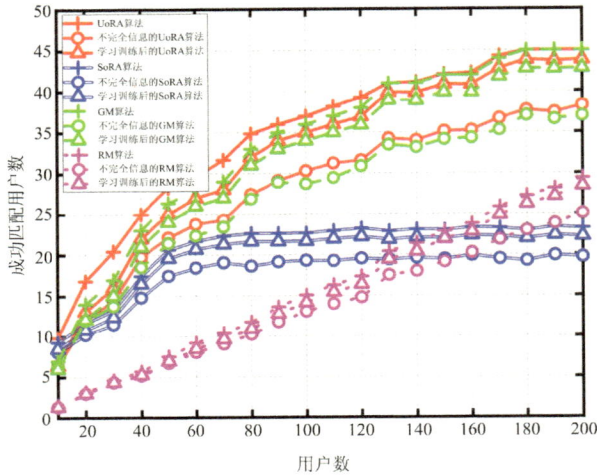

图 6-20　不同算法成功匹配的用户数和用户数之间的关系（单时隙）

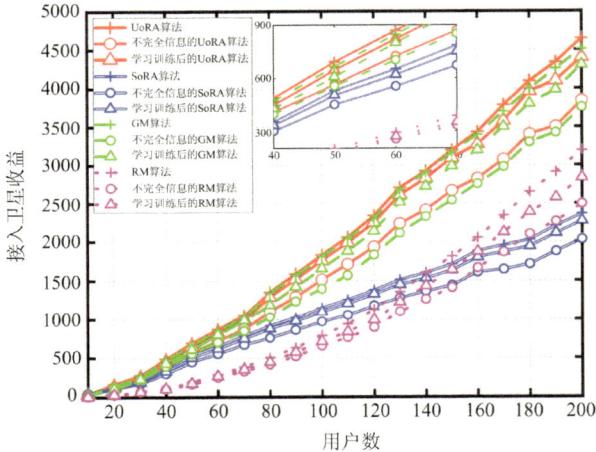

图 6-21　不同算法接入卫星的收益与用户数之间的关系（单时隙）

图 6-22 展示了 UoRA 算法、GM 算法以及 RM 算法随用户数增加用户满意度性能。用户 u_i 的满意度定义为 $\text{Sat}_{u_i} = (n + 1 - i)/n$，用户满意表示匹配伙伴接入卫星在其偏好列表中的排名。n 表示偏好列表中接入卫星的总数。SoRA 算法以寻找接入卫星最优的匹配结果为目标，因此不作考虑。由图 6-22 可知，不管用户数为多少，UoRA 算法和 GM 算法的用户满意度始终为 1，即所有用户与偏好列表中排名最高的接入卫星匹配。相反，RM 算法的用户满意度性能较差，在 0.76 附近波动。

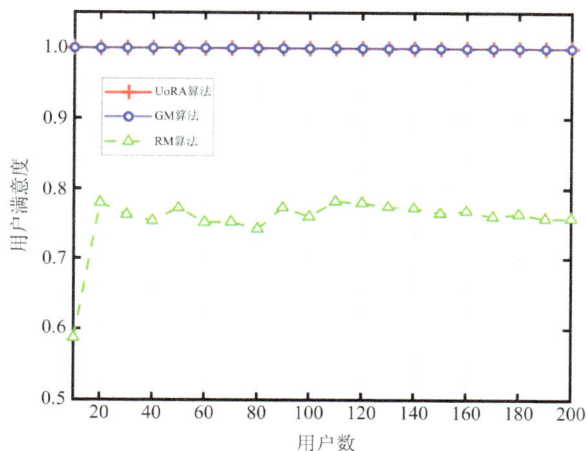

图 6-22　不同算法用户满意度性能与用户数之间的关系（单时隙）

　　图 6-23 所示为不同算法执行总时间消耗随用户数的变化情况。由图 6-23 可知，SoRA 算法在任何用户数下的总时间消耗都最高。当用户数为 180 时，SoRA 算法和 UoRA 算法的总时间消耗相差高达 57 s，这是因为 SoRA 算法是接入卫星最优的，但优化目标包含 ϖ_{u^t}。RM 算法、GM 算法和 UoRA 算法的总时间消耗都小于 5 s。但因为 RM 算法是随机选择匹配伙伴，其消耗时间最短。

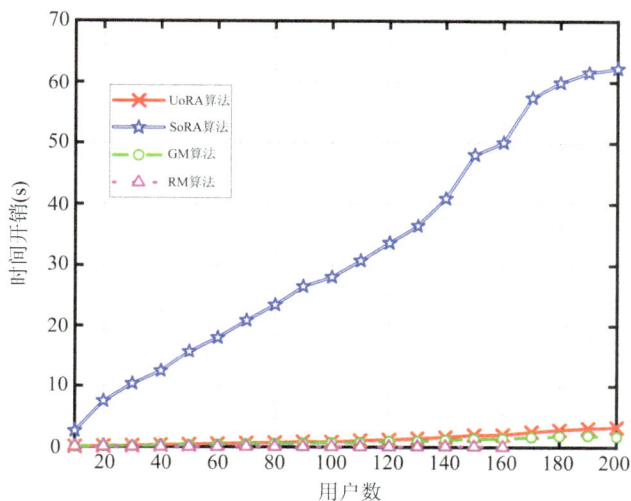

图 6-23　不同算法总时间消耗与用户数之间的关系（单时隙）

2）多时隙性能分析

　　笔者进一步评估了不同算法在动态网络环境中的性能，即时隙变化对仿真结果的影响。同时，为了展示性能的普适性，用户数分别取 $U=40$ 和 $U=180$。

　　图 6-24 和图 6-25 分别给出了 $U=40$ 时，不同算法在变化时隙中成功匹配用户数和接入卫星收益的性能情况。由图 6-24 和图 6-25 可知，所有的曲线都呈现上升趋势，这是时隙累加的结果，也是意料之中的。总体来说，UoRA 算法性能最优，RM 算法最差。同时，不完全信息下的性能最差，经过强化学习训练后，不完全信息的性能趋于完全信息。

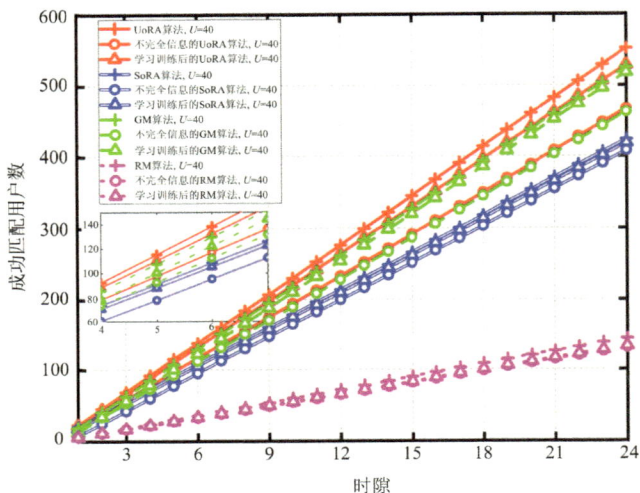

图 6-24　不同时隙与成功匹配的用户数之间的关系

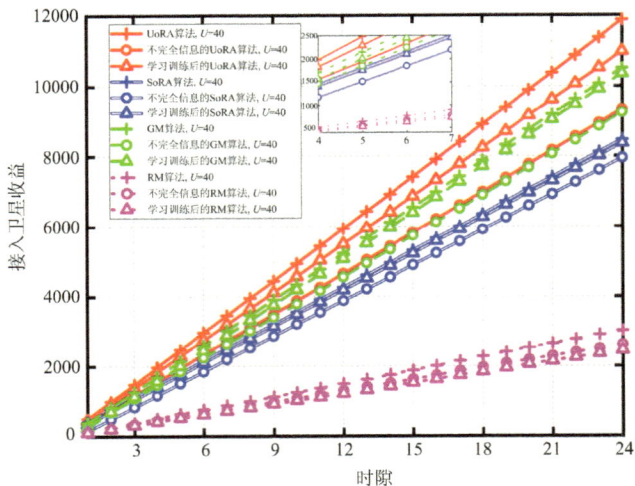

图 6-25　不同时隙与接入卫星的收益之间的关系 ($U=40$)

当 $U = 180$ 时，不同算法在变化时隙中成功匹配用户数和接入卫星收益的性能曲线都呈现上升趋势。在整个调度周期内，UoRA 算法性能最优，RM 算法最差。当 $U = 40$ 时，UoRA 算法、SoRA 算法和 GM 算法的性能相近。但当 $U = 180$ 时，SoRA 算法成功匹配的用户数明显低于 UoRA 算法和 GM 算法，这是因为 SoRA 算法机制的局限性。此外，图 6-26 中的 UoRA 算法和 GM 算法成功匹配用户数一样，但从图 6-27 中看出，GM 算法的收益远低于 UoRA 算法，这是由于 GM 算法在多时隙下的用户满意度较低，这一点可在图 6-28 中得到验证。

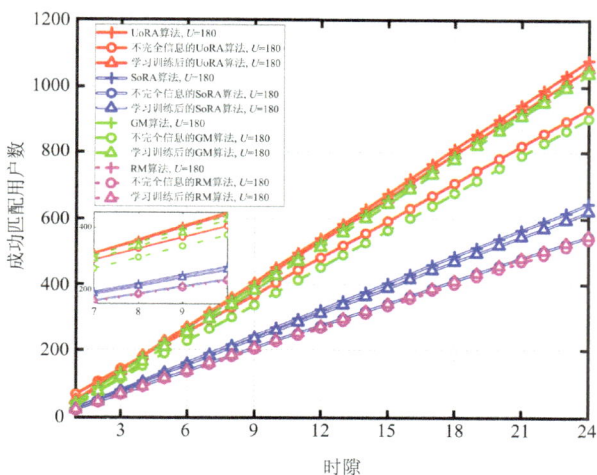

图 6-26　不同时隙与成功匹配的用户数之间的关系 ($U = 180$)

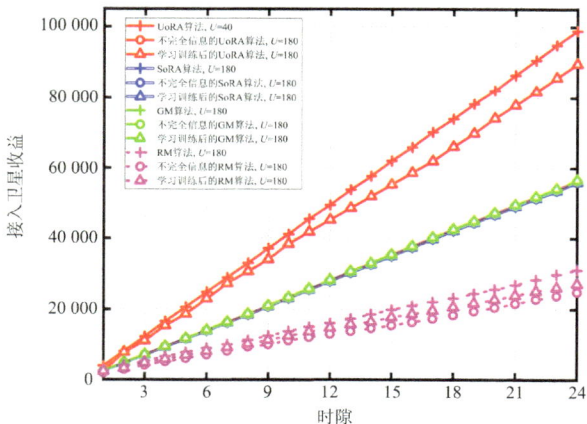

图 6-27　不同时隙与接入卫星的收益之间的关系 ($U = 180$)

为了进一步验证三边匹配博弈算法的性能，图 6-28 演示了不同算法在多个时隙与迭代次数之间的关系。此外，GM 算法的迭代次数在 $U = 180$ 时远大于其他算法，这是 GM 算法机制造成的，即参与者经过多次失败的匹配后，最终才能实现稳定匹配。

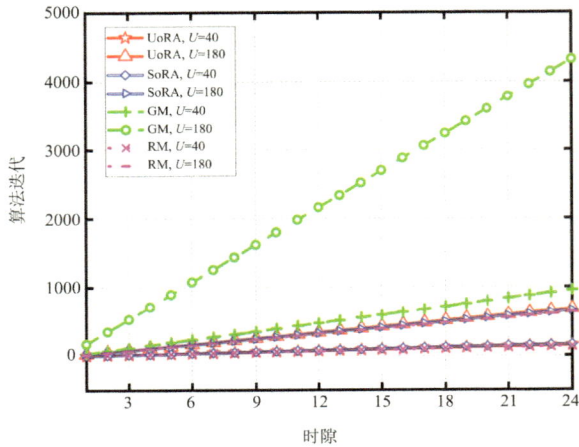

图 6-28　不同时隙与算法迭代次数之间的关系（多时隙）

图 6-29 所示为不同算法在多个时隙与总时间消耗之间的关系。所有算法在 $U = 180$ 时的总时间消耗均大于 $U = 40$ 时的总时间消耗。因为 SoRA 算法在 AS 中性能最优，所以 SoRA 算法总时间消耗最大。UoRA 算法，GM 算法和 RM 算法均呈现一致的总时间消耗。

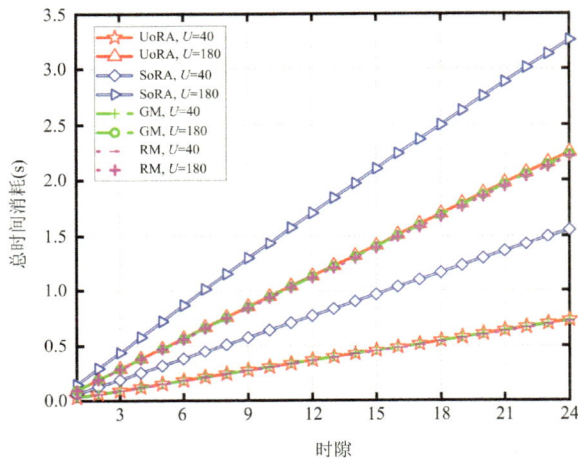

图 6-29　不同时隙与总时间消耗之间的关系（多时隙）

如图 6-30 所示，不管用户数 $U = 40$ 还是 $U = 180$，UoRA 算法下的用户满意度始终为 1。GM 算法性能次之，其用户满意度在 0.76 附近波动。RM 算法性能最差，其用户满意度在 0.62 附近波动。这也验证了图 6-25 和图 6-29 曲线趋势的有效性。

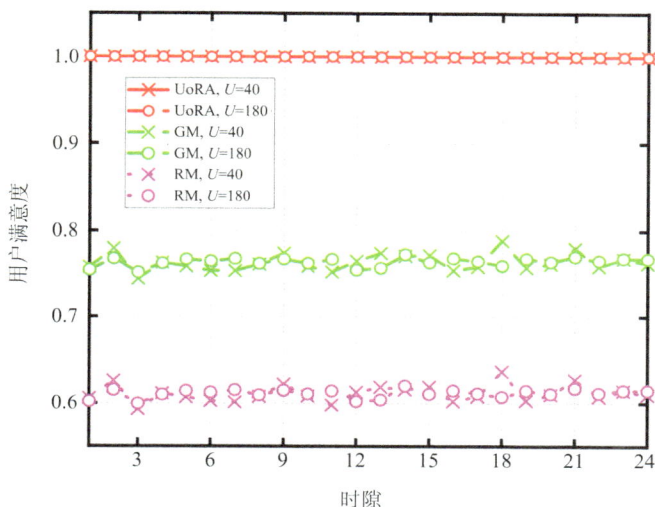

图 6-30 不同时隙与用户满意度性能之间的关系（多时隙）

本章参考文献

[1] AZARI M M，SOLANKI S，CHATZINOTAS S，et al. Evolution of Non-Terrestrial Networks From 5G to 6G: A Survey[J]. IEEE Communications Surveys & Tutorials，2022，24(4): 2633-2672.

[2] SAAD W，BENNIS M，CHEN M. A Vision of 6G Wireless Systems: Applications，Trends，Technologies，and Open Research Problems[J]. IEEE Network，2020，34(3): 134-142.

[3] CHIEN W C，LAI C F，HOSSIANMS，et al. Heterogeneous Space and Terrestrial Integrated Networks for IOT: Architecture and Challenges[J]. IEEE Network，2019，33(1): 15-21.

[4] WANG Y，SHENG M，ZHUANG W，et al. Multi-Resource Coordinate

Scheduling for Earth Observation in Space Information Networks[J]. IEEE Journal on Selected Areas in Communications，2018，36(2): 268-279.

[5]   JIA M，ZHANG X，SUN J，et al. Intelligent Resource Management for Satellite and Terrestrial Spectrum Shared Networking Toward B5G[J]. IEEE Wireless Communications，2020，27(1): 54-61.

[6]   GU Y，SAAD W，BENNIS M，et al. Matching Theory for Future Wireless Networks: Fundamentals and Applications[J]. IEEE Communications Magazine，2015，53(5): 52-59.

[7]   GALE D，SHAPLEY L S. College Admissions and The Stability of Marriage[J]. The American Mathematical Monthly，1962，69(1): 9-15.

[8]   DEL RE E，MOROSI S，RONGA LS. Flexible Heterogeneous Satellite-Based Architecture for Enhanced Quality of Life Applications[J]. IEEE Communications Magazine，2015，53(5): 186-193.

[9]   MI X，YANG C，SONG Y，et al. A Distributed Matching Game for Exploring Resource Allocation in Satellite Networks[J]. Peer-to-Peer Networking and Applications，2021，14(5)：3360-3371.

[10]   ZHOU D，SHENG M，LIU R，et al. Channel-Aware Mission Scheduling in Broadband Data Relay Satellite Networks[J]. IEEE Journal on Selected Areas in Communications，2018，36(5):1052-1064.

[11]   GOLKAR A，IGNASI L I C. The Federated Satellite Systems Paradigm: Concept and Business Case Evaluation[J]. Acta Astronautica，2015，111(1): 230-248.

[12]   ZHOU D，SHENG M，LUO J，et al. Collaborative Data Scheduling with Joint Forward and Backward Induction in Small Satellite Networks[J]. IEEE Transactions on Communications，2019，67(5): 3443-3456.

[13]   DU J，JIANG C，WANG J，et al. Resource Allocation in Space Multiaccess Systems[J]. IEEE Transactions on Aerospace and Electronic Systems，2017，53(2): 598-618.

[14]   JIA Z，SHENG M，LI J，et al. LEO-Satellite-Assisted UAV: Joint Trajectory and Data Collection for Internet of Remote Things in 6G Aerial Access Networks[J]. IEEE Internet of Things Journal，2021，8(12): 9814-9826.

[15]   TANI S，MOTOYOSHI K，SANO H，et al. An Adaptive Beam Control

Technique for Diversity Gain Maximization in LEO Satellite to Ground Transmissions[C]//2016 IEEE International Conference on Communications (ICC)，Kuala Lumpur，Malaysia，2016: 1-5.

[16]　EVANS B G. Satellite Communication Systems[M]. Edison，NJ，USA: IET，1999.

[17]　DUMONT D. Mariages Stables [J].Pour Ia Science，1989，144：96-101.

[18]　NG C，HIRSCHBERG DS. Three-Dimensional Stable Matching Problems[J].　SIAM Journal on Discrete Mathematics，1991，4(2)：245-252.

[19]　CUI L，JIA W. Cyclic Stable Matching for Three-Sided Networking Services[J]. Computer Networks，2013，57(1): 351-363.

[20]　BERTSIMAS D，TSITSIKLIS J N. Introduction to Linear Optimization [M]. Belmont，MA：Athena Scientific，1997.

附 录 术 语 表

A

AEED(Average End-to-End Delay) 平均端到端时延

AI(Artificial Intelligence) 人工智能

AP(Access Point) 接入点

B

BER(Bit Error Rate) 误码率

BS(Base Station) 基站

C

CDF(Cumulative Density Function) 累积密度函数

CDMA(Code Division Multiple Access) 码分多址

CRN(Cognitive Radio Network) 认知无线电网络

D

D2D(Device-to-Device) 终端直通

DSG(Dynamic Stochastic Game) 动态随机博弈

DSL(Dynamic Spectrum Leasing) 动态频谱租赁

DSR(Dynamic Source Routing) 动态源路由

DSS(Dynamic Spectrum Sharing) 动态频谱共享

E

EE(Energy Efficiency) 能量效率

EED(End-to-End Delay) 端到端时延

F

FSR(Frame Success Rate) 帧成功率

FPK(Fokker-Planck-Kolmogorov) 福克 - 普朗克 - 柯尔莫戈洛夫

G

GEO(Geostationary Orbit) 地球同步轨道

GPS(Global Position System) 全球定位系统

H

HJB(Hamilton-Jacobi-Bellman) 哈密顿 - 雅可比 - 贝尔曼方程

I

IATOPC(Interference-Aware Traffic Offloading and Power Control) 干扰感知流量卸载和功率控制

IoT(Internet of Things) 物联网

IPC(Interference Power Constraint) 干扰功率约束

IWFA(Iterative Water-Filling Algorithm) 迭代注水算法

K

KSBS(Kalai-Smorodinsky Bargaining Solution) 卡莱 - 斯莫罗丁斯基议价解

L

LEO(Low Earth Orbit) 低地球轨道

M

MEO(Middle Earth Orbit) 中地球轨道

MFE(Mean Field Equilibrium) 平均场均衡

MFG(Mean Field Game) 平均场博弈

MFT(Mean Field Theory) 平均场理论

N

NBS(Nash Bargaining Solution) 纳什议价解

NBPCG(Nash Bargaining based Power Control Games) 基于纳什议价博弈的功率控制

NE(Nash Equilibrium) 纳什均衡

NES(Nash Equilibrium Solution) 纳什均衡解

NPCG(Noncooperative Power Control Game) 非合作功率控制博弈

NPGP(Noncooperative Power Game based on Pricing) 基于定价函数的非合作功率博弈

NRPGP(Noncooperative Rate and Power Game based on Pricing) 基于定价函数的非合作联合速率和功率博弈

P

PBDSL(Pricing-Based Dynamic Spectrum Leasing) 基于定价的动态频谱

租赁

PDR(Packet Delivery Ratio) 包交付率

PU(Primary User) 主要用户

Q

QoS(Quantity of Service) 服务质量

R

RREP(Route Reply Error Packet) 路由请求错误数据包

S

SBPC(SINR Balanced Power Control)SINR 均衡功率控制算法

SCMG(Stackelberg Capacity Maximization Game) 基于 SG 的容量最大化博弈

SDG(Stochastic Differential Game) 随机微分博弈

SE(Spectrum Efficiency) 频谱效率

SES(Stackelberg Equilibrium Solution) 斯坦科尔伯格均衡解

SG(Stackelberg Game) 斯坦科尔伯格博弈

SINR(Signal to Interference plus Noise Ratio) 信干噪比

SSP(Spectrum Supplying Pool) 频谱提供池

SRP(Spectrum Request Pool) 频谱请求池

SU(Secondary User) 次级用户

U

UDN(Ultra-Dense Networks) 超密集网络

USAP(Unifying Slot Assignment Protocol) 统一时隙分配协议

W

WOTO(Without Traffic Offloading) 无流量卸载

WTO(With Traffic Offloading) 有流量卸载